全国多尺度乡村生态景观资源特征分类方法与图谱

吴雪飞　张婧雅　著

中国环境出版集团·北京

图书在版编目（CIP）数据

全国多尺度乡村生态景观资源特征分类方法与图谱 / 吴雪飞，张婧雅著 . —北京：中国环境出版集团，2022.10

ISBN 978-7-5111-5260-2

Ⅰ. ①全… Ⅱ. ①吴… ②张… Ⅲ. ①乡村—景观资源—研究—中国 Ⅳ. ① S181.3

中国版本图书馆 CIP 数据核字（2022）第 149940 号

审图号：GS 京（2022）0819 号

出 版 人 武德凯
责任编辑 孙 莉
封面设计 彭 杉

出版发行 中国环境出版集团
（100062 北京市东城区广渠门内大街 16 号）
网 址：http：//www.cesp.com.cn
电子邮箱：bjgl@cesp.com.cn
联系电话：010-67112765（编辑管理部）
010-67112736（第五分社）
发行热线：010-67125803，010-67113405（传真）

印 刷 北京鑫益晖印刷有限公司
经 销 各地新华书店
版 次 2022 年 10 月第 1 版
印 次 2022 年 10 月第 1 次印刷
开 本 880 × 1230 1/16
印 张 13.5
字 数 225 千字
定 价 158.00 元

编委会

主要著者： 吴雪飞　张婧雅

其他著者： 王香春　姜　娜　佃袁勇　蔡文婷

张　炜　章　莉　杨叠川　李业涵

周　媛　沈雯雯　刘思佳　孙昕悦

王翀裕　高露文　蔡锐鸿　李子健

赵　骏　鲁　影　任雨菲

PREFACE
前言

党的十九大报告提出，实施乡村振兴战略、加快推进农村现代化，是新时代做好“三农”工作的重要任务，而改善农村人居环境是实施乡村振兴战略的重点任务，不仅关系广大农民的健康和根本福祉，而且直接影响全面建成小康社会目标的实施效果。

2017 年，党的十九大提出实施乡村振兴战略的重大历史任务，部分村镇在乡村振兴实践过程中过于追求考核结果，导致出现“政绩工程”“形象工程”等情况，偏离乡村振兴的战略初衷。还有的村镇盲目模仿某一固定模式，出现“千村一面”的景观风貌同质化现象，乡村景观的地域性、乡土性特征退化。2021 年，中共中央、国务院发布的中央一号文件指出，要大力实施乡村建设行动，要求编制村庄规划要立足现有基础，保留乡村特色风貌，加强村庄风貌引导。2022 年 2 月，中共中央、国务院发布的中央一号文件指出，要因地制宜地推进乡村建设行动实施方案，立足村庄现有基础开展乡村建设，科学确定村庄分类。这意味着当今亟须通过景观特征的识别与分类来制定有效的、针对性强的乡村景观资源管护政策，以保证乡村景观独特的价值和多样性，改善乡村景观风貌同质化“千村一面”的现状。除此之外，目前对我国乡村生态景观特征的整体认知与把握、归纳与整合还存在不足，新时代乡村景观发展规划与治理管护需要将乡村景观整体、系统的结构化理解与“针灸式”精准施策有机结合，而在不同尺度下对乡村生态景观资源特征进行识别分类才是其必要前提。

当前乡村景观特征管护受制于行政边界，片段式的管护方式导致乡村景观破碎化现象日益凸显，乡村景观的发展规划缺乏系统性与整体性。乡村景观的自然与人文特征往往具有边界模糊性且不受行政边界限制，因此，为了对中国乡村景观进行宏观把控，实现区域协同管护发展，就需要打破行政边界，从宏观景观基底识别乡村特征，实现对乡村整体区域特征的识别。因而，构建一套打破行政边界，从宏观到微观嵌套式、系统性的景观资源特征识别分类体系，是全面挖掘、整合与归纳乡村生态景观资源现状的有效手段之一。

既往乡村景观分类研究中主要存在 3 个方面的缺陷。第一，既往分类研究多集中于单一视角，如功能、价值、用地属性等特定分类视角，这些分类无法考量乡村景观的综合景观属性与特性，针对目前我国乡村景观“千村一面”、片段化、片面化管护等问题，本书把分类的着眼点放在景观资源特征的识别上。第二，既往研究的范围多为小微尺度，大尺度的研究较少，缺乏全国层面上对乡村生态景观资源的摸底和宏观分类，因此本书将研究尺度拓宽到国土、区域、地方和场所 4 个尺度，且不同尺度拟定与之匹配的方法范式，全方位、多尺度地进行景观资源特征识别分类。除此之外，多层级的嵌套式分类结构在我国目前景观特征分类研究中尤为缺乏，本书试图构建相互衔接、具有嵌套性的层级关系，这种嵌套式的分类体系能够实现对整体景观系统的结构化理解。第三，既往研究的分类特征要素多集中在自然层面，如反映自然特征的地形地貌、土壤、植被等，而反映人文特征的要素要么被忽视，要么流于表面形式。而本书以地脉与文脉相结合为导向，综合识别自然与人文乡村景观特征要素，将自然与人文融入特征分类体系，全面突出乡村景观的地域性、在地性、传统性等特有属性。

乡村生态景观资源特征分类是因地制宜地拟定规划设计原则、制定整体性发展管护方案、实施价值评价、开展乡村景观营造等的必要前提，也是乡村生态景观资源特征评价与数据库搭建的基础，并且能够为构建绿色宜居村镇、切实落实乡村振兴战略提供科学依据与理论基础。

为实现乡村生态景观资源的整合归纳、乡村生态景观的整体认知把握以及多尺度下的乡村生态景观资源特征科学识别与管护，本书以价值中立、地脉与文脉相结合为导向，对乡村生态景观资源特征要素进行识别与筛选，构建多尺度、多层级的乡村生态景观资源特征分类方法体系，并应用该体系绘制全国多尺度乡村生态景观资源特征分类图集。

本书是在“十三五”国家重点研发计划项目“乡村生态景观营造关键技术研究”（2019YFD1100400）之课题“乡村生态景观资源特征指标体系研究”（2019YFD1100401）资助下完成的。特别感谢李雄、谢宗强、王浩、成玉宁、王云才、张云路等项目组专家，以及张浪、郄艳丽、张斌、李景奇等课题指导专家，在课题组织和执行以及本书的编撰过程中提出了大量宝贵的建议与帮助。福建省将乐县常口村、江苏省南京市黄龙岘村、北京市黄山店村、新疆维吾尔自治区阿克苏地区、内蒙古自治区科右前旗巴达仍贵嘎查、四川省成都市梨园村、湖北省安陆市等地的相关单位及工作人员在项目执行的调研工作中提供了大量协助，我们在此表示由衷的感谢。

希望本书抛砖引玉，为进一步开展乡村景观资源整合、分类与评价提供参考。由于研究的阶段性和研究内容本身的复杂性，我们对乡村景观资源特征的认识还有待不断深入，同时数据整理和图集编著过程中出现不足和疏漏之处在所难免，恳请同行批评指正。

编者

CONTENTS
目录

第一篇

乡村生态景观资源特征分类理论与技术方法

XIANGCUN SHENGTAI JINGGUAN ZIYUAN TEZHENG FENLEI LILUN YU JISHU FANGFA

第 1 章

概念与总体思路

1.1 概念

生态景观是在生物的、化学的、物理的、社会的、经济的、文化的以及区域之间的共同作用下所形成的人与自然的复合生态网络系统。乡村生态景观是在生物、物理和社会文化要素随着时间推移不断影响以及区域之间共同作用下形成的人与自然的复合生态网络系统。其作为本书的分类对象，是聚焦于自然、生产、生活、文化、社会等乡村特征的生态景观，研究范围以乡村地区为主，但研究并不将其作为一个与周围景观割裂的个体看待。乡村生态景观是不同类型生态景观资源集合形成的地域综合体，是人类生存和发展的基础，是可被开发利用的客观存在。景观资源特征由一系列特征要素表征并组合，形成特有的、可识别的、一致的格局，造就了某处景观与别处景观的不同。乡村景观资源特征是形成乡村独特场地感受的因素，可以将两处异质性的乡村景观区分开来，具有独特性、可识别性及差异性，通常也能够反映景观的状态和质量。乡村景观资源特征由不同的特征要素组合表征形成，是具有自然、社会、经济、美学价值且具有地域性、在地性、传统性等乡村独有属性的各类自然生态景观特征要素和人文生态景观特征要素的表征集合。

景观要素是自然和人类活动形成的物体或特征，包括分配给低于景观层面的生态多样性层面类型的空间单位，在适当空间尺度上能够被识别与观察。由于景观要素与地貌、生态和人类土地利用的相关过程紧密地交织在一起，因此，它会在更大的区域内以可预测和反复出现的模式共同变化。乡村景观特征要素是表征乡村景观特征的独立成分，如地形地貌、植被、土地覆盖、土地利用、聚落等，它们之间的组合能够塑造独特的景观。

景观特征类型被定义为可观察的、自然和人类活动形成的景观要素含量较为均质分布区域的重复单元，在景观特征评估（Landscape Character Assessment，LCA）导则中，其被定义为具有明确的、同类特质的风景类型，而景观特征类型在空间上的分布就是景观特征区域。所以景观特征类型属于类型学范畴，而景观特征区域则属于分布学范畴，反映出各景观特征类型所呈现的空间单元的分布，LCA 导则将其定义为唯一的、独立的地理区域，反映了景观特征类型的空间特性。

1.2 总体思路

针对我国乡村生态景观分类存在的尺度层级不清晰、行政边界存在局限、自然特征要素与文化特征要素“两层皮”等问题，本研究遵循价值中立原则，旨在构建一套多尺度、多层级的乡村生态景观资源特征分类体系。分类体系构建具体包含分类方法体系与实践操作体系两部分（图 1-1）。分类方法体系包括 5 个步骤：①形成分类顶层逻辑；②筛选各尺度特征要素；③确定各尺度特征要素的表征载体；④明确各尺度识别分类方法范式；⑤绘制分类图谱及进行特征类型的命名描述。实践操作体系主要通过结合图谱绘制归纳总结并形成一套实践操作流程。研究总体思路见图 1-1。

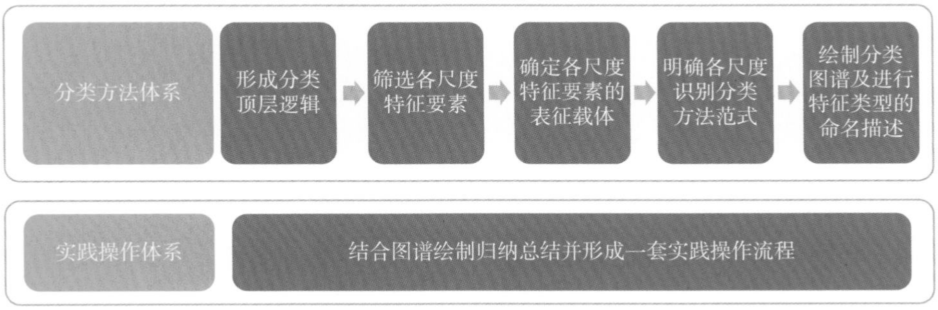

图 1-1　研究总体思路

第 2 章

筛选特征要素

2.1 理论依据

2.1.1 遵循原则

（1）自然地理学视角

在国土尺度与区域尺度下，特征要素的选择遵循自然地理区划相关原则。自然地理区划是表达地理现象与特征区域分布规律的一种方法，一般依据自然地理地带性和区域分异规律进行自然地域划分。师庆东等研究者在对新疆地区进行景观分类研究中总结自然地理区划时提出，自然地域分异规律形成和控制地理区域之间的相似性或差异性的背景，是决定景观异质性的基础，其作为各类自然区划中最基本的理论依据，也是景观分类的重要依据之一。赵松乔等地理学研究者提出了5条自然地理区划应遵循的基本原则：地带性与非地带性相结合原则、综合分析与主导因素相结合原则、发生学原则、相对一致性原则和地域共轭原则。在宏观、中观尺度上，乡村景观的异质性主要表现在各种自然特征上并沿用自然地理区划原则，由于地域分异是长期发展的结果，具有一定的继承性，追溯发展历史以论证其发生、发展的异同是十分重要的。发生学原则应理解为区域单位成因的一致性和区域发展性质的共同性原则。运用发生学原则，有利于深入研究各组成要素之间以及各区划单位之间相互联系的性质。乡村生态景观资源特征分类在宏观和中观尺度要落实在自然特征上，基于发生学原则进行，应选取能够表现地域分异规律的最基本自然生态特征要素。

（2）文化地理学视角

美国地理学家豪福泊尔（R. Hoffpautir）认为，文化地理学主要探讨人类与自然环境之间的关系，文化景观作为人文地理学研究的基础理论之一，表达了特定地域的人文特征，地域文化分异类似于自然地域分异，一种或多种文化景观特征要素在自然条件相同或相近的区域呈现出一致性，因而形成了不同的文化区。在中观和微观尺度下，研究从文化地理学视角出发，基于地域文化分异规律，采用综合分析和主导因素相结合的原则，在中观和微观尺度凸显出乡村经济生产及文化生活特征的要素中进行特征要素选取。综合性原则强调在进行某一级区划时，必须全面考虑构成乡村景观资源特征的各组成成分和其本身综合特征的相似和差别，其能够保证所划分的单位是一个具有特点的自然综合体。在综合分析的基础上再找出区域分异的主导因素。主导因素原则强调“以自然特征要素为主、文化特征要素为辅”作为确定区界的主要根据，并且特别强调在进行某一级区划时，必须按统一的指标来划分。

2.1.2 景观要素尺度化

从宏观尺度过渡到微观尺度的过程中，即在景观要素尺度化（downscaling）的过程中（图 2-1），景观特征具有从自然系统向文化系统过渡的特点。在尺度逐渐缩小的过程中，乡村特征要素的精细化程度反而是逐步增大的，各类自然生态特征的差异化体现得更加细致，而经济生产和文化生活特征在此过程中也逐渐显现。景观特征要素在不同尺度下具有不同的粒度，这类似于空间分辨率或像素大小。除此之外，基于景观要素尺度化对乡村景观进行剖析，能够因地制宜地分析乡村景观现存问题的必要前提，例如，粗略估计某全域范围内农业用地面积总体减少 5%，但并非该全域范围内所有村镇的农业用地面积均有相同变化趋势，所以研究需要尺度化，在更小的研究尺度更精细地评估这种特征，从而确定这种变化特征最关键的区域和地点。景观要素尺度化可以为不同空间尺度下的景观分类以及为不同尺度的景观管护策略的制定提供有效工具。

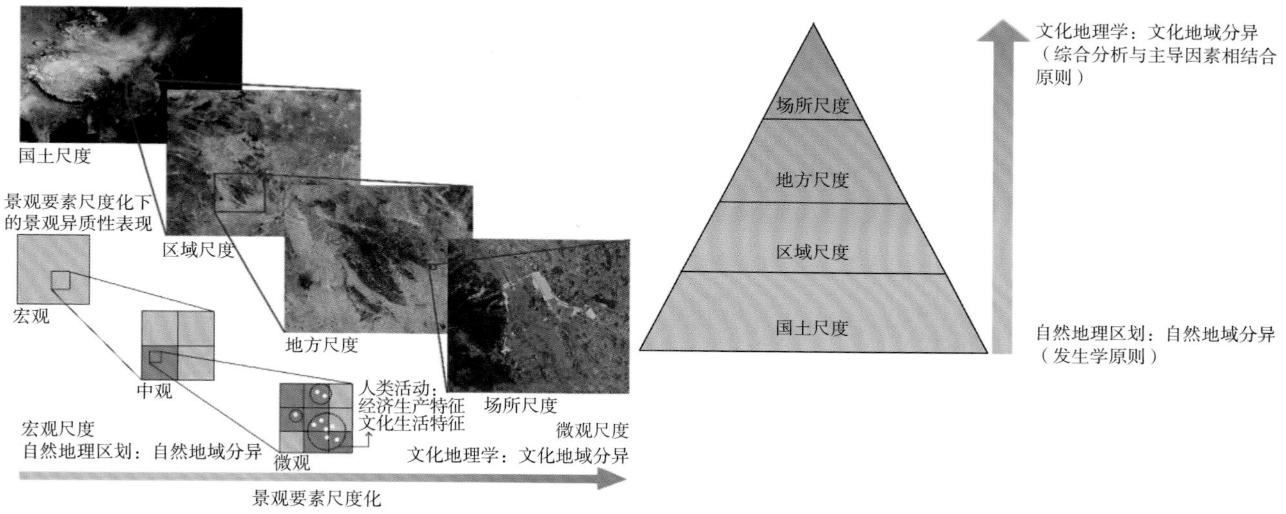

图 2-1 景观要素尺度化

全国城乡建设用地面积仅约占全国国土面积的 2%，其中村镇建设用地的面积占比更小，人类聚居的高强度活动集中在 2% 的国土面积上，人类的经济生产特征、文化生活特征在国土与区域这种较大尺度下表现得微乎其微，乡村生态景观资源特征主要表现为自然生态特征。

中国地域辽阔，不同地区的乡村景观有不同的经济生产特征及文化生活特征，这样的空间分异构成了乡村景观的地方性与辨识度。在微观尺度的特征要素选取中，需要具体分析当地乡村文化生活特征，在选取普适性农林生产特征要素的基础上，再选取能够表征当地特色乡村文化生活特征的特征要素。小微尺度下的景观特征存在可感知度高、公众意愿强烈、相关数据载体精度高且斑块细碎三方面的特点。由于尺度较小，个人的亲身体会，集体记忆、本土依恋、在地感受等感知信息对景观特征的影响较大，感知内容更偏向于文化系统。感知源于个人对环境的经验性认知，是一种自发性直觉行为。在宏观、中观尺度下，人类对景观的感知主要是二维化的，因为尺度太大，超出了人类能直接感知极限的范畴，在宏观、中观尺度下景观的三维空间表征并不显著。到了中观、微观尺度，人的感知逐渐从二维化尺度向三维化尺度过渡。

在场所尺度下，人能够在垂直角度感受景观的变化，该尺度下人对景观的感知程度是最高的，也是最为丰富的。所以在该尺度下，景观特征的类型主要由人的直观感知确定，回应了 LCA 对景观特质定义中的“由人感知”“独特感受”等概念表述，所以在小微尺度下，景观特征主要由人的感知来体现。

基于自然地理区划原则和人文地理学视角，遵循景观要素尺度化的特点，即遵循宏观景观要素特征在尺度由大到小的变化过程中关注点从自然系统到社会文化系统过渡的特点，以中观（区域）尺度承上启下，确定在宏观（国土）、中观（区域）尺度上选取表征乡村自然生态特征的特征要素，在中观（区域）、微观（地方、场所）尺度上选取表征乡村经济生产特征及文化生活特征的特征要素。

2.1.3 基于统计分析方法的特征要素筛选

基于上述特征要素选择的理论原则，根据文献分析法，把既往研究中构成乡村景观特征的特征要素筛选出来，统计出现频率，根据专家咨询法和灰色统计学方法，选出 3 个尺度重要程度较高的特征要素。

为识别出不同尺度下乡村景观特征表征程度强的要素，本书采用文献分析方法及灰类统计方法并结合专家调查问卷进行特征要素选取。以景观特征要素为主题筛选出 65 篇中文文献及 43 篇外文文献，将 108 篇文献中大量重复出现的 25 个特征要素（由于各研究中的文字表述方式不同，经整合归纳为 25 个）提取出来（表 2-1）。

基于上述文献分析梳理的特征要素结果（表 2-1），采用专家咨询法（表 2-2）回收有效问卷（专家咨询问卷）18 份。问卷采用李克特 7 级量表（第 1 等级代表非常不重要，第 7 等级代表非常重要，第 2 等级至第 6 等级介于非常不重要和非常重要两者之间）对各个尺度景观资源特征要素进行重要程度调查，构建灰类白化函数来处理专家调查问卷中各项特征要素在各个尺度的重要性程度，形成高、中、低 3 类灰度值。分别计算各要素高、中、低 3 个灰类决策系数。各特征要素的灰类决策向量由高、中、低 3 个决策系数组成，比较灰类决策向量中的 3 个决策系数，其中的最大值所对应的重要程度作为该景观特征预选要素的重要程度，并且选取其中重要程度为“高”的预选要素，作为各尺度的景观特征要素选取的依据（图 2-2）。

表 2-1 文献分析特征要素梳理

乡村景观特征要素	
地形地貌	高程
	起伏度
	山水格局
	地质
	水文
气候	温度
	干湿度
	降水
土地	土地覆盖
	土地利用
	土壤
	动植物
社会经济文化	农业产业
	林业产业
	三次产业类型
	社会（人口、宗教、种族等）
	设施（交通、水电等）
	聚落
	建筑民居
	地名
	感知
	物质文化遗产
	非物质文化遗产
	遗址遗迹
	民俗

表 2-2 专家咨询问卷

乡村景观资源特征	乡村景观资源特征要素	重要程度（1~7 分）			
		国土尺度	区域尺度	地方尺度	场所尺度
气象特征	温度				
	干湿度				
地貌特征	高程				
	起伏度				
	水文				
	山水格局				
	地质				

续表

乡村景观资源特征	乡村景观资源特征要素	重要程度（1~7 分）			
		国土尺度	区域尺度	地方尺度	场所尺度
土地特征	土地利用				
	土地覆盖				
	植被				
	土壤				
文化特征	建筑（建筑材料、结构、布局等）				
	民居（民居布局、朝向、街巷、宅院空间等）				
	设施（交通、水电等）				
	农业（农田分布、形态等）				
	地名				
	社会（人口、人群、宗教、种族等）				
	视觉感知				
	物质文化遗产				
	非物质文化遗产				
	遗址遗迹				
	民俗				

国土	重要程度	省域	重要程度	县域	重要程度	场所	重要程度
温度	高	温度	高	温度	中	温度	低
干湿度	高	干湿度	中	干湿度	中/高	干湿度	低
高程	高	高程	高	高程	中	高程	中
起伏度	高	起伏度	高	起伏度	高	起伏度	高
水文	高	水文	高	水文	中	水文	中
山水格局	高	山水格局	高	山水格局	中	山水格局	中
地质	高	地质	中	地质	中	地质	低
土地利用	高	土地利用	高	土地利用	高	土地利用	高
土地覆盖	高	土地覆盖	高	土地覆盖	高	土地覆盖	高
植被	高	植被	高	植被	高	植被	高
土壤	高	土壤	中	土壤	中	土壤	低
建筑	低	建筑	中	建筑	中	建筑	高
民居	低	民居	低	民居	中	民居	高
设施	低	设施	中	设施	中	设施	高
农业	低	农业	中	农业	高	农业	高
地名	低	地名	中	地名	中	地名	高
社会	中	社会	中	社会	中	社会	高
视觉感知	低	视觉感知	中	视觉感知	高	视觉感知	高
物质文化遗产	中	物质文化遗产	中	物质文化遗产	高	物质文化遗产	高
非物质文化遗产	低	非物质文化遗产	中	非物质文化遗产	高	非物质文化遗产	高
遗址遗迹	低	遗址遗迹	中	遗址遗迹	高	遗址遗迹	高
民俗	低	民俗	中	民俗	高	民俗	高

图 2-2　基于专家咨询法的灰色统计分析结果

从专家咨询分析结果发现，在较大尺度下，温度、干湿度、高程、起伏度、水文、山水格局、地质、土地利用、土地覆盖、植被、土壤特征要素被认为对塑造乡村景观的作用较大；在较小尺度下，土地覆盖、土地利用、植被、物质文化遗产、非物质文化遗产、遗址遗迹、民俗特征要素被认为对塑造乡村景观的作用较大。

2.1.4　特征要素表征内涵剖析

结合自然地理区划，从发生学的角度将气候作为最高级指标，围绕地域分异规律进行景观分类来反映景观分布的规律性。程维明、景贵和、郭永盛、周淑贞等研究者认为，气候的类型和分布影响景观的类型和格局，气候对景观的地域分异主要由热量和水分两个因子决定，水热条件又是农林植物生长发育的限制因子，对农、林、牧等产业生产的布局、配置、生产方式、生产水平等有直接影响。但由于中观、微观尺度下气候分异不明显，所以仅在国土尺度上选取气候作为特征要素之一。

地形地貌构成了乡村景观的骨架，并直接影响其他生态及环境因子的分布及变化，其还能够体现出景观的垂直地带性。沈玉昌、苏时雨等研究者认为，景观的垂直地带性表现在同一气候带内，随着海拔的变化，热量和水分条件均发生了变化，并影响土壤、植被以及物质迁移和生态系统的总体演替与发展。地形地貌在景观最直观的层面——景观外观的异同上体现。

土地覆盖是自然营造物和人工建筑物所覆盖的地表诸要素的综合体，包括地表植被、土壤、湖泊、沼泽湿地及各种建筑物，具有特定的时间和空间属性，其形态和状态可在多种时空尺度上变化，侧重于土地的自然属性。如对林地的划分，是根据林地生态环境的不同，将林地分为针叶林地、阔叶林地、针阔混交林地等，以反映林地所处的生境、分布特征及其地带性分布规律和垂直差异。

长期以来，我国全国性的土地覆盖及其数据库建设等工作更多侧重于遥感分类的小比例尺宏观研究，其精度和时效性越来越难以满足实际应用需求，尽管国际上有多种被广为使用的土地覆盖数据集，但它们在中国区域的适用性和精度均存在一定的不确定性。基于这一现实情况及数据获取的问题，宏观尺度下土地覆盖对林地、草地等没有进一步的细分。

植被作为特征要素对土地覆盖进行补充，更大程度上体现出了地域差异。人对景观异同的感知上，植被也是最直观的体现。另外，聚类分析是将物理或抽象对象的集合分组为由类似的对象组成的多个类的分析过程，选取土地覆盖与植被作为特征要素，是因为这两个数据的表达信息存在一定的相似性，有利于相似样本的聚合，最终形成特征分明的聚类结果。除此之外，植被还能够体现出乡村农林产业经济特征，如果树林、林化工业原料林、一般用材林等。

土地利用是人地关系的同轴和纽带，能够揭示人类活动对地球陆面土地的综合作用，其表征了地脉与文脉共同作用的结果。

在文化生活方面，乡村地域文化由于是在一定区域范围内长期形成的，所以是具有地域烙印的一种独特文化。本书参考英国历史景观特征识别体系（Historic Landscape Characterisation，HLC）在 LCA 体系对景观空间维度识别的基础上补充对景观时间维度的识别，增加对乡村历史景观维度的关注。对景观历史特征的关注能够强化对景观局部的分析，使得景观类型与当地居民及生活方式连接得更加紧密。乡村普遍存在的文化生活特征表现在时间维度（如历史遗迹的留存、村落形成时间等）、民居类型、民俗活动上。

景观形态特征（如景观开敞度等）是景观异质性的一个重要方面。景观开敞度不仅极大地影响了感知主体对景观的感知偏好，也间接地影响着不同生物对景观栖息地的选择偏好。

2.2 实践依据

通过使用不同特征要素进行分类实验，从实验结果出发进行对比验证，再进行反馈调整，这样能够在很大程度上反向验证特征要素选取的正确性。本节以区域尺度景观特征大区“7 亚热带湿润宁镇平原丘陵区”景观特征分类为例，进行不同特征要素聚类实验（图 2-3），发现实验 2 在增加地形特征要素后，能够更大程度地反映出地表形态的差异，不同地形被识别出来，与卫星影像较为符合。实验 3 对地形地貌特征要素进一步细化，因为地貌特征能够使特殊类型的地貌景观在分类结果中显现出来，如喀斯特地貌、黄土地貌等。实验 4 增加土壤作为特征要素，分类结果显示，土壤特征要素的加入虽然会使分类结果更加细致，但却过于破碎化，且从卫星图对比发现，土壤对景观外在表现的异质性塑造作用不大。经过多次实验反馈，不断地调整区域尺度，最终确定了特征要素。其他尺度的特征要素筛选验证与此例同理。

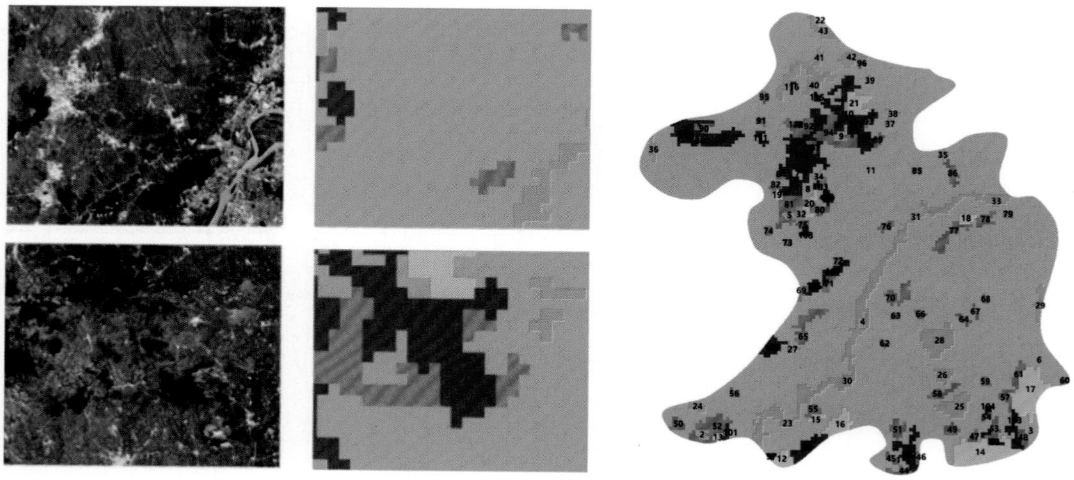

（a）实验1：土地覆盖+植被

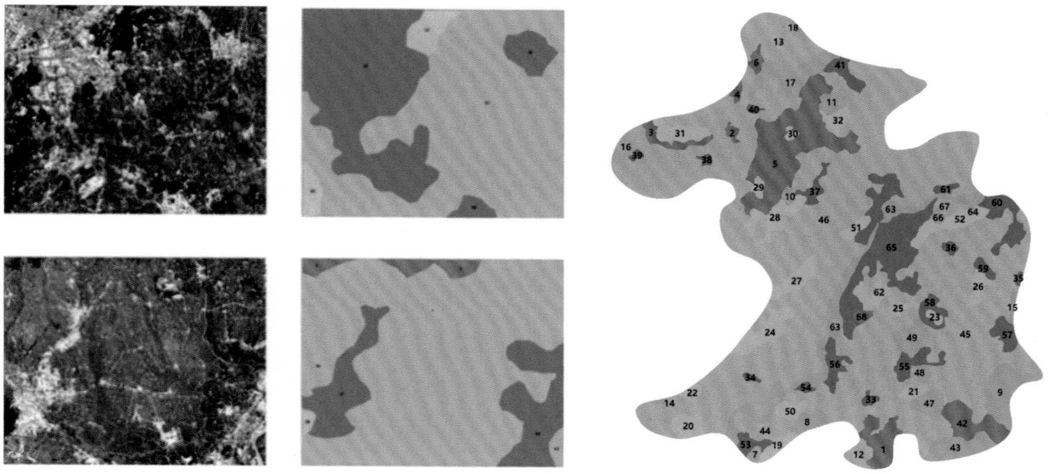

（b）实验2：地形+土地覆盖+植被

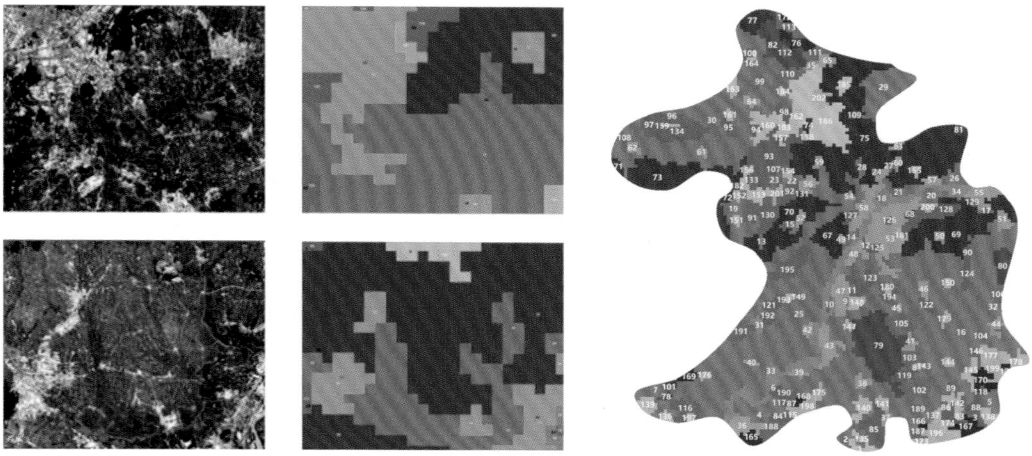

（c）实验3：地形+地貌+土地覆盖+植被

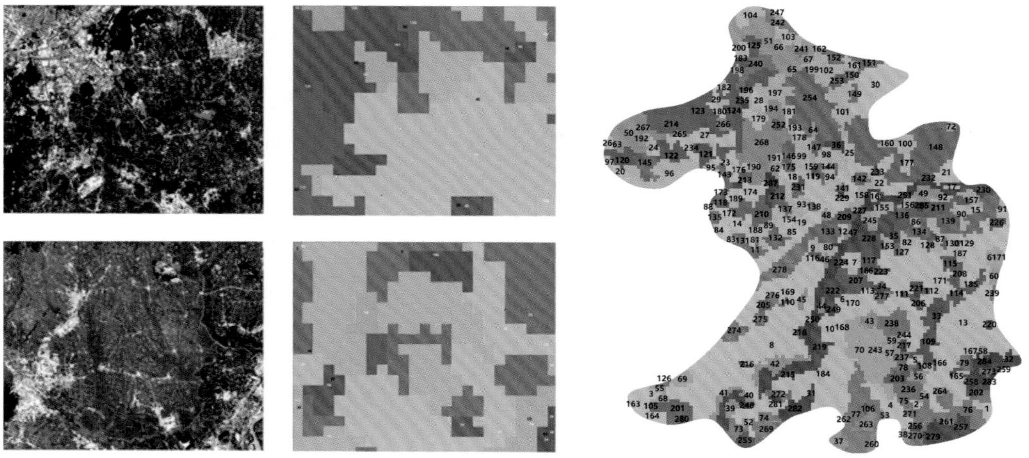

（d）实验4：地形+地貌+土地覆盖+植被+土壤

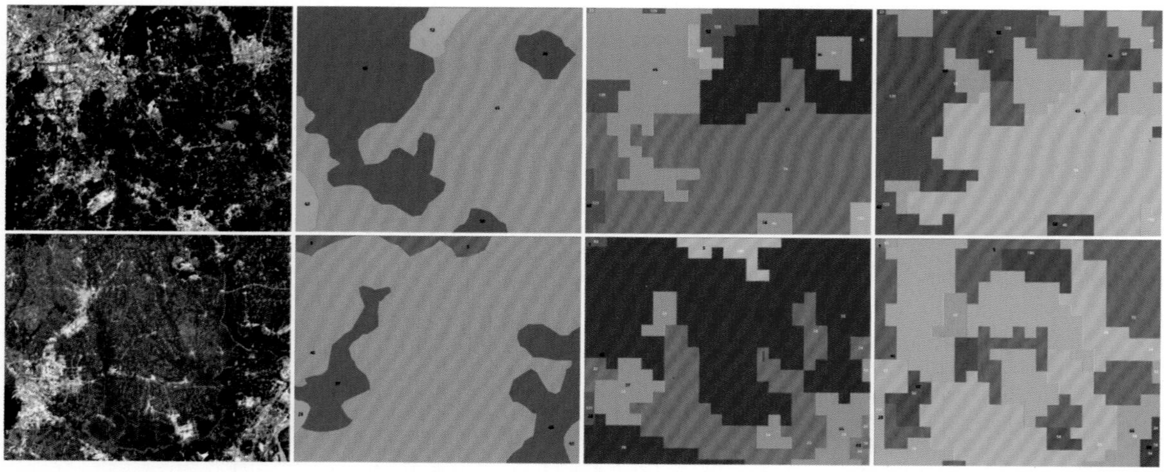

（e）卫星影像　（f）实验2　（g）实验3　（h）实验4

图 2-3　特征要素聚类实验

2.3　各尺度特征要素筛选结果

基于特征要素筛选理论原则，使用特征要素筛选方法实践，并以每一个尺度所对应的不同分类目标及原则导向为基准，同时考虑特征要素载体数据的可获取性与使用可行性（多次验证反馈调整），最终确定 4 个尺度乡村生态景观资源特征要素：国土尺度选取气候和地形地貌特征要素，区域尺度选取地形地貌、植被和土地覆盖特征要素；地方尺度选取地形地貌、植被、土地利用、时间维度、感知和传统聚落特征要素；场所尺度选取地形地貌、植被、土地利用、感知、民居、民俗和遗址遗迹特征要素。特征要素筛选结果见表 2-3。

表 2-3　特征要素筛选结果

	国土尺度	区域尺度	地方尺度	场所尺度
特征要素	气候			
	地形地貌	地形地貌	地形地貌	地形地貌
		植被	植被	植被
		土地覆盖		
			土地利用	土地利用
			时间维度	
			感知	感知
			传统聚落	
				民居
				民俗
				遗址遗迹

第 3 章

确定数据载体

景观要素存在尺度化效应，而景观特征分类体系是一个嵌套的巨系统，具有系统化特征，所以每一个层级的特征要素数据载体比例和粒度幅度不同，层级自上而下应该添加更多细节。在宏观、中观尺度下，用稍小的比例尺的数据表征特征要素可以在更广泛的背景下认识景观特征；而在中观、微观尺度下，通过更精细的比例尺和分辨率可以表征更多的特征要素细节。在欧洲的景观公约中，国土尺度的大多数研究数据载体的分辨率都没有统一标准，一般受到数据可获取性、运行可行性等因素的限制。而在区域尺度的研究方面，英国等国家的景观特征评估实践一般将数据精度设置为 1：25 万。在更小的地方尺度的研究中，需要定义更具有细节的特征要素，欧洲尺度类似的景观特征评估中一般将特征要素的数据载体比例设置为 1：2.5 万～1：5 万。最后在小微尺度，也就是场所尺度，一般比例设置为 1：1 万。通过研究梳理发现，每个尺度的数据精度及比例并非完全一致，也没有绝对规定，所以本书数据载体的比例和粒度可根据运行可行性、数据可获取性最终确定，并通过进行多次不同数据比例和粒度的实验，选定每个尺度、每个特征要素的最佳数据载体比例和粒度。国土尺度数据载体的比例区间定义为 1：100 万～1：400 万；区域尺度数据载体的比例区间定义为 1：20 万～1：100 万，粒度为 500 m；地方尺度数据载体的比例区间定义为 1：2.5 万～1：20 万，粒度一般为 30 m；场所尺度数据载体的比例区间定义为 1：2.5～1：500，粒度一般为 5 m。

3.1 国土尺度

国土尺度乡村生态景观资源特征选取气候特征与地形地貌特征要素，地形地貌构成了乡村景观的骨架，直接影响其他生态及环境因子的分布及变化，采用《中国地理图集》中的地貌区划图作为地形地貌特征要素分类依据（表 3-1）；水热条件是农林植物生长发育的限制因子，对农、林、牧等产业生产的布局、配置、生产方式、生产水平等有直接影响。国土尺度的气候特征由温度带和干湿区共同进行表征，可参考 1981—2010 年中国气候区划方案对气候进行分区，得到国土尺度气候特征要素类型（表 3-2）。

表 3-1 国土尺度地形地貌特征要素类型

序号	国土尺度地形地貌特征要素类型	序号	国土尺度地形地貌特征要素类型
1	三江低平原	6	内蒙古中平原
2	小兴安岭低山	7	大兴安岭中山
3	长白山中低山地	8	山西中山盆地
4	燕山—辽西中低山地	9	鲁东低山丘陵
5	松辽低平原	10	宁镇平原丘陵

续表

序号	国土尺度地形地貌特征要素类型	序号	国土尺度地形地貌特征要素类型
11	华北、华东低平原	25	阿尔金山祁连山高山山原
12	淮阳低山	26	天山高山盆地
13	桂湘赣中低山地	27	准噶尔低盆地
14	浙闽低中山	28	江河上游中、大起伏高山谷地
15	台湾平原山地	29	柴达木—黄湟高中盆地
16	粤桂低山平原	30	江河源丘状高山山原
17	阿尔泰山高中山	31	长江中游平原、低山
18	河套、鄂尔多斯中山	32	横断山极大、大起伏高山
19	秦岭大巴山高中山	33	滇西南高中山
20	四川低盆地	34	川西南、滇中中高山盆地
21	黄土高原	35	鄂黔滇中山
22	昆仑山极大、大起伏极高山	36	羌塘高原湖盆
23	塔里木盆地	37	喀喇昆仑山大、极大起伏极高山
24	新甘中平原	38	喜马拉雅山极大、大起伏高山极高山

表 3-2　国土尺度气候特征要素类型

序号	国土尺度气候特征要素类型	序号	国土尺度气候特征要素类型
1	中热带湿润区	7	高原亚寒带干旱区
2	亚热带湿润区	8	高原亚寒带湿润区
3	温带干旱区	9	高原亚热带湿润区
4	温带湿润区	10	高原温带干旱区
5	赤道热带湿润区	11	高原温带湿润区
6	边缘热带湿润区		

3.2　区域尺度

区域尺度选取地形地貌、植被和土地覆盖特征要素。地形地貌选取 500 m 精度 DEM 作为海拔与起伏度的载体表征地形，依据表 3-3 进行地形（海拔）特征要素分类，依据表 3-4 进行地形（起伏度）特征要素分类；选取中国 1∶100 万数字地貌数据中的地貌成因作为地貌的载体数据（表 3-5）；土地覆盖可表征区域尺度土地的自然属性，采用 GlobeLand30 数据集（https：//www.webmap.cn）为依据进行区域尺度土地覆盖特征要素类型划分（表 3-6），其为中国国家高技术研究发展计划（“863 计划”）全球地表覆盖遥感制图与关键技术研究项目的重要成果；以《1∶100 万中国植被图集》中的植被型组划分作为区域尺度植被分区依据，得到区域尺度植被（植被大类）特征要素类型（表 3-7）。群种生活型相近，而且群落形态外貌相似的植物群落联合为植被型组，如针叶林、阔叶林、荒漠、沼泽等，植被型组可在区域尺度上表征植被群落外貌。

表 3-3　区域尺度地形（海拔）特征要素类型

序号	区域尺度地形（海拔）特征要素类型	
1	低海拔	＜1 000
2	中海拔	＜3 500
3	高海拔	＜5 000
4	极高海拔	＜5 000

表 3-4　区域尺度地形（起伏度）特征要素类型

序号	区域尺度地形（起伏度）特征要素类型	
1	平原 / 盆地 / 台地	＜30
2	低丘陵	＜100
3	高丘陵	＜200
4	小起伏山地	＜500
5	中起伏山地	＜1 000
6	大起伏山地	＜2 500
7	极大起伏山地	＞2 500

表 3-5　区域尺度地貌（地貌成因）特征要素类型

序号	区域尺度地貌特征要素类型（地貌成因）	序号	区域尺度地貌特征要素类型（地貌成因）
1	海成地貌	9	干燥地貌
2	构造地貌	10	黄土地貌
3	湖成地貌	11	喀斯特地貌
4	流水地貌	12	火山熔岩地貌
5	冰川地貌	13	人为地貌
6	冰缘地貌	14	生物地貌
7	重力地貌	15	其他
8	风成地貌		

表 3-6　区域尺度土地覆盖特征要素类型

序号	区域尺度土地覆盖特征要素类型	序号	区域尺度土地覆盖特征要素类型
1	耕地	6	荒地
2	森林	7	灌木地
3	草地	8	湿地
4	水体	9	苔原
5	人造表面	10	冰川和永久积雪

表 3-7　区域尺度植被（植被大类）特征要素类型

序号	区域尺度植被（植被大类）特征要素类型	序号	区域尺度植被（植被大类）特征要素类型
1	针叶林	7	草丛
2	针阔叶混交林	8	草甸
3	阔叶林	9	沼泽
4	灌丛	10	高山植被
5	荒漠	11	栽培植被
6	草原	12	其他

3.3　地方尺度

地方尺度选取地形地貌、土地利用、能够表征农林经济生产特征的植被、能够表征乡村文化生活特征的时间维度与传统聚落、景观形态特征要素。选取中国 1：100 万数字地貌数据中的地貌形态（坡面类型）作为地形地貌的载体数据（表 3-8），选取中国科学院资源环境科学与数据中心 2020 年 30 m 精度中国土地利用遥感监测数据作为土地利用的数据载体（表 3-9），选取全国森林资源二类调查数据林种作为植被（林业管理类型）的数据载体（表 3-10），选取《1：100 万中国植被图集》中的植被类型作为植被（农业类型）的数据载体（表 3-10），根据田野调查获取景观开敞度表征景观形态特征（表 3-11），使用文保单位留存时间作为时间维度的数据载体（表 3-12），使用中国传统村落名录作为传统聚落的数据载体（表 3-13）。

表 3-8　地方尺度地形地貌（坡面类型）特征要素类型

序号	地方尺度地形地貌（坡面类型）特征要素类型	序号	地方尺度地形地貌（坡面类型）特征要素类型
1	平坦平原 / 台地	5	缓山地 / 丘陵
2	倾斜平原 / 台地	6	陡山地 / 丘陵
3	起伏平原 / 台地	7	极陡山地 / 丘陵
4	平缓山地 / 丘陵		

表 3-9　地方尺度土地利用特征要素类型

序号	地方尺度土地利用特征要素类型	序号	地方尺度土地利用特征要素类型
1	水田	14	滩涂
2	旱地	15	滩地
3	有林地	16	城镇用地
4	灌木林	17	农村居民点
5	疏林地	18	其他建设用地
6	其他林地	19	沙地
7	高覆盖度草地	20	戈壁
8	中覆盖度草地	21	盐碱地
9	低覆盖度草地	22	沼泽地
10	河渠	23	裸土地
11	湖泊	24	裸岩石质地
12	水库坑塘	25	其他
13	永久性冰川雪地	26	海洋

表 3-10　地方尺度植被（林业管理类型及农业类型）特征要素类型

地方尺度植被（林业管理类型）区划指标			
1	水源涵养林	14	名胜古迹和革命纪念林
2	水土保持林	15	自然保护区林
3	防风固沙林	16	短轮伐期工业原料
4	农田牧场防护林	17	用材林
5	护岸林	18	速生丰产用材林
6	护路林	19	一般用材林
7	防火林	20	油料能源林
8	其它防护林	21	木质能源林
9	国防林	22	果树林
10	实验林	23	食用原料林
11	种质资源林	24	林化工业原料林
12	环境保护林	25	药用林
13	风景林	26	其他经济林
地方尺度植被（农业类型）区划指标			
1	无农业	5	夏稻、冬蚕豆、豌豆（或双季稻）
2	旱作农业和落叶果树园	6	夏稻、冬小麦（局部双季稻）；棉花
3	一年两熟或三熟水旱轮作（有双季稻）	7	双季稻与紫云英；冬小麦、甘薯
4	稻、麦、双季稻（局部）		

表 3-11　地方尺度景观形态（开敞度）特征要素类型

序号	景观形态	开敞度
1	开敞	9～10
2	半开敞	6～8
3	半封闭	3～5
4	封闭	1～2

表 3-12　地方尺度时间维度（文保单位留存时间）特征要素类型

序号	时间维度（文保单位留存时间）	序号	时间维度（文保单位留存时间）
1	旧石器时代	12	隋
2	新石器时期	13	唐
3	夏	14	五代十国
4	商	15	宋
5	周	16	辽
6	秦	17	西夏
7	汉	18	金
8	三国	19	元
9	晋	20	明
10	东晋十六国	21	清
11	南北朝	22	民国

表 3-13　地方尺度传统聚落特征要素类型

序号	传统聚落
1	包含传统村落
2	不包含传统村落

3.4　场所尺度

场所尺度选取地形地貌、土地利用、植被、民居、遗址遗迹、民俗（表 3-14）。地形地貌选取 5 m 精度 DEM 作为数据载体表征地貌基本形态；土地利用选取的数据载体是高分辨率土地利用数据并结合人工目视解译与现场调研进行调整；植被选取森林资源二类调查数据中的林业小班作为数据载体；民居采用 0.5～2.5 m 精度卫星影像识别民居分布形态作为数据载体；遗址遗迹、民俗将通过田野调查获取的位置分布信息作为数据载体；感知通过田野调查开放式访谈记录作为数据载体。

表 3-14　地方尺度各特征要素类型

特征要素	特征要素类型		分类标准
地貌基本形态	基本形态类型	相对高度 /m	根据柴宗新等人提出的地貌基本形态指标进行划分
	平原	＜20	
	丘陵	20～200	
	低山	200～500	
	中山	500～1 500	
	高山	＞1 500	
土地利用	耕地	水田	指有水源保证和灌溉设施，在一般年景能正常灌溉，用以种植水稻、莲藕等水生农作物的耕地，包括实行水稻和旱地作物轮种的耕地
		旱地	指无灌溉水源及设施，靠天然降水生长作物的耕地；有水源和浇灌设施，在一般年景下能正常灌溉的旱作物耕地；以种菜为主的耕地，正常轮作的休闲地和轮歇地
		设施农业用地	指直接用于经营性养殖的畜禽舍、工厂化作物栽培或水产养殖的生产设施用地及其相应附属用地，农村宅基地以外的晾晒场等农业设施用地
	园地	果园	指种植果树的园地
		茶园	指种植茶树的园地
		其他园地	指种植桑树、橡胶、可可、咖啡、油棕、胡椒、药材等其他多年生作物的园地
	林地	有林地	指郁闭度＞30% 的天然林和人工林，包括用材林、经济林、防护林等成片林地
		疏林地	指疏林地（郁闭度为 10%～30%）
		灌木林地	指郁闭度＞40%、高度在 2 m 以下的矮林地和灌丛林地
		其他林地	未成林造林地、迹地、苗圃及各类园地（果园、桑园、茶园、热作林园地等）
	草地	高覆盖度草地	指覆盖度＞50% 的天然草地、改良草地和割草地。此类草地一般水分条件较好，草被生长茂密
		中覆盖度草地	指覆盖度为 20%～50% 的天然草地和改良草地。此类草地一般水分不足，草被较稀疏
		低覆盖度草地	指覆盖度为 5%～20% 的天然草地。此类草地一般水分缺乏，草被稀疏，牧业利用条件差
	水域及水利设施用地	河流	指天然形成或人工开挖的河流常年水位以下的土地
		湖泊	指天然形成的积水区常年水位以下的土地
		水库坑塘	指人工修建的蓄水区常年水位以下的土地
		滩涂、滩地	指沿海大潮高潮位与低潮位之间的潮侵地带及河、湖水域平水期水位与洪水期水位之间的土地
		沟渠	指人工修建，用于引、排、灌的渠道，包括渠槽、渠堤、取土坑、护堤林
		水工建筑物	指人工修建的闸、坝、堤路林、水电厂房、扬水站等常水位岸线以上的建筑物用地
		永久性冰川雪地	指常年被冰川和积雪覆盖的土地

续表

特征要素	特征要素类型		分类标准
土地利用	建设用地	城镇建设用地	指大、中、小城市及县镇以上建成区用地
		农村居民点	指农村居民点
		工矿仓储用地	指主要用于工业生产、物资存放场所的土地
		其他建设用地	指除上述 3 类以外的其他建设用地及在建工地
	交通用地	铁路	指用于铁道线路、轻轨、场站的用地
		公路	指用于国道、省道、县道和乡道的用地。包括设计内的路堤、路堑、道沟、桥梁、汽车停靠站及直接为其服务的附属用地
		农村道路	指公路用地以外的村间、田间道路（含机耕道）
		机场	指用于民用机场的土地
		港口码头	指用于人工修建的客运、货运、捕捞及工作船舶停靠的场所及其附属建筑物的用地，不包括正常水位以下部分
	未利用土地	沙地	指地表被沙覆盖，植被覆盖度在 5% 以下的土地，包括沙漠，不包括水系中的沙滩
		戈壁	指地表以碎石、砾石为主，植被覆盖度在 5% 以下的土地
		盐碱地	指地表盐碱聚集，植被稀少，只能生长耐盐碱植物的土地
		沼泽地	指地势平坦低洼，排水不畅，长期潮湿，季节性积水或常年积水，表层生长湿生植物的土地
		裸土地	指地表被土质覆盖且植被覆盖度在 5% 以下的土地
		裸岩石砾地	指表层为岩石或石砾，其覆盖面积大于或等于 70% 的土地
		其他未利用地	指其他未利用的土地，包括高寒荒漠、苔原等
植被	优势树种		林业二调数据—林业小班—优势树种
民居	聚落形态		沿道路或沿河流线形分布 聚集和组团状扩散 按地形分布
	单体形态		“回”字形、“一”字形
民俗	民俗活动举行场所		现场调研获得
遗址遗迹	位置		现场调研获得
	年代		

第 4 章

类型识别分类方法

4.1 不同分类方法比较

国内外景观分类研究中通常采用叠置法、聚类法、自动划分法等。下面从输入数据和分类结果两个角度横向比较 3 个分类方法的差异与条件适宜性。

4.1.1 输入数据角度

叠置法的数据要求是所有输入数据同为矢量数据或栅格数据，否则结果将难以判读，且输入数据不宜过多，所以其适宜数据量小、数据源斑块不多且同为矢量数据的情况。聚类法能完成不同类型输入数据的聚类分析，离散及连续数据均可，可同时输入矢量或栅格数据，适宜数据来源多且复杂的情况。而自动划分法是通过图像分割原理对数据进行预筛选，需要选择栅格数据。

4.1.2 分类结果角度

叠置法在识别逻辑上较为简单，识别结果包括但不限于单要素的直接组合，使分类结果明确直观，但使用条件较为严苛，适合特征要素本身类型较少且简单的情况。而聚类法分类出的结果能够全面表征复杂多样的特征要素组合情况。基于图像的自动划分法根据地表客观属性进行景观分类，虽然能够减少因主观判别造成的识别失真，但难以将文化特征要素纳入该过程中。

4.2 国土尺度

叠置法是利用各要素图通过叠置分析而形成的景观信息综合图，能直接得出风景特质类型和区域，操作简单且图示直观，适用于叠加要素的斑块较为完整且叠加要素较少的情况。国土尺度采用叠置法进行景观资源特征分类。

4.3 区域尺度

通过与景观特征识别分类相关的国内外文献可以分析得出，聚类法是通过统计学聚类分析方法来实现景观特征要素的组合分类，是目前景观特征识别分类的最主要手段，区域尺度使用聚类法进行特征区域划分。在 ArcGIS 中建立 2 000 m×2 000 m 大小的网格单元，构建特征要素数据与样本（网格单元）

的数据矩阵（使用渔网在 ArcGIS 中对植被及土地覆盖特征要素类型进行交集制表）（图 4-1），将得到的表格在 SPSS 软件中进行二阶聚类和 K-means 聚类统计分析实验，选取两种聚类得到的最优聚类结果（SPSS 软件中显示的聚类质量数据最佳的结果）进行地物对比及统计学检验，选取地物对比更为吻合及统计学数据更佳的二阶聚类方法作为最终聚类统计方法。将聚类得到的数据中面积数量级显著较小的图斑进行降噪处理，得到区域尺度景观特征分类结果即景观特征中类及景观特征中区。

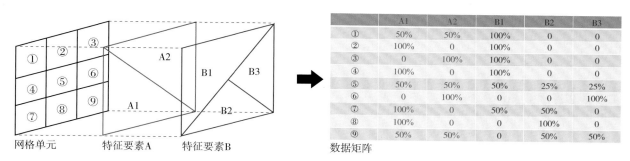

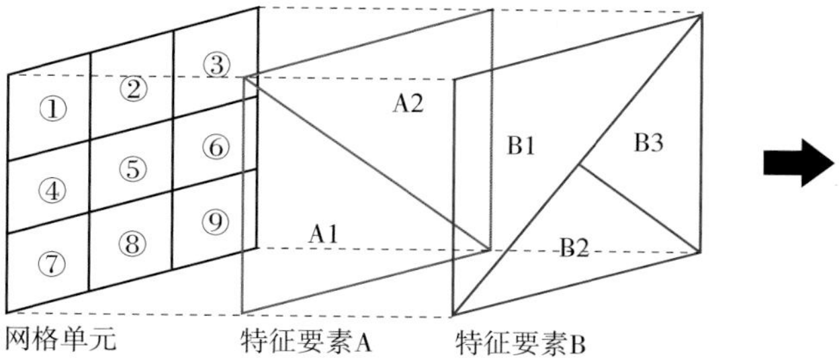

	A1	A2	B1	B2	B3
①	50%	50%	100%	0	0
②	100%	0	100%	0	0
③	0	100%	100%	0	0
④	100%	0	100%	0	0
⑤	50%	50%	50%	25%	25%
⑥	0	100%	0	0	100%
⑦	100%	0	50%	50%	0
⑧	100%	0	0	100%	0
⑨	50%	50%	0	50%	50%

数据矩阵

图 4-1 构建数据矩阵

4.4 地方尺度

通过与景观特征识别分类相关的国内外文献可以分析得出，聚类法通过统计学聚类分析方法，实现景观特征要素的组合分类，是目前景观特征识别分类的最主要手段，地方尺度使用聚类法进行特征区域划分。

将各特征要素载体数据进行处理，然后在 ArcGIS 中建立 500 m × 500 m 大小的网格单元（网格大小为 500 m × 500 m 是多次实验尝试的结果，这个网格大小既能保证体现出地方尺度各个特征要素的空间异质性，也能保证操作的可行性），构建特征要素数据与样本（网格单元）的数据矩阵（使用渔网在 ArcGIS 中对植被及土地覆盖特征要素类型进行交集制表），将得到的表格在 SPSS 软件中进行二阶聚类和 K-means 聚类统计分析实验，选取两种聚类得到的最优聚类结果（SPSS 软件中显示的聚类质量数据最佳的结果）进行地物对比及统计学检验，选取地物对比更为吻合及统计学数据更佳的二阶聚类方法作为最终聚类统计方法。将数据矩阵导入 SPSS 中进行二阶聚类分析，得到初始景观特征类型和初始景观特征区域。

考虑到可能存在面积较小，但在表征乡村特征方面极为重要的时间维度特征要素，如单体古建筑、古石桥等，所以在进行网格聚类后，采用点状数据作为时间维度的数据载体，对聚类结果进行补充，可以解决大网格无法表征精细尺度下强感知要素的难点。根据文保单位空间分布点等点状要素，确定这些空间分布点位于哪些初始景观特征区域，把这些初始景观特征区域提取出来，根据文保单位留存时间将这些特征区域分别独立为另一种景观类型，将初始景观特征类型细化，新增包含时间维度特征的景观特征类型及景观特征区域。然后根据传统村落的分布点位，提取出包含传统村落的景观特征区域，新增为另一种景观特征类型。

最后基于网络的景观开敞度抽样感知田野调查结果，使用自然邻域插值分析，得到景观开敞度分布情况，将极其开敞或极其封闭的景观特征区域提取出来，根据开敞、封闭将这些景观特征区域分别新增为另一种景观类型。

最终地方尺度景观特征分类结果为景观特征小类和景观特征小区。

4.5 场所尺度

为指导行政村内部的景观营造，进一步直观显示构成景观特征小区的景观单元，需要进行村域内部景观特征区域划分。在客观叠置形成景观特征单元草图的基础上，通过景观感知将其整合为景观特征单元及景观特征区域。

景观感知分为直接感知和间接感知，直接感知包括视觉、嗅觉、听觉、味觉与触觉等，其中以视觉感知为主要感知途径；间接感知是社会途径与对景观的理解，其中以景观价值感知为主要感知途径。人类社会在与自然环境互作的过程中创造了景观，人类对自然环境的影响及改变越来越显著，对生物多样性、自然资源的质量产生了越来越大的影响，这种互作的关系可以通过景观价值来描述，即景观价值能够衡量人类对景观能够提供的有形和无形的利益的感知程度。而规划设计就是对景观能够提供的有形和无形的利益进行进一步保护或合理利用的过程，规划设计人员需要对景观价值进行感知与判别来进行乡村规划设计及景观营造，景观具有自然、美学、产品、休闲、遗产、情怀等价值。

本方法将直接感知与间接感知相结合，从审美感受、浏览意向、发展方向等方面对景观进行描述。参与式制图的选择样本要求尽量保证利益相关者的全覆盖，同时充分考虑年龄、居住点等。感知主体包括当地村民、政府管理者、企业开发者、专业人员。从生产、生活、生态 3 方面出发，共确定 4 类感知点：选取休闲旅游属性感知点（包括已建成的旅游地、亟须建设的旅游地等），文化属性感知点（遗产地、民俗活动地、节日活动地等），产业属性感知点（重要的农产品种植地、乡村工业等），聚居属性感知点（祖屋、存在时间较久的建筑、传统建筑等）。研究人员采用访谈和地图记录方式，依据访谈提纲引导公众对影像进行判读、绘制和说明。村民群体对景观的审美与游憩价值更为关注，专业人员更关注景观的发展与研究价值，村领导更关注经济发展与管护方式，开发商则更关注景观的经济收益。通过不同人群对景观特征识别上的差异性，对景观特征区域进行综合性描述。

场所尺度景观资源特征分类主要分为 3 个部分：叠置形成景观特征单元草图、基于地块合并标准表从视觉感知出发整合单元草图形成景观特征单元、基于参与式制图从价值感知出发形成景观特征区域。

①客观叠置基本特征要素。通过对行政村地貌基本形态、土地利用、植被、民居特征要素数据的客观叠置，形成乡村生态景观资源特征单元草图。

②从景观直接感知中的视觉感知出发对景观资源特征单元草图进行地块整合，得到景观特征单元。本书主要侧重对景观的视觉感知。视觉感知主要体现在对景观特征的完整性与开敞度两个方面的感知。感知主体专业人员从规模、功能两个主要标准与附属情况、季节性等的主观感知与经验出发，拟定地块整合标准（表 4-1），对景观特征单元草图进行地块整合，形成景观特征单元图。

表 4-1　地块整合标准

形态	地块		评价标准	指标
面	零散耕地		规模 附属情况	把航拍法、现场感知视线法、拍照法、窗口法等结合起来，判断耕地和周围大地块的比例关系，若占比较小，则归为零散耕地。将零散耕地划入周围大面积斑块。 当 $D/H>3$ 时属于开敞空间
	草地		附属情况	生产用地附属、建设用地附属、荒地
	裸土地		季节性 （附属情况）	草地、裸土地多为附属用地或待开发用地，根据其附属情况将其与周围地块进行合并。对于裸土地，应观察其季节性，季节性变化较强的（春夏两季裸土地覆盖度＞5%）归为草地再进行分类
	坑塘		规模 功能	坑塘主要根据功能（如供水功能、存储功能、景观功能等）与规模划入周围大型斑块。把航拍法、现场感知视线法、拍照法、窗口法等结合起来，判断坑塘和周围大地块的比例关系，若占比较小，则考虑划入周围大面积斑块。供水、储水等生产功能的坑塘则与大型耕地结合
	零散林地	建筑用地附属林地	规模 功能	零散林地主要根据航拍法，结合卫星图现场感知，根据林地的形态与周围景物的占比较小等，确定不成片的块状零散林地与线状零散林地。观察其与房屋、农田、道路等的结合形式，并入相应的地块
		生产用地附属林地		
		行道林		
线	道路	公路	规模	根据高速公路防护林带设计规范，高速公路防护林带宽度为 50 m，划入公路景观。
		农村道路		道路周围景观带划入相应道路景观。 根据《高标准农田建设通则》，农村道路分为田间道与生产道。田间道（机耕路）的路面宽度宜为 3～6 m，生产道的路面宽度不宜超过 3 m。生产道根据其功能，归并至耕地斑块
	沟渠		规模 功能	根据《灌溉与排水工程设计规范》国家标准，以通水量决定排水沟渠规模。国家规范中按照排水量将排水沟渠划分为 5 个等级，＜2 m 的水渠地块，参与农业生产的合并到耕地地块中，建筑附属沟渠地块合并至聚落地块中，位于林地中的沟渠地块合并到林地地块中
点 / 面	建设用地	民居	规模	采用航拍法、现场感知视线法、拍照法、窗口法，结合卫星图，判断建筑与其他要素占比情况，建筑在斑块中占比较少的，间隔较大建筑与建筑之间要素较多、体量较大的，归为乡野分散型农村居民点

③从景观间接感知中的价值感知出发对景观特征单元进行归纳，得到景观特征区域。使用参与式制图（图 4-2）进行价值感知点识别，按照不同属性（文化、旅游、产业、居住）收集具有这些不同景观价

值的感知点。使用核密度分析法计算不同属性感知点的分布图，形成气泡图。以景观特征单元图为底图，同时参考气泡图范围，划定景观特征区域。

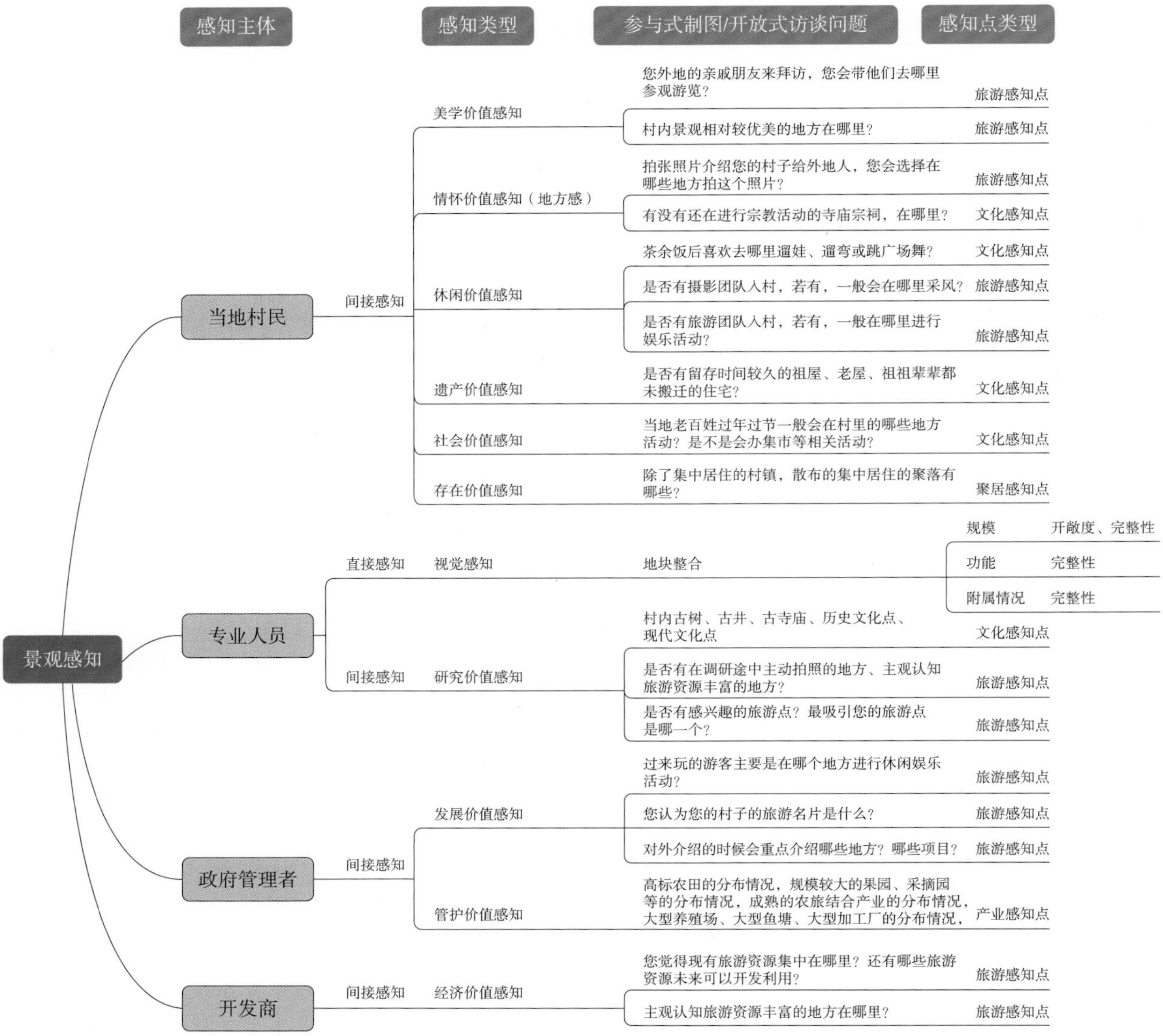

图 4-2　景观感知与参与式制图

针对分区进行景观特征归纳总结，从而对景观特征区域进行命名与描述。景观特征区域对乡村规划的规划分区具有现实指导意义，而组成景观特征区域的景观单元对区域内部的景观设计具有可落地性指导意义。

场所尺度的分类结果为景观特征单元及景观特征区域。

第 5 章

命名与描述

应用乡村分类方法体系进行识别分类，对国土、区域、地方、场所 4 个尺度进行乡村生态景观资源特征分类，将分类结果在 ArcGIS 中进行可视化，利用景观制图得出景观特征大区—景观特征中区—景观特征小区嵌套的乡村生态景观资源特征区域划分结果，实现对整体景观系统和结构化理解。该特征区域划分结果能够识别某一行政村最明显的特征，如稻麦农业生产型乡村等，可以为全国范围内所有行政村确定精准发展定位提供基础。

在“国土—区域—地方”3 个尺度层级进行特征区域划分以对某一行政村进行精准定位的基础上，进一步在场所尺度对行政村内部进行景观特征区域划分，景观制图得到的景观特征单元 / 景观特征区域的划分结果为行政村内部的景观营造提供参考。

对应区域尺度命名代码表和地方尺度命名代码表见表 5-1、表 5-2，制定类型命名规则为：对每一种类型进行编码命名 + 应用命名。编码规则如下：当 $X \geqslant 60\%$ 时，编码为 A；当 $30\% \leqslant X < 60\%$ 时，编码为 {A}；当 $10\% \leqslant X < 30\%$ 时，编码为（A）；当 $X < 10\%$ 时，忽略不计。其中 A 为特征要素类型，X 为特征要素类型 A 与景观特征类型面积之比。应用命名规则如下：应用命名的中文名称中只显示 $X > 60\%$ 的特征要素类型，区域尺度命名顺序为地形 + 地貌 + 土地覆盖 + 植被。

场所尺度分类结果景观特征区域命名及描述遵循了该分区内部的景观特征客观现状，全面总结描述景观特征客观现状，同时分析关键特征要素及数据情况，根据直接感知与间接感知参与式制图得到的信息分析提炼环境机遇与压力，言简意赅地提出一些分区发展策略。根据参与式制图获取的信息总结得到的各分区描述部分能够体现出该行政村内部特殊的点 / 线状景观特征要素，如特殊季相植被（雾凇、红叶等）、古树名木、遗址遗迹等。

表 5-1　区域尺度命名代码表

特征要素类型	编码代号	特征要素类型	编码代号
针叶林	P1	森林	C2
针阔叶混交林	P2	草地	C3
阔叶林	P3	水体	C4
灌丛	P4	人造表面	C5
荒漠	P5	荒地	C6
草原	P6	灌木地	C7
草丛	P7	湿地	C8
草甸	P8	苔原	C9
沼泽	P9	冰川和永久积雪	C10
高山植被	P10	海成地貌	F1

续表

特征要素类型	编码代号	特征要素类型	编码代号
栽培植被	P11	构造地貌	F2
其他	P12	湖成地貌	F3
耕地（农田）	C1	流水地貌	F4
冰川地貌	F5	中海拔	E2
冰缘地貌	F6	高海拔	E3
重力地貌	F7	极高海拔	E4
风成地貌	F8	平原	L1
干燥地貌	F9	低丘陵	L2
黄土地貌	F10	高丘陵	L3
喀斯特地貌	F11	小起伏山地	L4
火山熔岩地貌	F12	中起伏山地	L5
人为地貌	F13	大起伏山地	L6
生物地貌	F14	极大起伏山地	L7
其他	F15	盆地	L8
低海拔	E1		

表 5-2　地方尺度命名代码表

编码代号	特征要素类型	编码代号	特征要素类型
11	平坦平原	114	陡丘陵
12	倾斜平原	115	极陡丘陵
13	起伏平原	116	倾斜山地
14	平缓山地	117	洪积平原
15	缓山地	118	河谷平原
16	陡山地	119	冲积台地
17	极陡山地 / 丘陵	120	洪积台地
18	冲积平原	121	黄土台塬
19	平坦台地	122	黄土梁塬
110	倾斜台地	123	冲积河漫滩
111	起伏台地	124	冲积洪积平原
112	平缓丘陵	10	湖泊
113	缓丘陵	u1	水田

续表

编码代号	特征要素类型	编码代号	特征要素类型
u2	旱地	p12	环境保护林
u3	有林地	p13	风景林
u4	灌木林	p14	名胜古迹和革命纪念林
u5	疏林地	p15	自然保护区林
u6	其他林地	p16	短轮伐期工业原料用材林
u7	高覆盖度草地	p17	速生丰产用材林
u8	中覆盖度草地	p18	一般用材林
u9	低覆盖度草地	p19	油料能源林
u10	河渠	p20	木质能源林
u11	湖泊	p21	果树林
u12	水库坑塘	p22	食用原料林
u13	永久性冰川雪地	p23	林化工业原料林
u14	滩涂	p24	药用林
u15	滩地	p25	其他经济林
u16	城镇用地	p0	无林业
u17	农村居民点	a1	无农业
u18	其他建设用地	a2	旱作农业和落叶果树园
u19	沙地	a3	一年两熟或三熟水旱轮作（有双季稻）
u20	戈壁	a4	稻、麦、双季稻（局部）
u21	盐碱地	a5	夏稻、冬蚕豆、豌豆（或双季稻）
u22	沼泽地	a6	夏稻、冬小麦（局部双季稻）、棉花
u23	裸土地	a7	菜地
u24	裸岩石质地	a8	春（冬）小麦、高粱、谷子、糜子
u25	其他	a9	冬小麦、杂粮
u26	海洋	a10	水稻
p1	水源涵养林	a11	杂粮
p2	水土保持林	o1	开敞
p3	防风固沙林	o2	封闭
p4	农田牧场防护林	t1	旧石器时代
p5	护岸林	t2	新石器时代
p6	护路林	t3	夏
p7	防火林	t4	商
p8	其他防护林	t5	周
p9	国防林	t6	秦
p10	实验林	t7	汉
p11	种质资源林	t8	三国

续表

编码代号	特征要素类型	编码代号	特征要素类型
t9	晋	t17	西夏
t10	东晋十六国	t18	金
t11	南北朝	t19	元
t12	隋	t20	明
t13	唐	t21	清
t14	五代十国	t22	近现代
t15	宋	v1	包含传统村落
t16	辽		

第 6 章

分类方法体系形成

乡村生态景观资源特征分类方法体系见图 6-1。

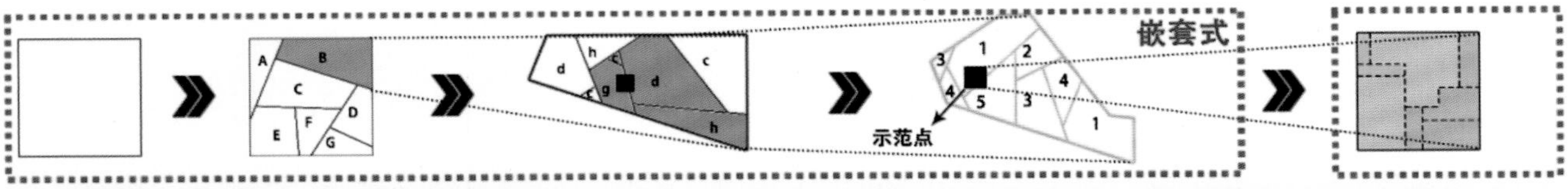

<table>
<tr><th colspan="2">不同尺度分类研究</th><th>①国土尺度</th><th>②区域尺度</th><th>③地方尺度</th><th>④场所尺度</th></tr>
<tr><td colspan="2">研究范围</td><td>全国</td><td>景观特征大区</td><td>多个景观特征中区组成的相对独立完整的地理区域</td><td>村（自然村、行政村）</td></tr>
<tr><td colspan="2">特征要素</td><td>气候＋地形地貌</td><td>地形地貌＋土地覆盖＋植被</td><td>地形地貌＋土地利用＋植被＋时间维度＋景观形态＋传统聚落</td><td>地形地貌＋土地利用＋植被＋遗址遗迹＋民居＋民俗＋感知</td></tr>
<tr><td colspan="2">数据载体</td><td>• 1981—2010 年中国气候区划方案
•《中国地理图集》地貌区划方案</td><td>• 500 m 精度 DEM
• 中国 1：100 万数字地貌数据
• GlobeLand30 数据
•《1：100 万中国植被图集》植被大类</td><td>• 中国 1：100 万数字地貌数据
• 中国科学院资源环境科学与数据中心 2020 年 30 m 精度中国土地利用遥感监测数据
• 国家林业和草原科学数据中心二类调查森林资源分布图
•《1：100 万中国植被图集》植被类型
• 中国传统村落名录
• 全国重点文物保护单位
• 遥感影像
• 实地调研记录景观开敞度</td><td>• 5 m 精度 DEM
• 高分辨率土地利用数据（人工目视解译＋现场调研调整）
• 森林资源二类调查数据林业小班
• 0.5～2.5 m 精度卫星影像
• 实地调研开放式访谈记录</td></tr>
<tr><td colspan="2">分类方法</td><td>叠置法</td><td>聚类法——使用 2 000 m × 2 000 m 大小的网格单元，构建特征要素数据与样本（网格单元）的数据矩阵，进行聚类统计分析</td><td>聚类法（500 m × 500 m 网格单元）</td><td>叠置法、参与式制图</td></tr>
<tr><td rowspan="3">分类结果</td><td>分类图谱</td><td>景观特征大区—景观特征大类</td><td>景观特征中区—景观特征中类</td><td>景观特征小区—景观特征小类</td><td>景观特征单元—景观特征区域</td></tr>
<tr><td>命名</td><td colspan="3">对每一种类型进行编码命名＋应用命名。编码命名规则如下：当 $X \geqslant 60\%$ 时，编码为 A；当 $30\% \leqslant X < 60\%$ 时，编码为 {A}；当 $10\% \leqslant X < 30\%$ 时，编码为 (A)；当 $X < 10\%$ 时，忽略不计。其中 A 为特征要素类型，X 为特征要素类型 A 与景观特征类型面积之比。应用命名规则如下：应用命名的中文名称中只显示 $X > 60\%$ 的特征要素类型，区域尺度命名顺序为地形＋地貌＋土地覆盖＋植被。地方尺度命名顺序为景观形态＋地形地貌＋土地利用＋植被＋时间维度＋传统聚落。</td><td rowspan="2">命名及描述遵循了该分区内部的景观特征客观现状，全面总结描述景观特征客观现状，同时分析关键特征要素及数据情况，根据直接感知与间接感知参与式制图得到的信息分析提炼环境机遇与压力，言简意赅地提出一些分区发展策略。根据参与式制图获取的信息总结得到的各分区描述部分能够体现出该行政村内部特殊的点 / 线状景观特征要素，如特殊季相植被（雾凇、红叶等）、古树名木、遗址遗迹等</td></tr>
<tr><td>描述</td><td colspan="3">描述规则：①景观特征区的主要景观特征；②分析关键特征要素、数据；③根据景观特征分析景观机遇与压力；④根据机遇与压力简要提出管护策略</td></tr>
</table>

图 6-1　乡村生态景观资源特征分类方法体系

第二篇

全国多尺度乡村生态景观资源特征分类体系应用说明

QUANGUO DUOCHIDU XIANGCUN SHENGTAI JINGGUAN ZIYUAN TEZHENG FENLEI TIXI YINGYONG SHUOMING

第 7 章

国土尺度

将气候区划图与地貌区划图进行叠置分析，叠置后得到47个国土尺度乡村生态景观资源特征大区（图7-1）。

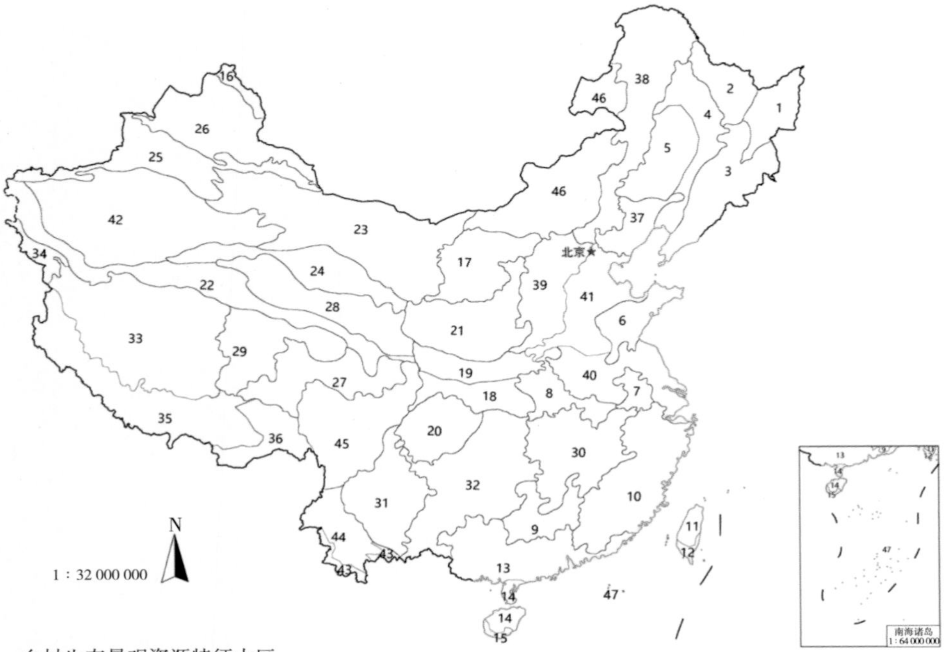

乡村生态景观资源特征大区

1 温带湿润三江低平原区
2 温带湿润小兴安岭低山区
3 温带湿润长白山中低山地区
4 温带湿润松辽低平原区
5 温带干旱松辽低平原区
6 温带湿润鲁东低山丘陵区
7 亚热带湿润宁镇平原丘陵区
8 亚热带湿润淮阳低山区
9 亚热带湿润桂湘赣中低山地区
10 亚热带湿润浙闽低中山区
11 亚热带湿润台湾平原山地区
12 边缘热带湿润台湾平原山地区
13 亚热带湿润粤桂低山平原区
14 边缘热带湿润粤桂低山平原区
15 中热带湿润粤桂低山平原区
16 温带干旱阿尔泰山高中山区
17 温带干旱河套、鄂尔多斯中平原区
18 亚热带湿润秦岭大巴山高中山区
19 温带湿润秦岭大巴山高中山区
20 亚热带湿润四川低盆地区
21 温带干旱黄土高原区
22 高原温带干旱昆仑山极大、大起伏极高山区
23 温带干旱新甘中平原区
24 温带干旱阿尔金山–祁连山高山山原区
25 高原温带干旱天山高山盆地区
26 温带干旱准噶尔低盆地区
27 高原亚寒带湿润江河上游中、大起伏高山谷地区
28 高原温带湿润柴达木—黄湟高中盆地区
29 高原温带干旱江河源丘状高山原区
30 亚热带湿润长江中游平原、低山区
31 亚热带湿润川西南、滇中中高山盆地区
32 亚热带湿润鄂黔滇中山区
33 高原亚寒带干旱羌塘高原湖盆区
34 高原亚寒带干旱喀喇昆仑山大、极大起伏极高山区
35 高原温带干旱喜马拉雅山极大、大起伏高山极高山区
36 高原温带湿润喜马拉雅山极大、大起伏高山极高山区
37 温带湿润燕山—辽西中低山地区
38 温带湿润大兴安岭中山区
39 温带湿润山西中山盆地区
40 亚热带湿润华北、华东低平原区
41 温带湿润华北、华东低平原区
42 温带干旱塔里木盆地区
43 边缘热带湿润滇西南高中山区
44 亚热带湿润滇西南高中山区
45 亚热带湿润横断山极大、大起伏高山区
46 温带干旱内蒙古中平原区
47 南海诸岛

图7-1　国土尺度乡村生态景观资源特征大区

第 8 章

区域尺度

以景观特征大区 8（亚热带湿润淮阳低山区）为例进行景观特征中类和景观特征中区的划分。将各特征要素载体数据进行处理，得到亚热带淮阳低山区地貌成因（图 8-1）、海拔（图 8-2）、起伏度（图 8-3）、土地覆盖（图 8-4）、植被（图 8-5），再将其进行聚类统计，得到 16 个景观特征中类。在 ArcGIS 中进行可视化处理后得到区域尺度乡村生态景观资源特征分类（亚热带湿润淮阳低山区），景观类型在区域中有不同的空间分布，对应形成了 337 个景观特征中区（图 8-6）。

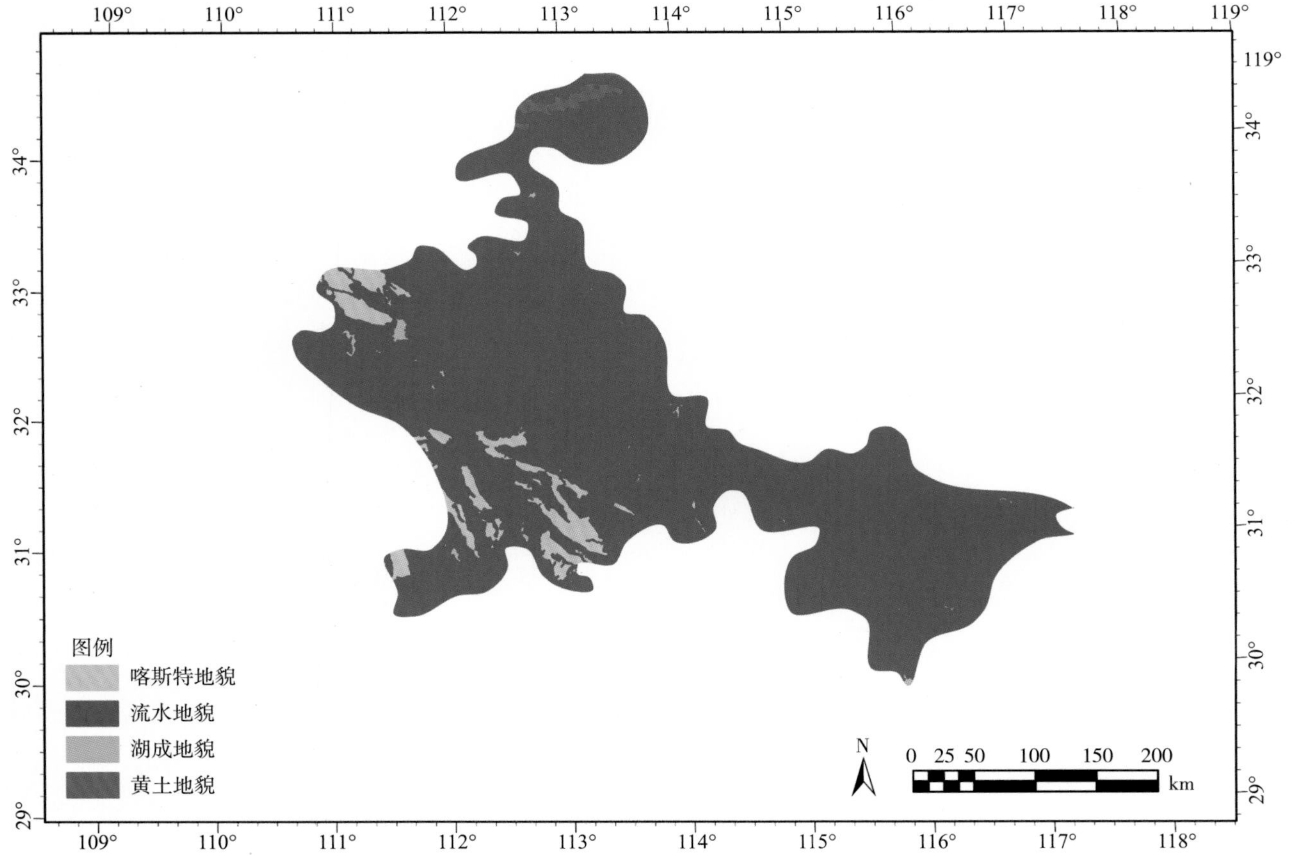

图 8-1　地貌成因

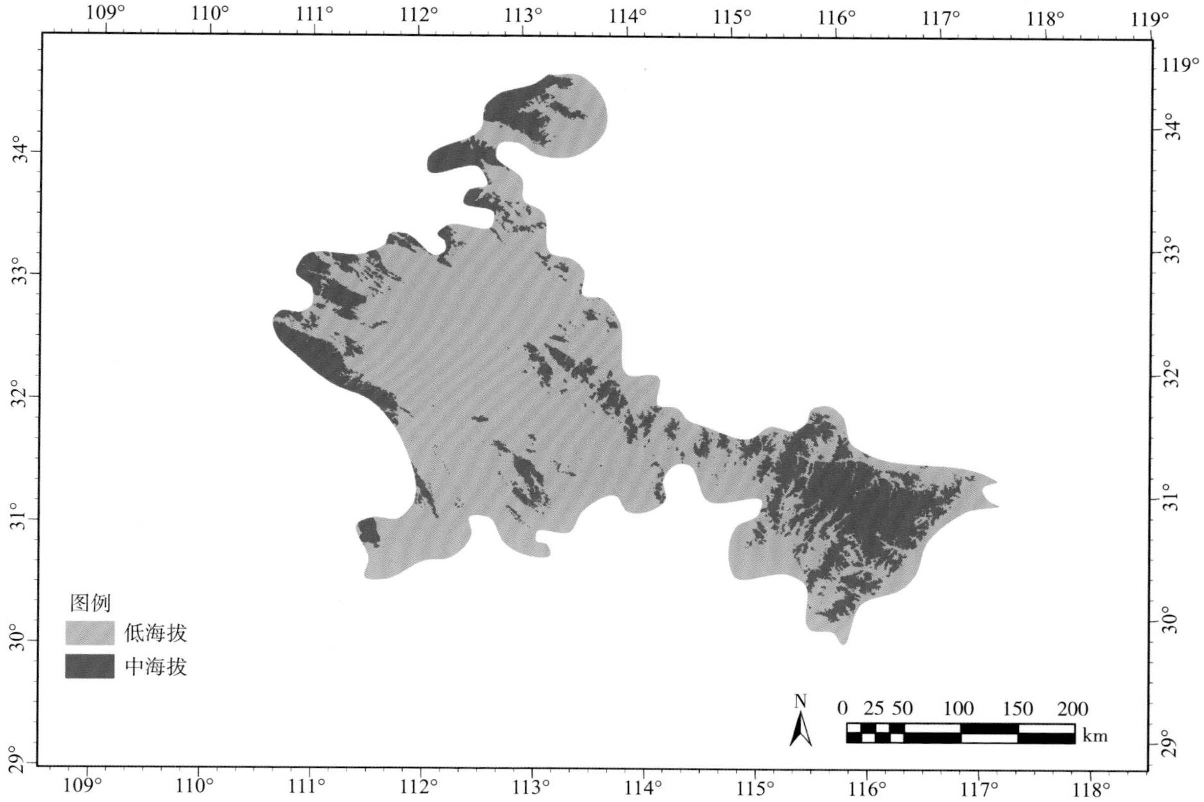

图 8-2　海拔

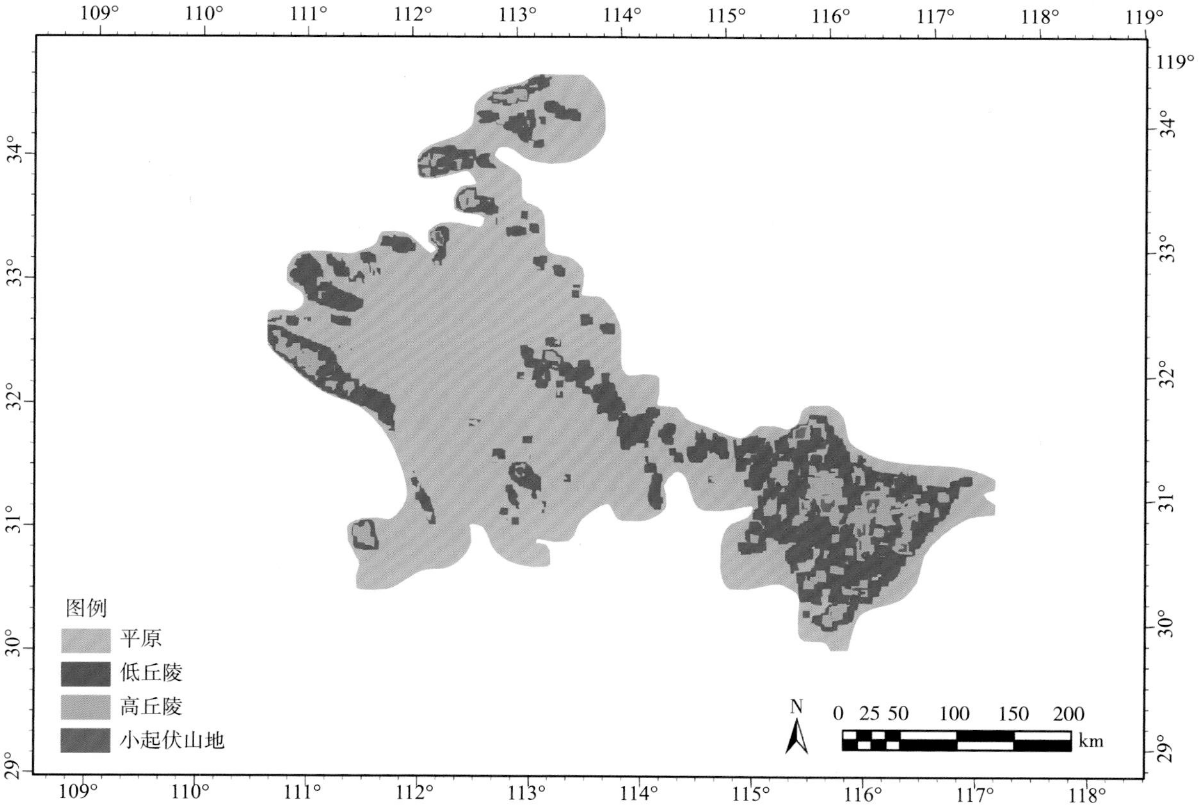

图 8-3　起伏度

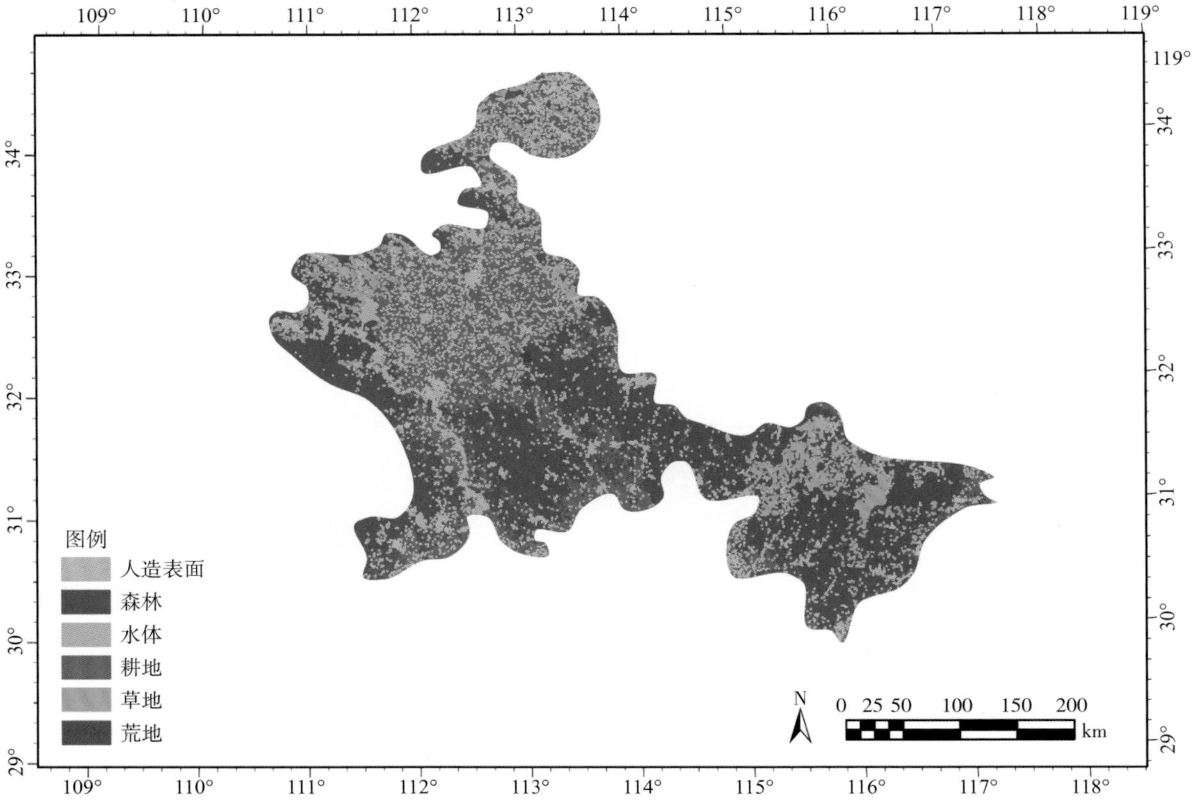

图 8-4　土地覆盖

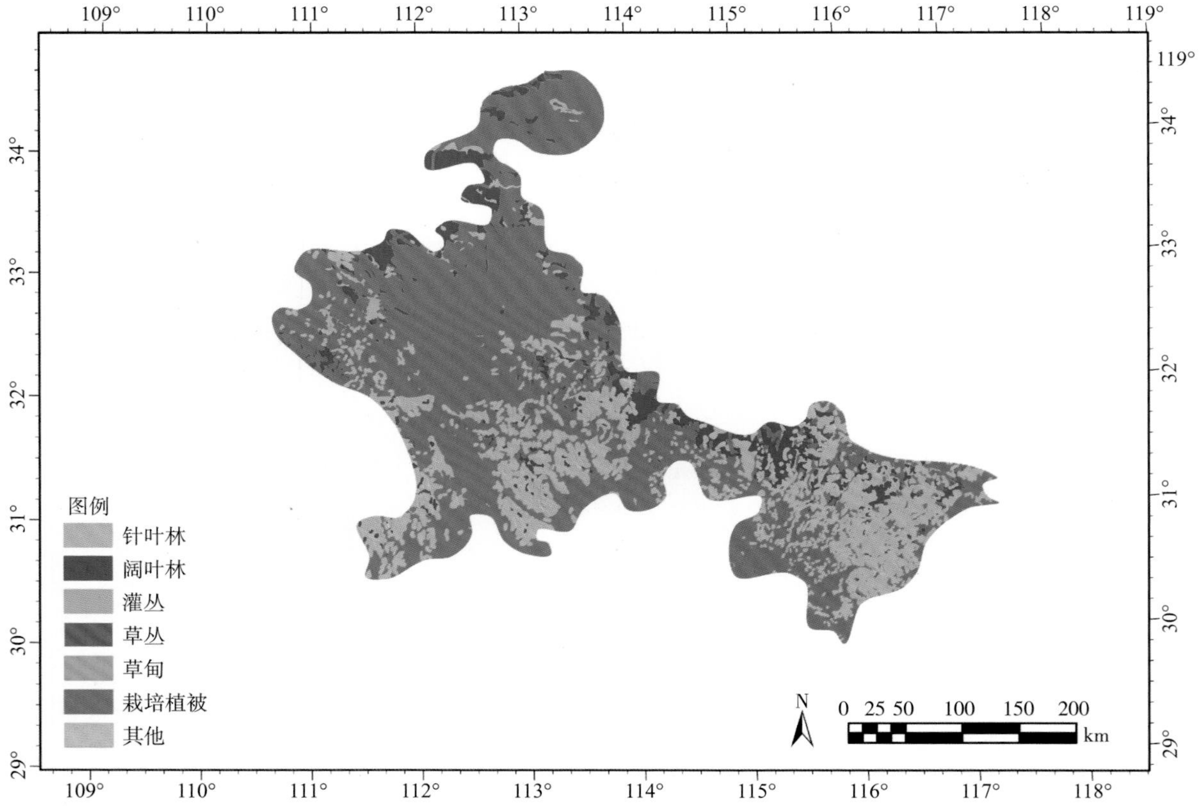

图 8-5　植被

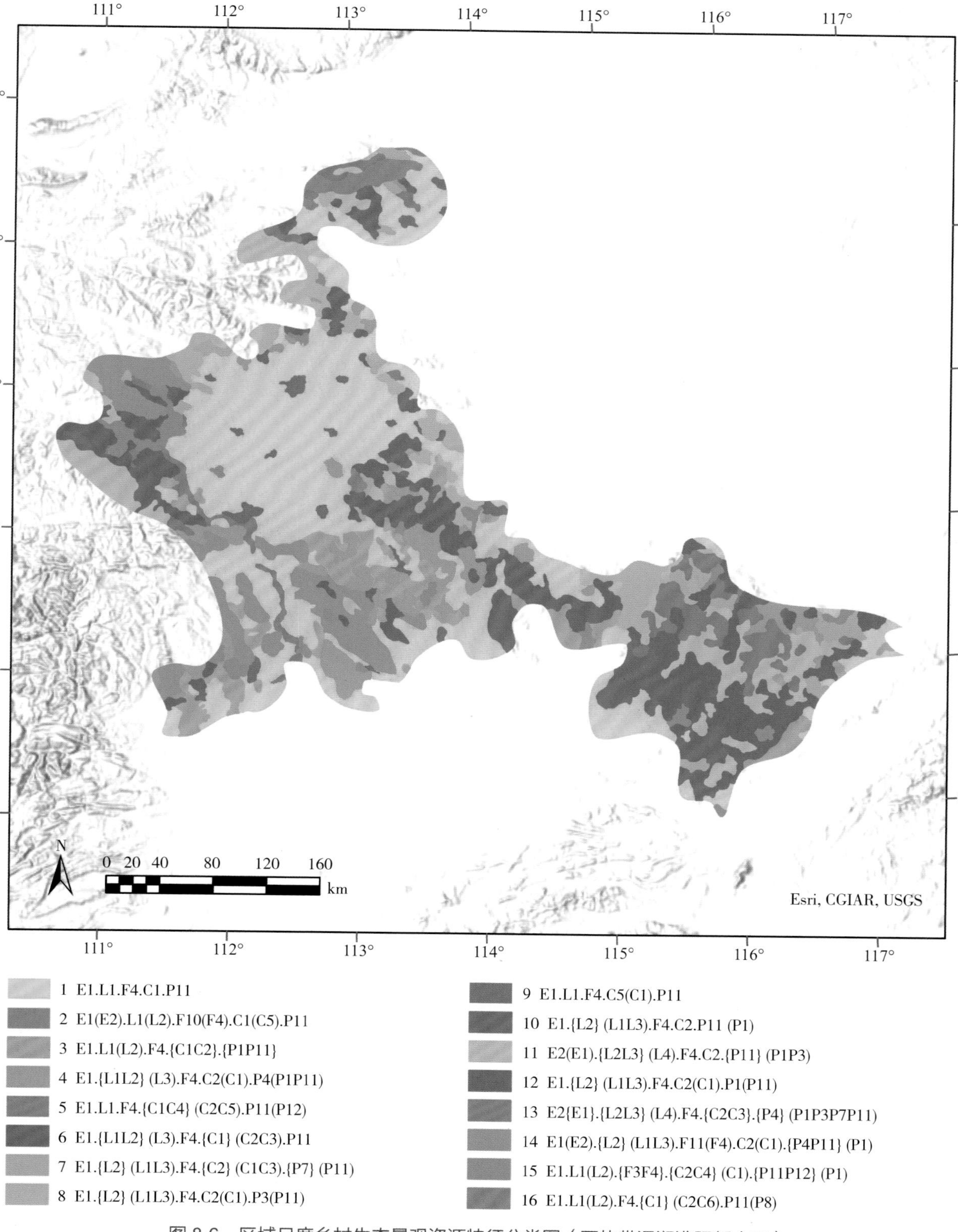
111°
112°
113°
114°
115°
116°
117°
35°
34°
33°
32°
31°
30°
N
0 20 40 80 120 160
km
Esri, CGIAR, USGS
1 E1.L1.F4.C1.P11
2 E1(E2).L1(L2).F10(F4).C1(C5).P11
3 E1.L1(L2).F4.{C1C2}.{P1P11}
4 E1.{L1L2} (L3).F4.C2(C1).P4(P1P11)
5 E1.L1.F4.{C1C4} (C2C5).P11(P12)
6 E1.{L1L2} (L3).F4.{C1} (C2C3).P11
7 E1.{L2} (L1L3).F4.{C2} (C1C3).{P7} (P11)
8 E1.{L2} (L1L3).F4.C2(C1).P3(P11)
9 E1.L1.F4.C5(C1).P11
10 E1.{L2} (L1L3).F4.C2.P11 (P1)
11 E2(E1).{L2L3} (L4).F4.C2.{P11} (P1P3)
12 E1.{L2} (L1L3).F4.C2(C1).P1(P11)
13 E2{E1}.{L2L3} (L4).F4.{C2C3}.{P4} (P1P3P7P11)
14 E1(E2).{L2} (L1L3).F11(F4).C2(C1).{P4P11} (P1)
15 E1.L1(L2).{F3F4}.{C2C4} (C1).{P11P12} (P1)
16 E1.L1(L2).F4.{C1} (C2C6).P11(P8)

图 8-6　区域尺度乡村生态景观资源特征分类图（亚热带湿润淮阳低山区）

第 9 章

地方尺度

以大洪山地区为例，进行地方尺度乡村生态景观资源特征分类。大洪山地区（图 9-1）是以大洪山山脉为核心向外延伸的由 39 个景观特征中区组成的一块相对独立完整的地理区域，其包括景观特征中类 1、3、4、7、9、11、12、14、15。

将各特征要素载体数据进行处理，得到大洪山地区地貌形态（图 9-2）、土地利用（图 9-3）、林业类型（图 9-4）、农业类型（图 9-5），在 ArcGIS 中建立 500 m × 500 m 大小的网格单元。网格大小为 500 m × 500 m 是多次实验尝试的结果，这个网格大小既能保证体现出地方尺度各个特征要素的空间异质性，也能保证操作的可行性。考虑到可能存在面积较小但在表征乡村特征方面极为重要的时间维度特征要素，如单体古建筑、古石桥等，所以在进行网格聚类后，采用点状数据作为时间维度的数据载体，对聚类结果进行补充，这样可以解决大网格无法表征精细尺度下强感知要素的难点。构建特征要素数据与样本（网格单元）的数据矩阵（使用渔网在 ArcGIS 中对植被及土地覆盖特征要素类型进行交集制表），进行聚类统计分析，初步得到 21 个景观特征类型、1 572 个景观特征区域。再根据省级文保单位空间分布（图 9-6），确定这些空间分布点处在哪些景观特征区域，把这些景观特征区域提取出来，根据文保单位留存时间将这些特征区域分别独立为另一种景观类型，将 21 个景观特征类型细化为 36 个景观特征类型，对应 1 572 个景观特征区域。最后基于网络的景观开敞度抽样感知田野调查结果，使用自然邻域插值分析，得到大洪山地区的景观开敞度分布情况（图 9-7），将极其开敞或极其封闭的景观特征区域提取出来，根据开敞、封闭将这些景观特征区域分别独立为另一种景观类型。最终地方尺度（大洪山地区）景观特征分类得到 44 个景观特征小类和 1 572 个景观特征小区（图 9-8）。

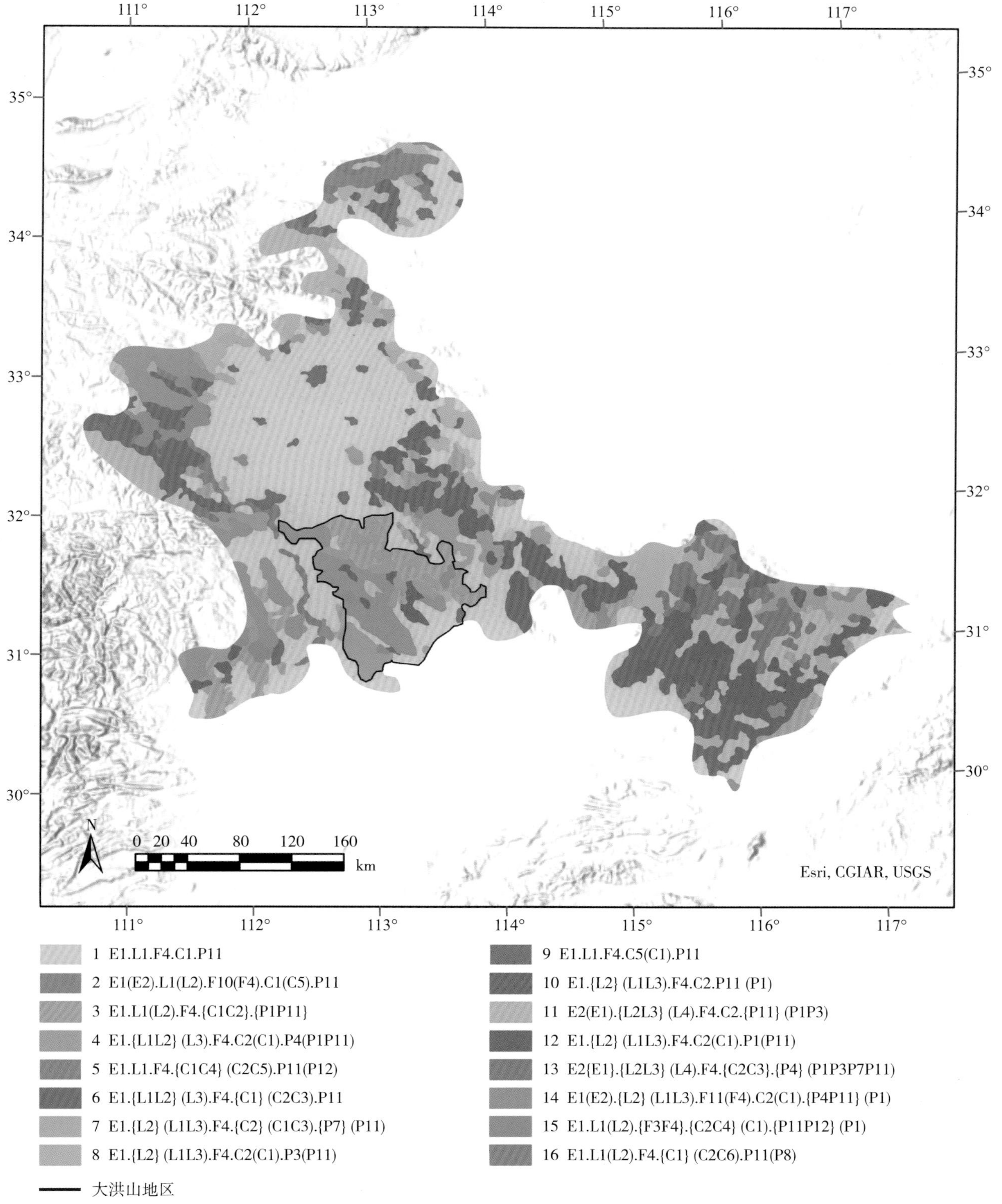
111°
112°
113°
114°
115°
116°
117°
35°
34°
33°
32°
31°
30°
N
0 20 40 80 120 160
km
Esri, CGIAR, USGS
1 E1.L1.F4.C1.P11
2 E1(E2).L1(L2).F10(F4).C1(C5).P11
3 E1.L1(L2).F4.{C1C2}.{P1P11}
4 E1.{L1L2} (L3).F4.C2(C1).P4(P1P11)
5 E1.L1.F4.{C1C4} (C2C5).P11(P12)
6 E1.{L1L2} (L3).F4.{C1} (C2C3).P11
7 E1.{L2} (L1L3).F4.{C2} (C1C3).{P7} (P11)
8 E1.{L2} (L1L3).F4.C2(C1).P3(P11)
9 E1.L1.F4.C5(C1).P11
10 E1.{L2} (L1L3).F4.C2.P11 (P1)
11 E2(E1).{L2L3} (L4).F4.C2.{P11} (P1P3)
12 E1.{L2} (L1L3).F4.C2(C1).P1(P11)
13 E2{E1}.{L2L3} (L4).F4.{C2C3}.{P4} (P1P3P7P11)
14 E1(E2).{L2} (L1L3).F11(F4).C2(C1).{P4P11} (P1)
15 E1.L1(L2).{F3F4}.{C2C4} (C1).{P11P12} (P1)
16 E1.L1(L2).F4.{C1} (C2C6).P11(P8)
大洪山地区

图 9-1　大洪山地区在景观特征大区亚热带湿润淮阳低山区中的位置

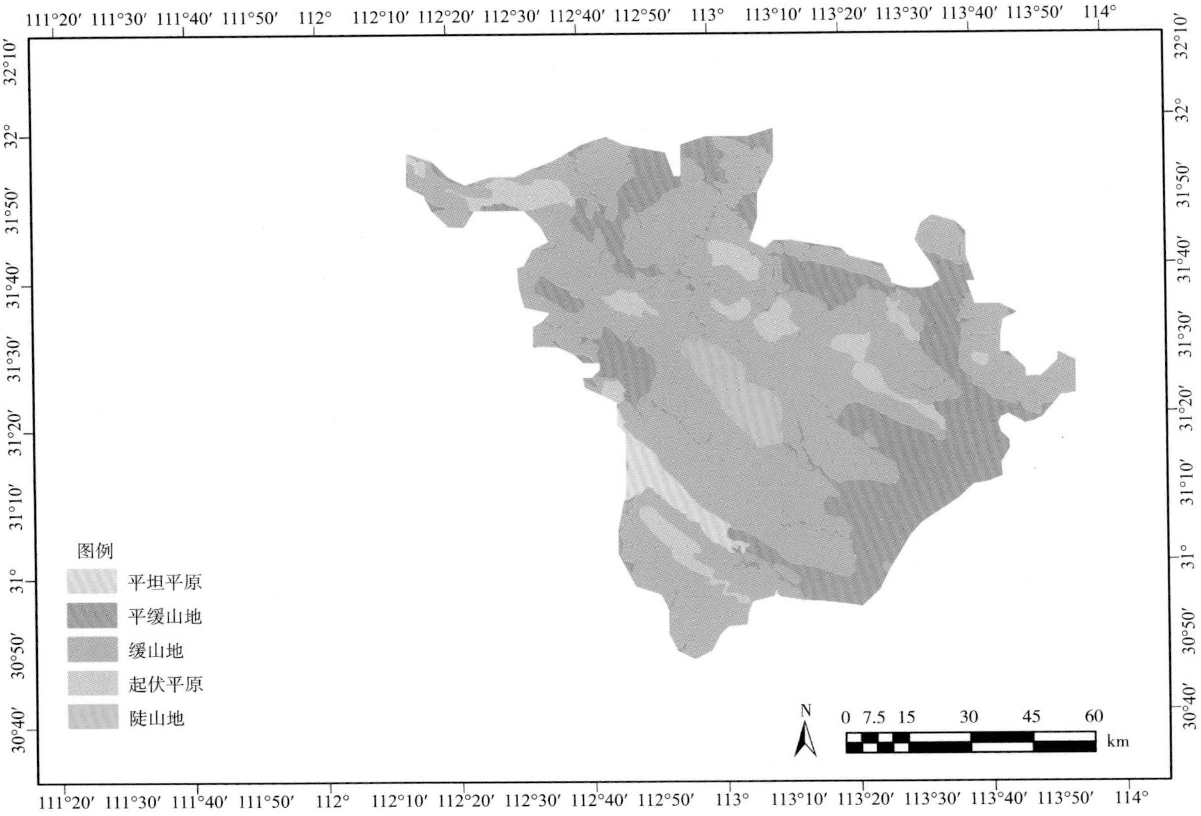

图 9-2　地貌形态

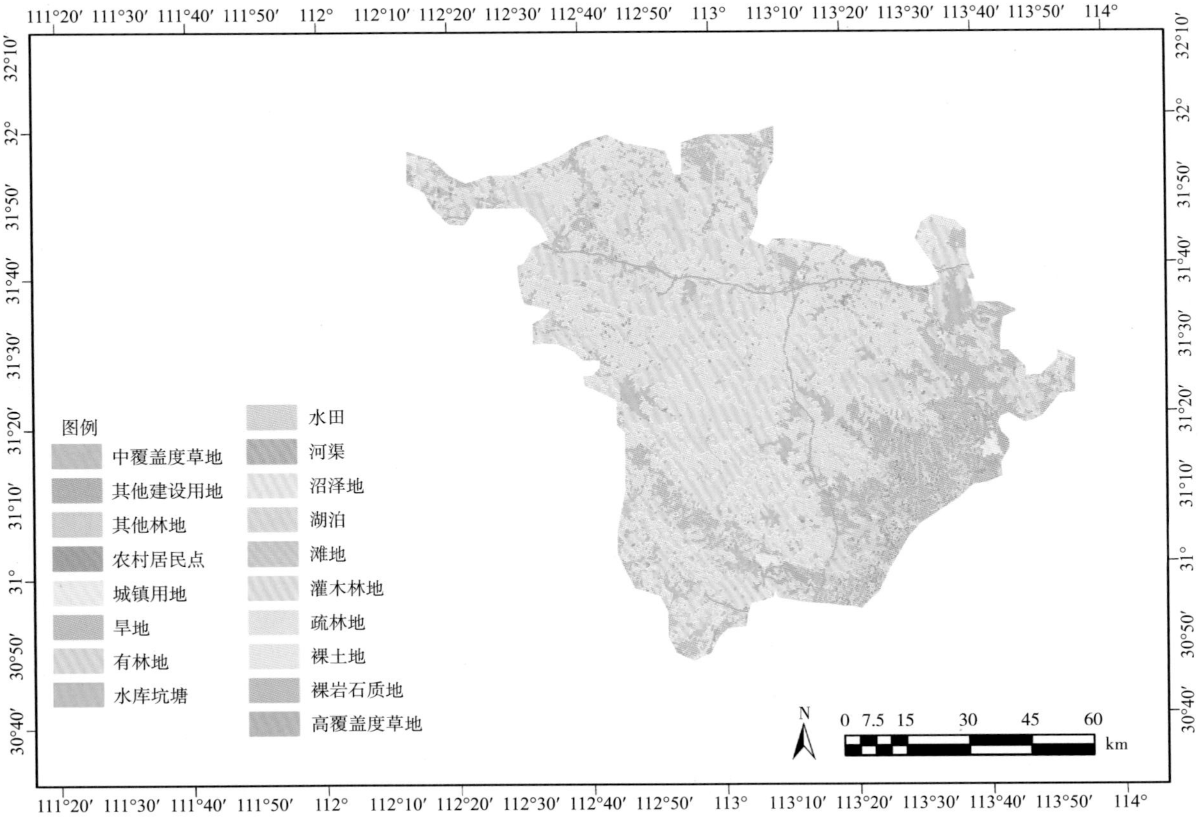

图 9-3　土地利用

图 9-4　林业类型

111°20′ 111°30′ 111°40′ 111°50′ 112° 112°10′ 112°20′ 112°30′ 112°40′ 112°50′ 113° 113°10′ 113°20′ 113°30′ 113°40′ 113°50′ 114°

32°10′ 32° 31°50′ 31°40′ 31°30′ 31°20′ 31°10′ 31° 30°50′ 30°40′

图例

无农业

夏稻、冬小麦（局部双季稻）；棉花

N

0 7.5 15 30 45 60

km

111°20′ 111°30′ 111°40′ 111°50′ 112° 112°10′ 112°20′ 112°30′ 112°40′ 112°50′ 113° 113°10′ 113°20′ 113°30′ 113°40′ 113°50′ 114°

32°10′ 32° 31°50′ 31°40′ 31°30′ 31°20′ 31°10′ 31° 30°50′ 30°40′

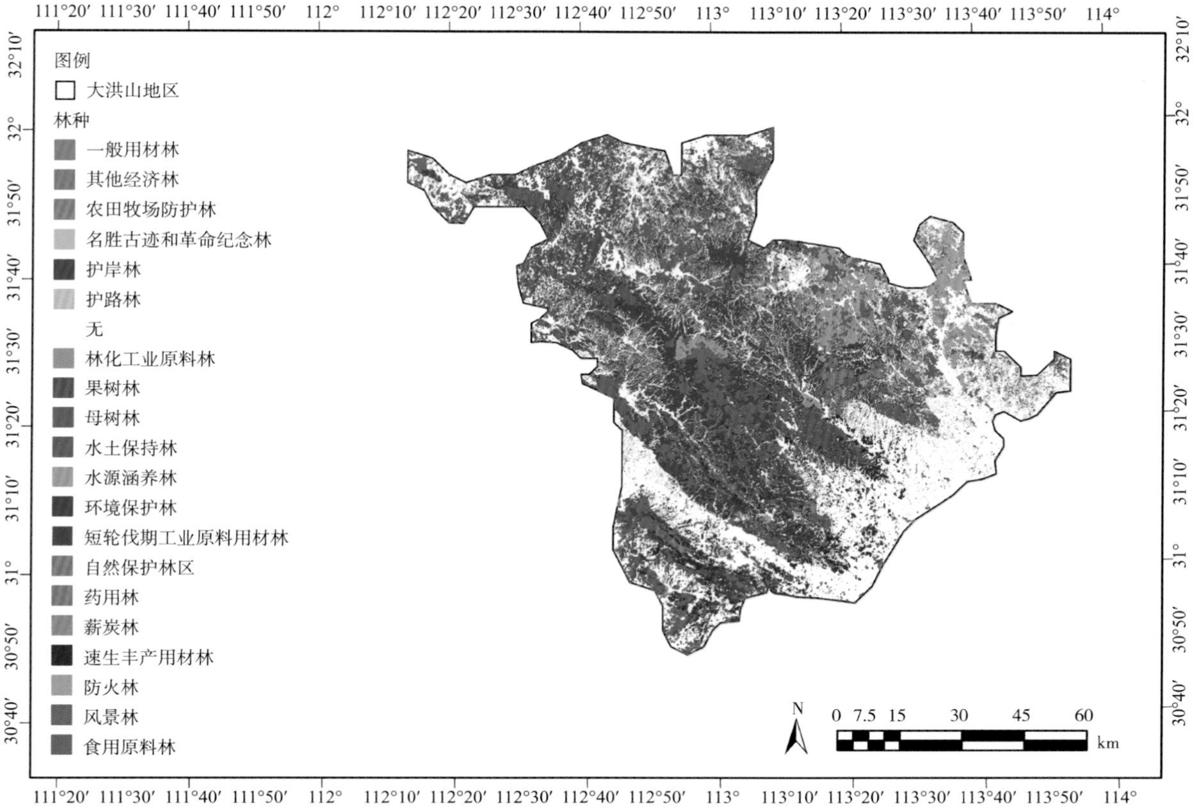

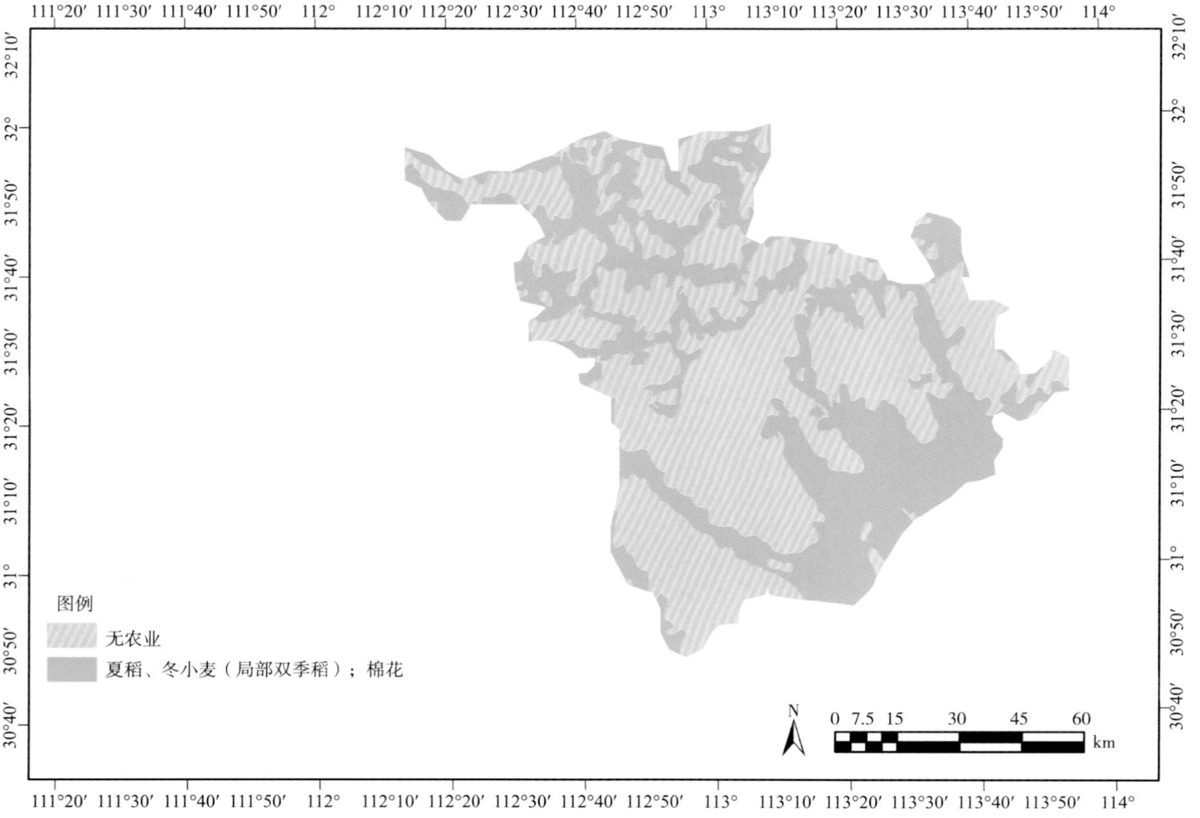

图 9-5　农业类型

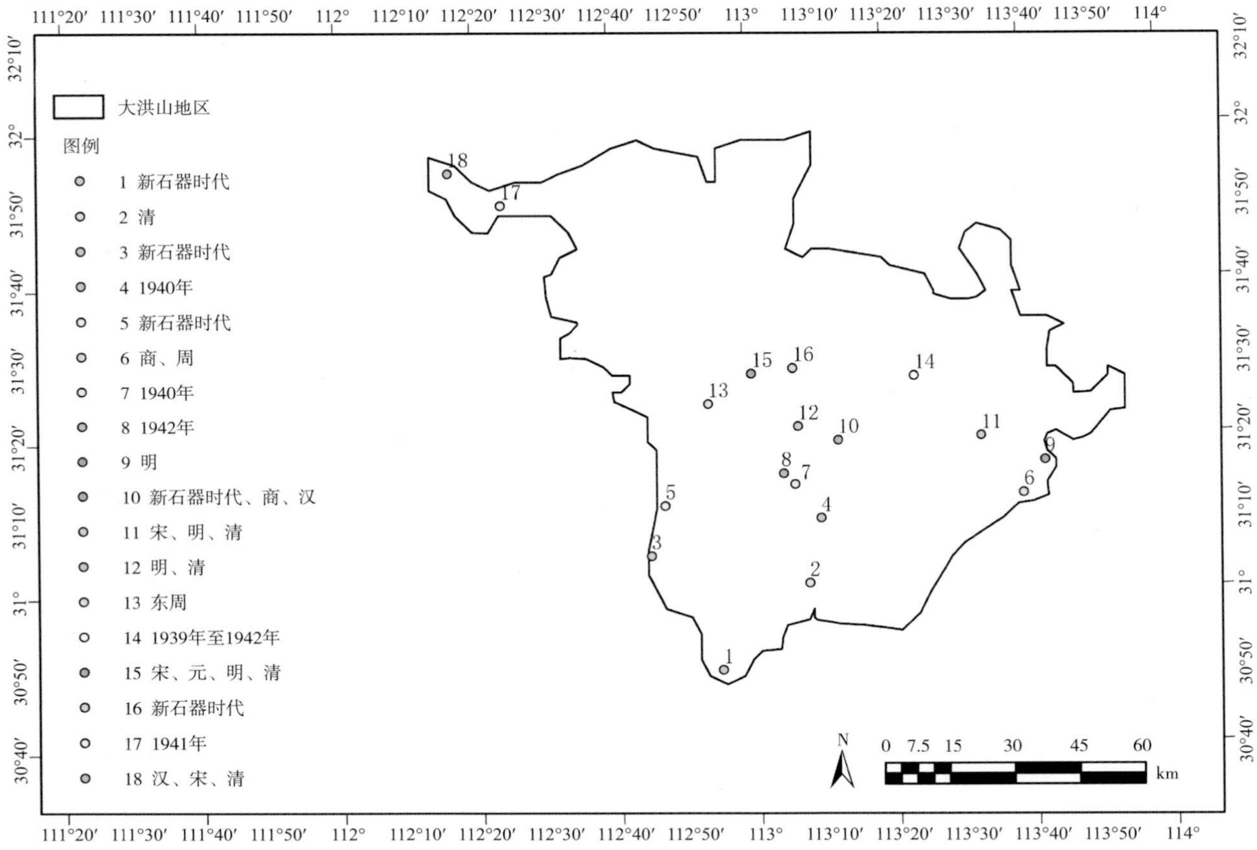

图 9-6 时间维度（文保单位分布）

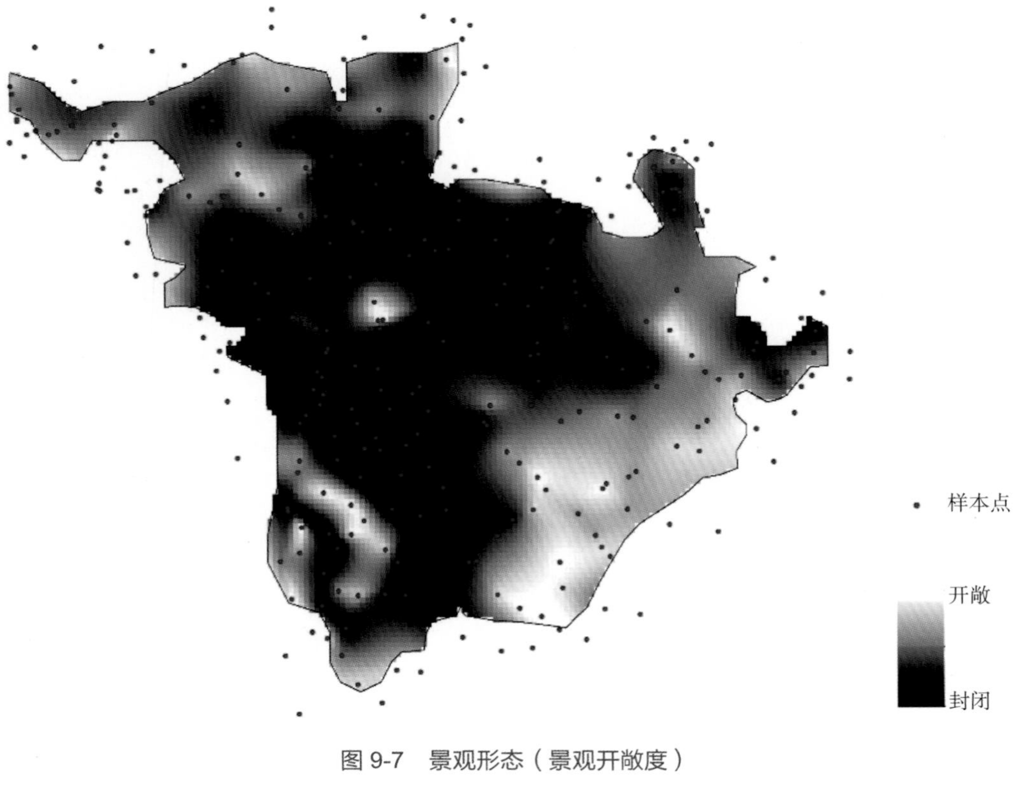

图 9-7 景观形态（景观开敞度）

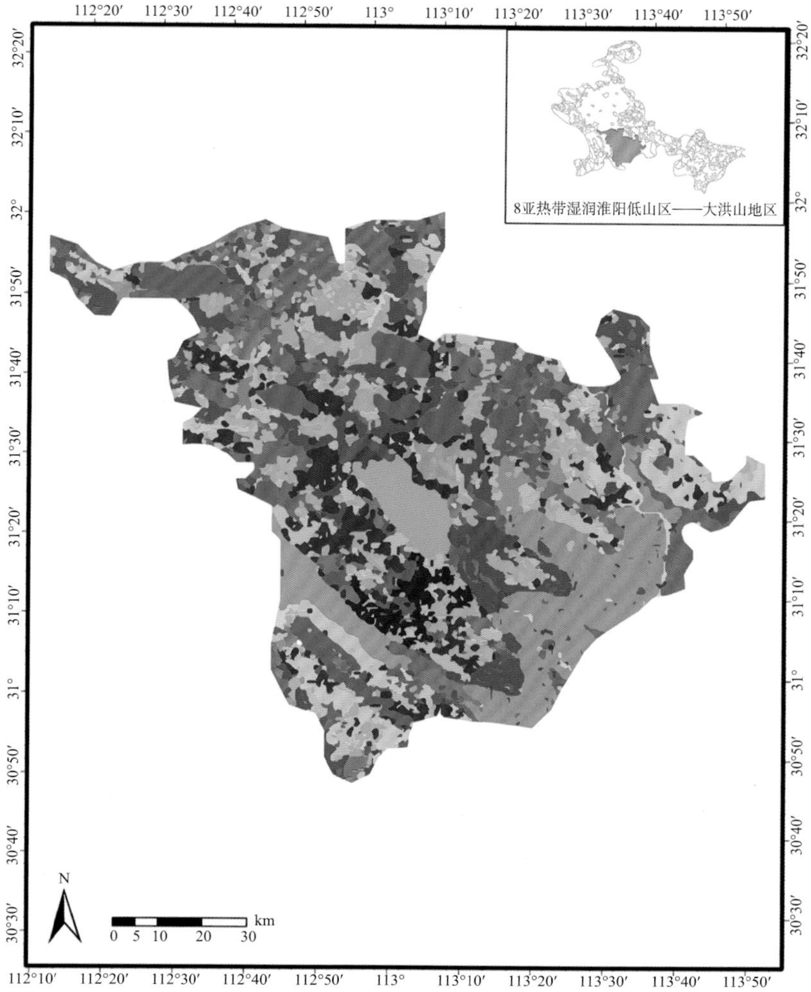

景观特征小类

- 1 l4(l3).{u3}(u1u2).a1{a6}.{p0}(p16p2) 平缓山地有林地景观
- 2 l4(l3l5).(u1u2u4u5).a1{a6}.{p0}(p16) 平缓山地农田灌木疏林景观
- 3 {l4}(l5l6).{u3}(u4u5u8).a1(a6).(p0p13p16) 平缓山地风景林用材林景观
- 4 l4(l3l5).{u5}(u2u3u4).a1(a6).{p0p16}(p23) 平缓山地疏林地用材林景观
- 5 l4(l5).{u3u5}(u4).a1.{p15}(p0p16) 平缓山地有林地疏林地自然保护区林景观
- 6 l4(l5).{u4}(u3u5).a1(a6).{p16}(p0p18p2) 平缓山地灌木林用材林景观
- 7 l3(l4).(u1u10u15u2u5).a6{a1}.p0(p16) 起伏平原稻麦棉花农田疏林河渠滩地混合景观
- 8 l3.{u1}(u2u5).a6.p0(p16) 起伏平原稻麦棉花农田景观
- 9 l4.(u1u2u3u4u5).a6.{p0p16} 平缓山地稻麦棉花农田灌木疏林地混合景观
- 10 l3(l4).(u1u16u18u2).a6(a1).p0 起伏平原稻麦棉花农田聚居混合景观
- 11 l4.{u1}(u2u4u5).a1.p0(p16) 平缓山地水田景观
- 12 l4(l3).{u5}(u1u2u3).{a1a6}.{p0p22}(p16) 平缓山地疏林果树林稻麦棉花农田混合景观
- 13 l3(l4).(u1u12u2u4u5).a1(a6).p0(p16) 起伏平原农田水库坑塘灌木疏林混合景观
- 14 l4.u4.a1.p16(p0) 平缓山地灌木用材林景观
- 15 l4(l3).u5.a1.p16{p0} 平缓山地疏林地用材林景观
- 16 l4.u3(u5).a1.p16(p0) 平缓山地用材林景观
- 17 l4.{u4}(u3u5).a1(a6).p2(p0p16) 平缓山地灌木林水土保持林景观
- 18 l6.{u4}(u3u5).a1.{p16p2}(p0) 陡山地灌木林用材林水土保持林景观
- 19 l4(l3l6).{u5}(u3u4).a1(a6).{p0p1} 平缓山地疏林地水源涵养林景观
- 20 l5.{u3}(u4u5).a1.{p16}(p0p2) 陡山地用材林景观
- 21 l1.{u1}(u2u5).a6{a1}.p0,t2t5,o1 开敞平坦平原稻田景观(包含新石器时代及东周古文化遗址)
- 22 l4.{u1}(u2u4u5).a1.p0(p16),t2 平缓山地水田景观(包含新石器时代古文化遗址)
- 23 l4(l3).u5.a1.p16{p0},t2 平缓山地疏林地用材林景观(包含新石器时代古文化遗址)
- 24 l4(l3).{u5}(u1u2u3).{a1a6}.{p0p22}(p16),t2t4t7 平缓山地疏林果树林稻麦棉花农田混合景观(包含新石器时代、商、汉古文化遗址)
- 25 {l4}(l5l6).{u3}(u4u5u8).a1(a6).(p0p13p16),t15t19t20t21,o1 开敞平缓山地风景林用材林景观(包含汉、宋、清古建筑及历史纪念建筑物)
- 26 l5.{u3}(u4u5).a1.{p16}(p0p2),t15t20t21 陡山地用材林景观(包含宋、明、清石刻及其他)
- 27 l3(l4).(u1u16u18u2).a6(a1).p0,t4t5 起伏平原稻麦棉花农田聚居混合景观(包含商、周古文化遗址)
- 28 l3(l4).(u1u16u18u2).a6(a1).p0,t21 起伏平原稻麦棉花农田聚居混合景观(包含清古建筑)
- 29 l3(l4).(u1u16u18u2).a6(a1).p0,t20 起伏平原稻麦棉花农田聚居混合景观(包含明古建筑)
- 30 l6.{u4}(u3u5).a1.{p16p2}(p0),t20t21 陡山地灌木林用材林水土保持林景观(包含明、清古文化遗址)
- 31 l4(l5).{u3u5}(u4).a1.{p15}(p0p16),t22 平缓山地有林地疏林地自然保护区林景观(包含近现代革命遗址及革命纪念建筑物)
- 32 l4.u4.a1.p16(p0),t22 平缓山地灌木用材林景观(包含近现代革命遗址及革命纪念建筑物)
- 33 l4.{u4}(u3u5).a1(a6).p2(p0p16),t22 平缓山地灌木林水土保持林景观(包含近现代革命遗址及革命纪念建筑物)
- 34 l5.{u3}(u4u5).a1.{p16}(p0p2),t22 陡山地用材林景观(包含近现代革命遗址及革命纪念建筑物)
- 35 {l4}(l5l6).{u3}(u4u5u8).a1(a6).(p0p13p16)，t7t15t21 平缓山地风景林用材林景观(包含汉、宋、清古建筑及历史纪念建筑物)
- 36 l3.{u1}(u2u5).a6.p0(p16),o1 开敞起伏平原稻麦棉花农田景观
- 37 l4.(u1u2u3u4u5).a6.{p0p16},o2 封闭平缓山地稻麦棉花农田灌木疏林地混合景观
- 38 l4.{u1}(u2u4u5).a1.p0(p16),o1 开敞平缓山地水田景观
- 39 l4(l3).{u5}(u1u2u3).{a1a6}.{p0p22}(p16),o1 开敞平缓山地疏林果树林稻麦棉花农田混合景观
- 40 l4.u4.a1.p16(p0),o2 封闭平缓山地灌木用材林景观
- 41 l4.u3(u5).a1.p16(p0),o1 开敞平缓山地用材林景观
- 42 l4.{u4}(u3u5).a1(a6).p2(p0p16),o2. 封闭平缓山地灌木林水土保持林景观
- 43 l4(l3l6).{u5}(u3u4).a1(a6).{p0p1},o2 封闭平缓山地疏林地水源涵养林景观
- 44 l4(l3l6).{u5}(u3u4).a1(a6).{p0p1},o1 开敞平缓山地疏林地水源涵养林景观

图 9-8　地方尺度乡村生态景观资源特征分类（大洪山地区）

第 10 章

场所尺度

以湖北省安陆市碧山村为例，进行场所尺度乡村生态景观资源特征分类。

（1）客观叠置基本特征要素。通过对行政村地貌基本形态（图 10-1）、土地利用（图 10-2）、植被类型（图 10-3）、民居类型（图 10-4）特征要素数据的客观叠置，形成乡村生态景观特征单元草图（图 10-5）。

（2）从景观直接感知中的视觉感知出发，将景观资源特征单元草图根据地块合并标准表进行地块整合，得到景观特征单元（图 10-6）。

（3）从景观间接感知中的价值感知出发，对景观特征单元进行归纳，得到景观特征区域。从不同类型的感知主体出发，基于多方参与，通过参与式制图、开放式访谈等方式进行价值感知点制图（图 10-7），从而识别出不同类型的村镇内部重要点、线、面状景观特征要素，进行景观特征区域的人工解译，结合碧山村生态景观特征单元图与碧山村价值感知点分布图最终识别出景观特征区域。使用参与式制图进行价值感知点识别，按照不同属性（文化、旅游、产业、居住）收集具有这些不同景观价值的感知点。使用核密度分析法计算不同属性感知点的分布（图 10-8），形成景观特征气泡图（图 10-9）。以村域景观特征单元图为底图，参考景观特征气泡图范围，划定碧山村景观特征区域（图 10-10），并对景观特征区域进行命名与描述（表 10-1）。

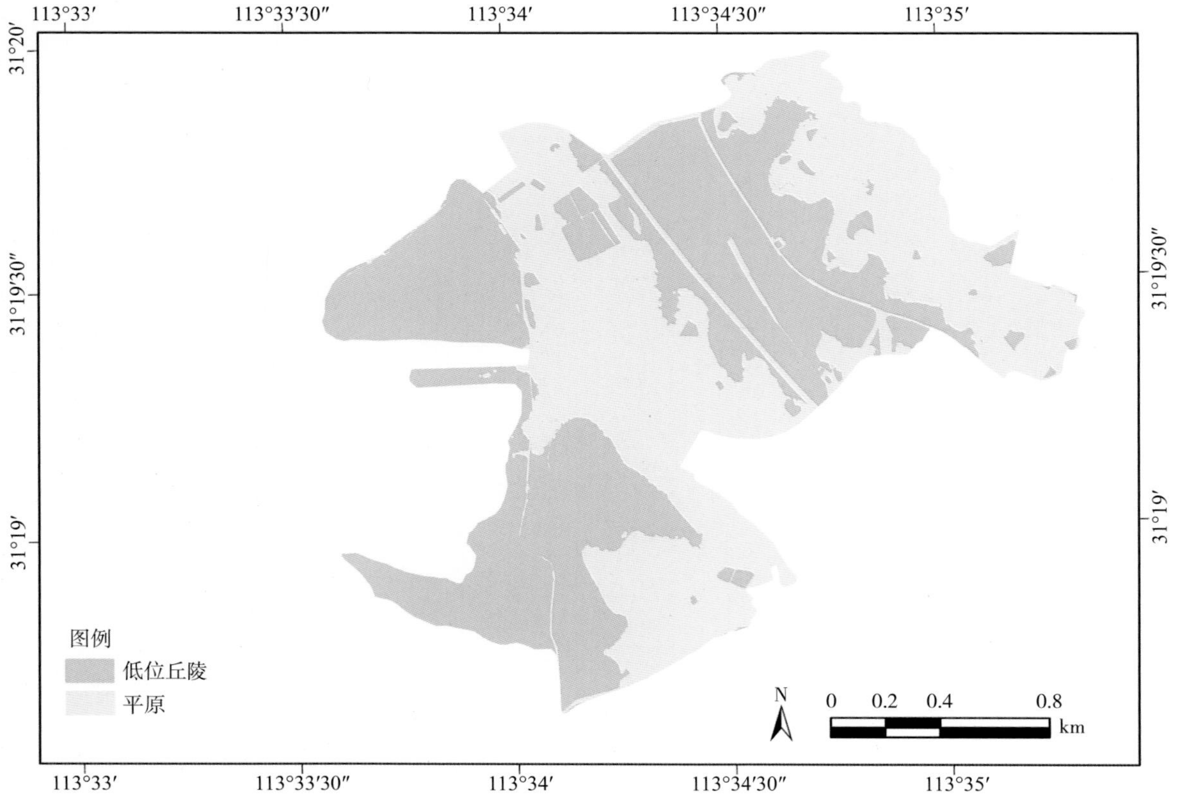

图 10-1　地貌基本形态

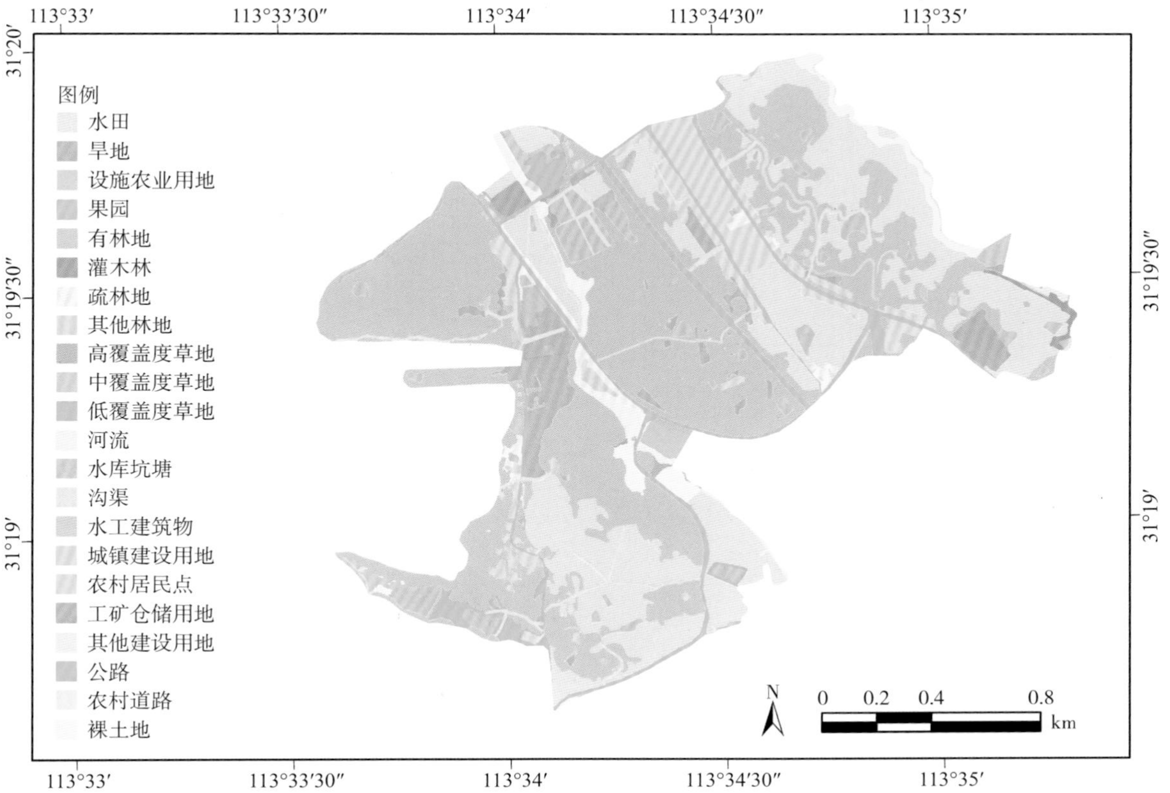

图 10-2 土地利用

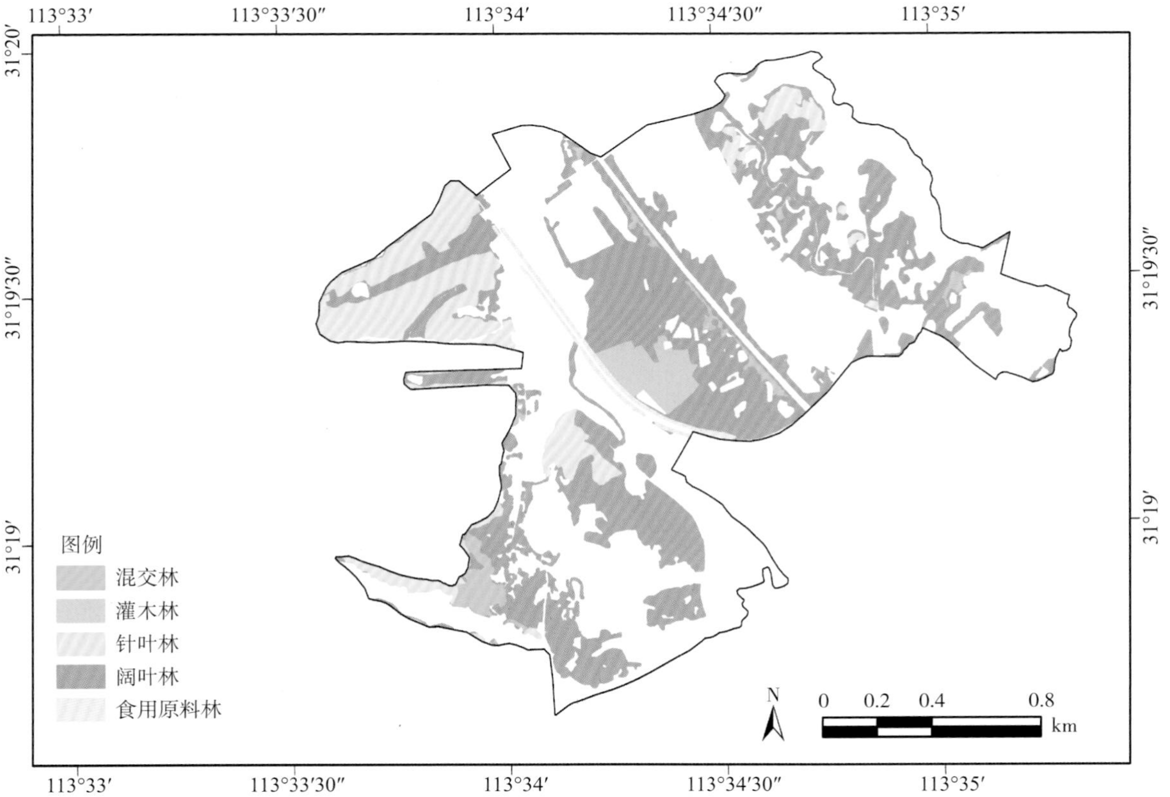

图 10-3 植被类型

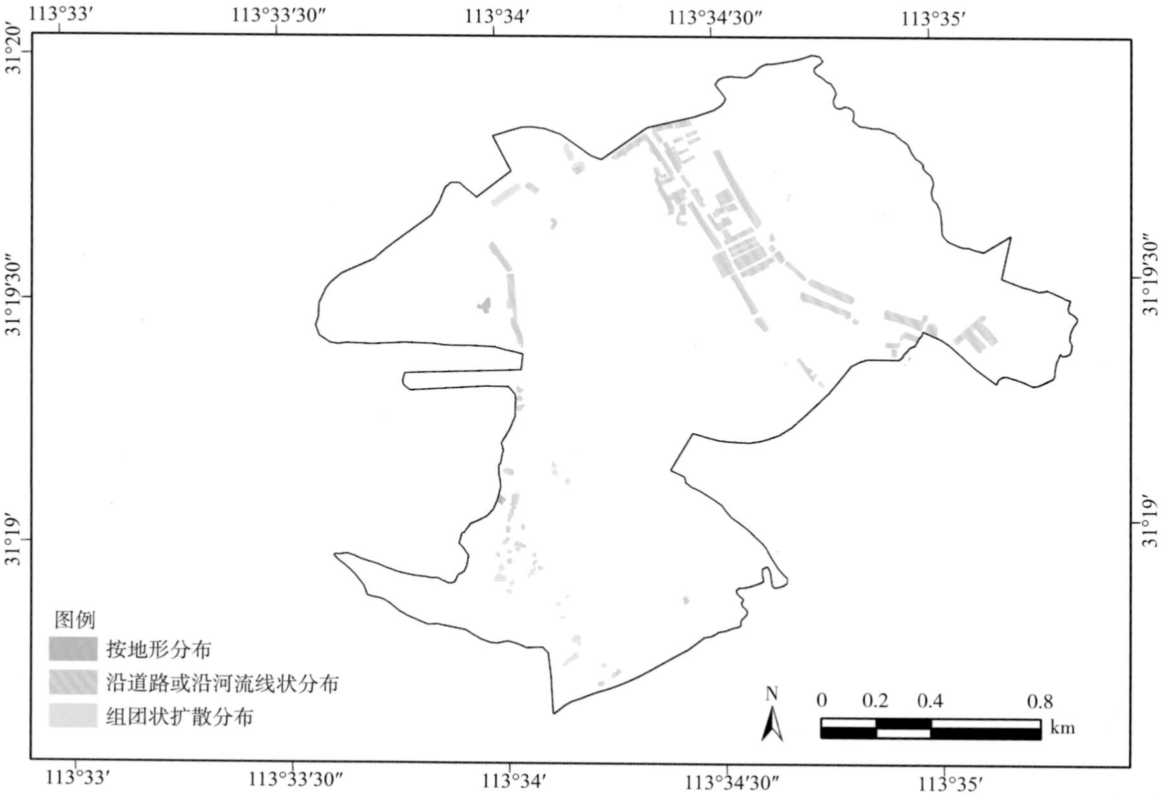

图 10-4　民居类型

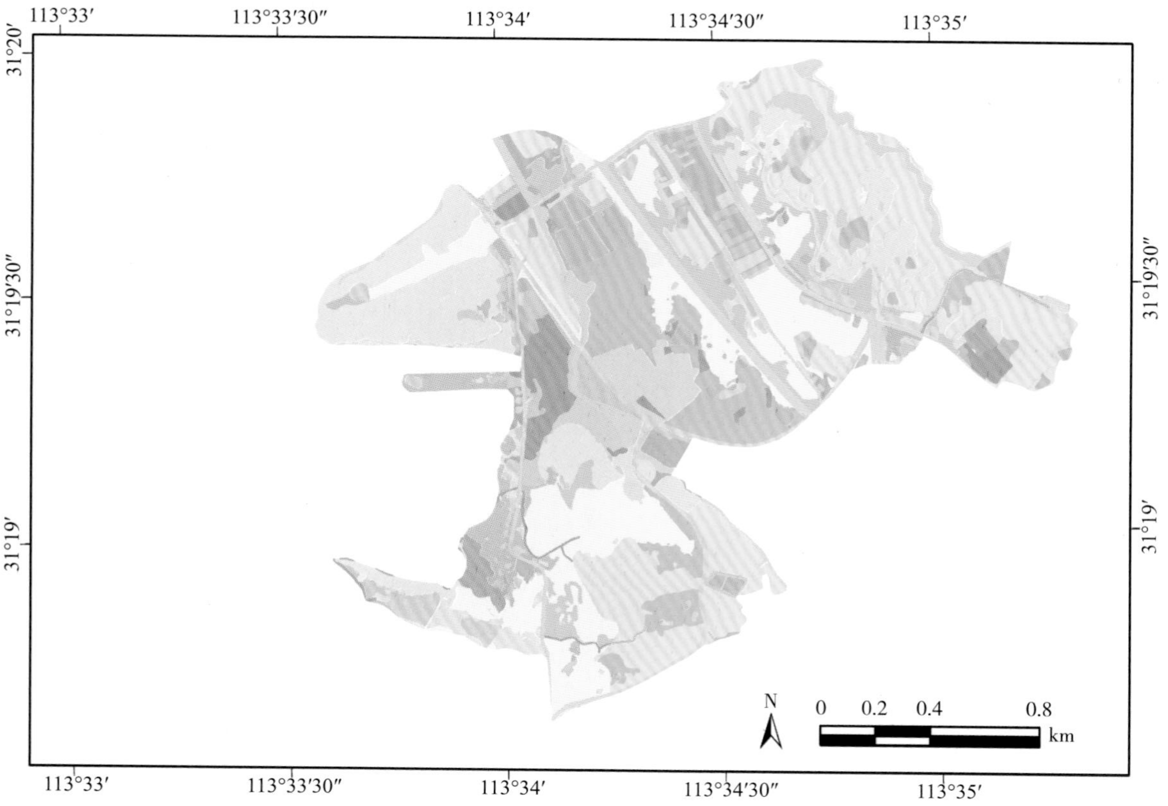

图 10-5　景观特征单元草图

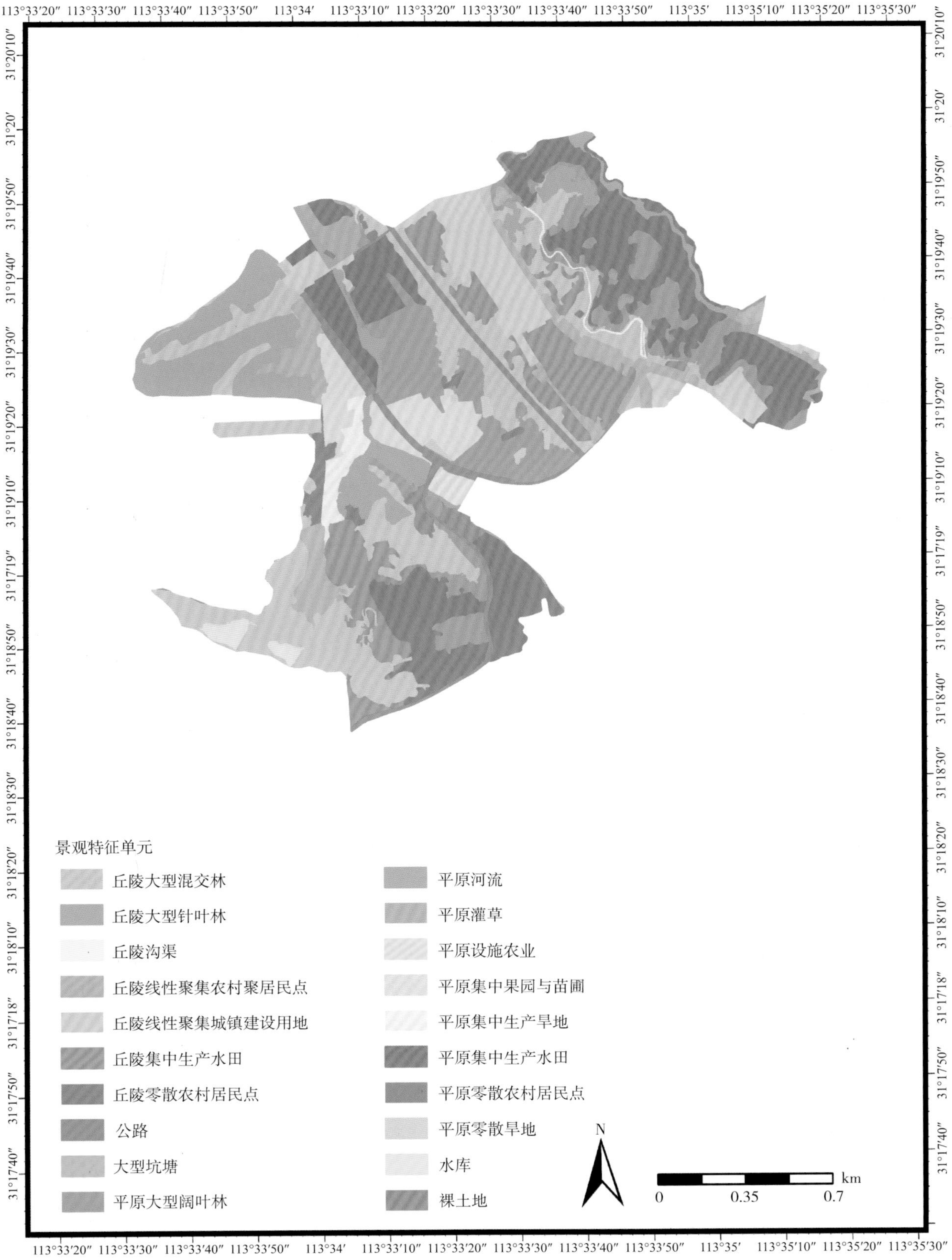
113°33′20″ 113°33′30″ 113°33′40″ 113°33′50″ 113°34′ 113°33′10″ 113°33′20″ 113°33′30″ 113°33′40″ 113°33′50″ 113°35′ 113°35′10″ 113°35′20″ 113°35′30″
31°20′10″ 31°20′ 31°19′50″ 31°19′40″ 31°19′30″ 31°19′20″ 31°19′10″ 31°17′19″ 31°18′50″ 31°18′40″ 31°18′30″ 31°18′20″ 31°18′10″ 31°17′18″ 31°17′50″ 31°17′40″
景观特征单元
丘陵大型混交林
丘陵大型针叶林
丘陵沟渠
丘陵线性聚集农村聚居民点
丘陵线性聚集城镇建设用地
丘陵集中生产水田
丘陵零散农村居民点
公路
大型坑塘
平原大型阔叶林
平原河流
平原灌草
平原设施农业
平原集中果园与苗圃
平原集中生产旱地
平原集中生产水田
平原零散农村居民点
平原零散旱地
水库
裸土地
N
km
0 0.35 0.7

图 10-6　景观特征单元

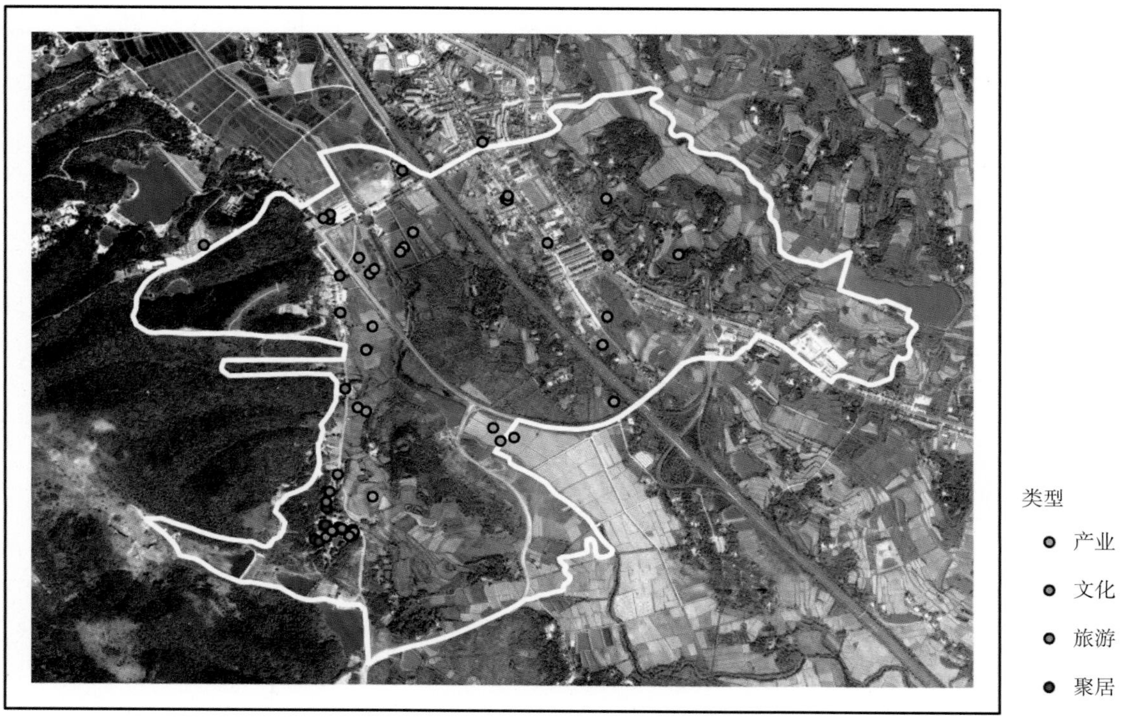

图 10-7　参与式制图：价值点感知分布

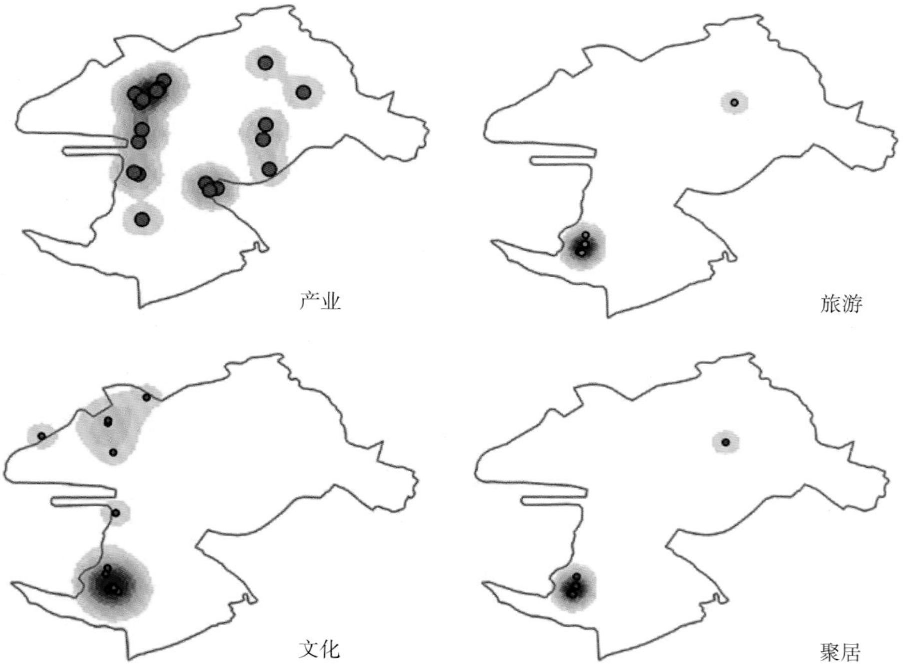

图 10-8　价值感知点核密度分析

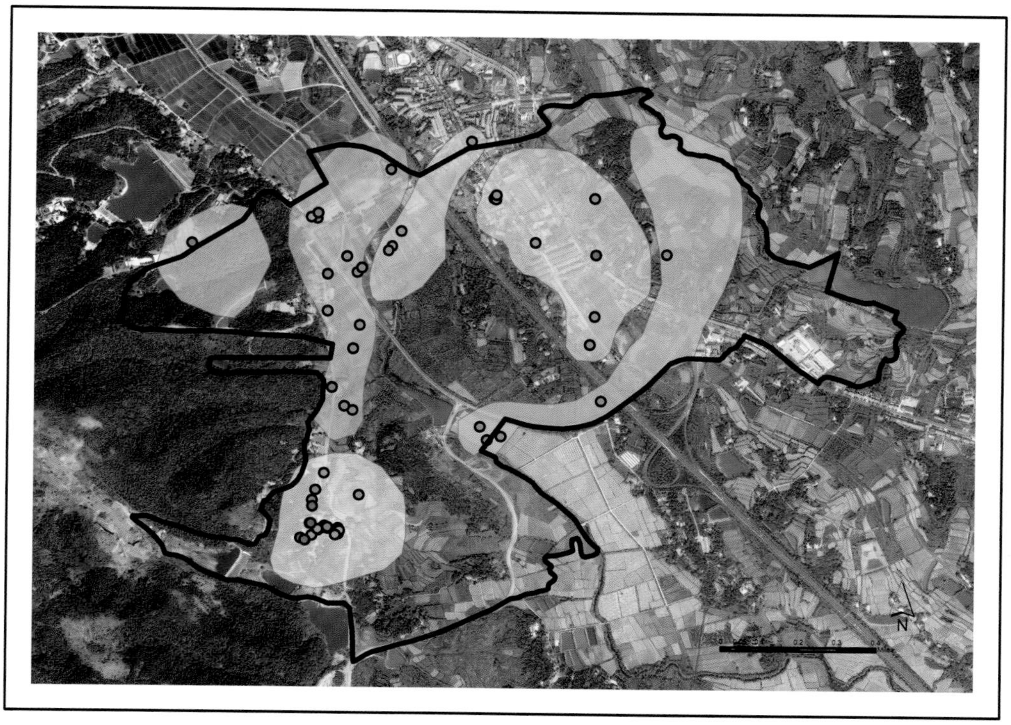

图 10-9　景观特征气泡图

图 10-10　碧山村景观特征区域

表 10-1 碧山村景观特征区域命名描述

序号	特征区域	关键词提取	景观单元	关键词描述
1	水田景观特征区域	集中生产水田、面积较大农田，集中进行生产作业，有各类型生产作物的景观，成片农田，高质量农田	平原集中生产水田 平原大型阔叶林 丘陵集中生产水田 平原集中果园与苗圃 丘陵线性聚集城镇建设用地 丘陵大型混交林 丘陵线性聚集农村居民点 裸土地 平原设施农业 平原零散旱地 平原河流 平原灌草 大型坑塘	平原及缓坡丘陵地区集中生产区域，区域中包括高标准农田，集中生产水田，集中生产果园与苗圃，成片设施农业用地等规模化产业化用地。该区域在本村占比较高，为本村主导模式区域
2	山林景观特征区域	林地、山林，白兆山上野生山林 野生林，山上的林地	丘陵大型针叶林 丘陵大型混交林 水库	山地丘陵地区林地，地形起伏较大，以针叶林与混交林为主，郁闭度高，自然度高，山区水库被密林包围
3	文化旅游景观特征区域	居住区周围大片林地、生活居住年代感房屋遗迹，旅游区域文化广场，李白文化村、节日活动	丘陵大型混交林 平原大型阔叶林 丘陵线性聚集城镇建设用地 丘陵集中生产水田 丘陵线性聚集农村居民点 平原集中生产水田	白兆山脚地区居民聚居点，以李白文化为文化基底打造的文旅观赏结合的农村居民点，核心区域为李白文化艺术村，聚落为组团聚集，有民风民俗活动场所，遗迹点，古宅，民风馆等特色文化点
4	文化展示景观特征区域	采摘活动、采风、产业，河流旁，大型采摘园，较为分散的农村聚居点，面向游客	丘陵大型混交林 丘陵大型针叶林 平原集中果园与苗圃 丘陵线性聚集农村居民点 平原集中生产旱地 丘陵零散农村居民点 丘陵线性聚集城镇建设用地 平原灌草 公路 丘陵集中生产水田 平原零散农村居民点	李白文化艺术村与白兆山风景区入口处，地形变化较为明显，有面向游客的浏览区，采摘区，以及部分配套设施，以面向游客为主
5	集镇景观特征区域	居住、艺术工作室，集镇居住，民风民俗活动场所，居民活动区，乡风宣传	丘陵大型混交林 平原集中生产水田 丘陵集中生产水田 丘陵线性聚集城镇建设用地 丘陵线性聚集农村居民点 平原大型阔叶林 丘陵零散农村居民点 丘陵沟渠	集镇聚落区域，本村人口聚集最密集的区域，为居民日常活动场所，有规模单一化的建筑，地形变化不明显。有节日活动与民风民俗活动，乡风文化宣传，艺术家工作室等文化形式

碧山村景观特征分类后得到 20 种景观特征单元，5 个景观特征区域。

第三篇

“国土—区域—地方—场所”嵌套式分类图谱

GUOTU—QUYU—DIFANG—CHANGSUO
QIANTAOSHI FENLEI TUPU

第 11 章

国土尺度

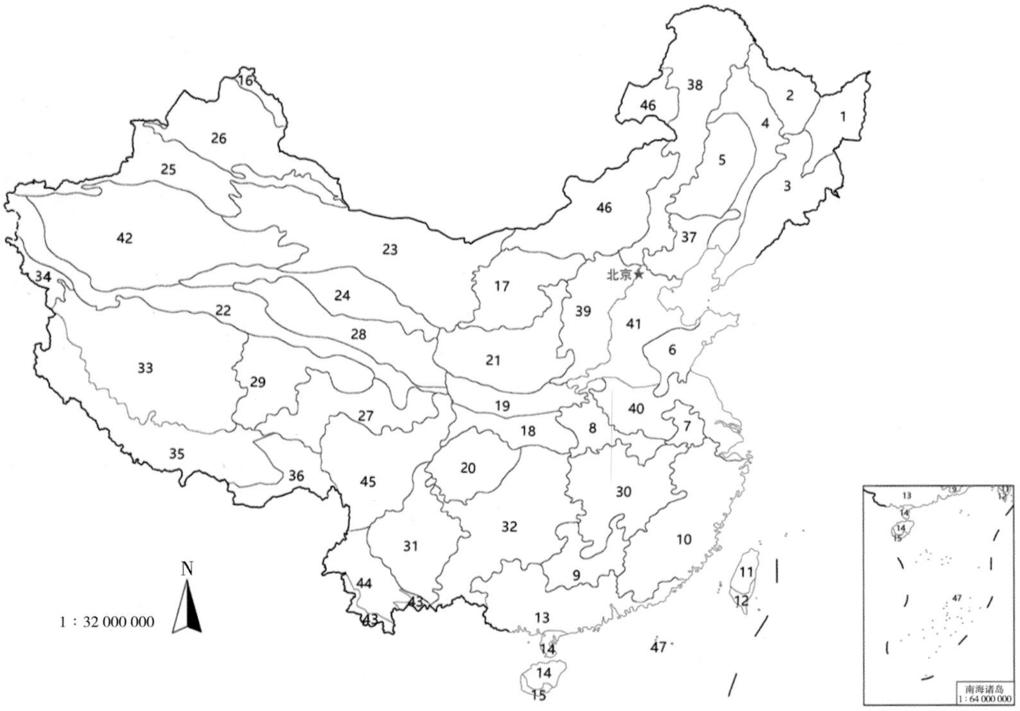

乡村生态景观资源特征大区

1 温带湿润三江低平原区
2 温带湿润小兴安岭低山区
3 温带湿润长白山中低山地区
4 温带湿润松辽低平原区
5 温带干旱松辽低平原区
6 温带湿鲁东低山丘陵湿润区
7 亚热带湿润宁镇平原丘陵区
8 亚热带湿润淮阳低山区
9 亚热带湿润桂湘赣中低山地区
10 亚热带湿润浙闽低中山区
11 亚热带湿润台湾平原山地区
12 边缘热带湿润台湾平原山地区
13 亚热带湿润粤桂低山平原区
14 边缘热带湿润粤桂低山平原区
15 中热带湿润粤桂低山平原区
16 温带干旱阿尔泰山高中山区
17 温带干旱河套、鄂尔多斯中平原区
18 亚热带湿润秦岭大巴山高中山区
19 温带湿润秦岭大巴山高中山区
20 亚热带湿润四川低盆地区
21 温带干旱黄土高原区
22 高原温带干旱昆仑山极大、大起伏极高山高山区
23 温带干旱新甘中平原区
24 温带干旱阿尔金山祁连山高山山原区
25 高原温带干旱天山高山盆地区
26 温带干旱准噶尔低盆地区
27 高原亚寒带湿润江河上游中、大起伏高山谷地区
28 高原温带湿润柴达木—黄湟高中盆地区
29 高原温带干旱江河源丘状高山原区
30 亚热带湿润长江中游平原、低山区
31 亚热带湿润川西南、滇中中高山盆地区
32 亚热带湿润鄂黔滇中山区
33 高原亚寒带干旱羌塘高原湖盆区
34 高原亚寒带干旱喀喇昆仑山大、极大起伏极高山区
35 高原温带干旱喜马拉雅山极大、大起伏高山极高山区
36 高原温带湿润喜马拉雅山极大、大起伏高山极高山区
37 温带湿润燕山-辽西中低山地区
38 温带湿润大兴安岭中山区
39 温带湿润山西中山盆地区
40 亚热带湿润华北、华东低平原区
41 温带湿润华北、华东低平原区
42 温带干旱塔里木盆地区
43 边缘热带湿润滇西南高中山区
44 亚热带湿润滇西南高中山区
45 亚热带湿润横断山极大、大起伏高山区
46 温带干旱内蒙古中平原区
47 南海诸岛

图 11-1　中国国土尺度乡村生态景观资源特征大区划分

表 11-1 乡村生态景观资源特征大类

Class	景观大类	景观特征
N1	温带湿润三江低平原景观	三江平原及其以南山地中温带半湿润区，冬天严寒，不宜冬作物生长。自然植被为森林——草原，森林景观主要为针叶树和落叶阔叶树的混交林。主要为一年一熟凉温作物景观（主要农业作物有春麦、玉米、亚麻、大豆、甜菜等）。包含独特的沼泽景观
N2	温带湿润小兴安岭低山景观	小兴安岭长白山中温带湿润区。冬天严寒，不宜冬作物生长。自然植被景观为森林，主要是针叶树和落叶阔叶树的混交林。主要为以水田为主的农业，主要为一年一熟温凉作物景观。小兴安岭低山，台地宽谷与低山丘陵景观
N3	温带湿润长白山中低山景观	区域北部为小兴安岭长白山中温带湿润区，冬天严寒，不宜冬作物生长。自然植被景观为森林，主要是针叶树和落叶阔叶树的混交林。主要为以水田为主的农业，主要为一年一熟温凉作物景观。南部为辽东低山丘陵暖温带湿润区，主要为一年一熟温暖填闲作物。自然植被景观主要为森林，农业景观主要种植冬麦、玉米、棉花、花生等。长白山中低山地，典型火山地貌景观，具有世界上最突出的四种地貌类型：火山熔岩地貌、流水地貌、喀斯特地貌和冰川冰缘地貌
N4	温带湿润松辽低平原景观	松辽平原中温带半湿润区，一般为一年一熟作物，主要春麦、玉米、亚麻、大豆、甜菜等，一般是旱地为主的农业景观，自然植被景观主要为森林 - 草原，松辽低平原，河漫滩冲积平原景观，沼泽湿地广布，湖泊（泡）众多，风沙地貌景观突出
N5	温带干旱松辽低平原景观	中温带半干旱区，一般是一般为一年一熟作物，主要春麦、玉米、亚麻、大豆、甜菜等，一般是草原牧业、灌溉农业为主的农业景观，自然植被景观主要为草原，松辽低平原，河漫滩冲积平原景观，沼泽湿地广布，湖泊（泡）众多，风沙地貌景观突出
N6	温带湿润鲁东低山丘陵景观	华北平原与鲁中东山地暖温带半湿润区，一般为一年一熟到两年三熟作物，主要为冬麦、玉米、大豆、花生等，一般是旱地为主的农业景观，自然植被主要为森林 - 草原。鲁东低山丘陵，方山丘陵（崮）景观
N7	亚热带湿润宁镇平原丘陵	北亚热带湿润区，一般为一年二至三熟作物，主要为水稻、冬麦、棉花、油菜等，一般是以水田为主的农业景观，自然植被主要是森林。宁镇平原丘陵，地貌景观主要以低山、丘陵为主，也有黄土岗地及河湖平原等，河湖堆积平原大多辟作圩田
N8	亚热带湿润淮阳低山	北亚热带湿润区，一般为一年二至三熟作物，主要为水稻、冬麦、棉花、油菜等，一般是以水田为主的农业景观，自然植被主要是森林。淮阳低山，波状起伏的丘陵和河谷平原景观
N9	亚热带湿润桂湘赣中低山景观	中亚热带湿润区，一般为一年二至三熟作物，主要为水稻、冬麦、棉花、油菜等，一般是以水田为主的农业景观，森林景观突出。桂湘赣中低山地，丹霞地貌、喀斯特地貌景观突出

续表

Class	景观大类	景观特征
N10	亚热带湿润浙闽低中山景观	亚热带湿润区，一般为一年二至三熟作物，主要为水稻、冬麦、棉花、油菜等，一般是以水田为主的农业景观，森林景观突出，其中用材林和经济林占一定比重。浙闽低中山，海岸曲折，岛屿棋布，以丘陵低山景观为主，流水切割作用形成许多峡谷急流、河谷小盆地及河口小平原景观
N11	亚热带湿润台湾平原山地景观	南亚热带湿润区，一般为一年二至三熟作物，主要为水稻、冬麦、棉花、油菜等，一般是以水田为主的农业景观，自然植被主要是森林。台湾平原山地，山地丘陵景观为主
N12	边缘热带湿润台湾平原山地区	边缘热带湿润区，作物一年二熟或三熟。台湾南部山地平原，平原景观，地势平坦，水系发达，河流沟渠纵横交错
N13	亚热带湿润粤桂低山平原区	南亚热带湿润区，一般为一年二至三熟作物，主要为水稻、冬麦、棉花、油菜等，一般是以水田为主的农业景观，自然植被主要是森林。粤桂低山平原，低山丘陵平原景观为主，低山景观山岭连绵、岭谷相间
N14	边缘热带湿润粤桂低山平原区	边缘热带湿润区，琼雷低山丘陵，作物一年二熟或三熟。丘陵、河谷、盆地景观错落其间，海岸线曲折
N15	中热带湿润粤桂低山平原区	中热带湿润区，主要农业作物景观有水稻、甘蔗、天然橡胶等，一般为一年三熟水稻，自然植被主要是森林。粤桂低山平原，低山丘陵平原景观为主，低山景观山岭连绵、岭谷相间
N16	温带干旱阿尔泰山高中山区	中温带半干旱区，山间盆地有少量以旱地为主的农业景观，主要为一年一熟凉温作物景观（主要农业作物有春麦、玉米、亚麻、大豆、甜菜等），主要以草原为主的农业景观，一般为草原牧业、灌溉农业，有无树大草原景观、森林—草原交错带、混交林、次高山植被、高山苔原景观等。阿尔泰山高中山，现代冰川景观，山岭参差
N17	温带干旱河套、鄂尔多斯中平原区	中温带半干旱区，主要为一年一熟凉温作物景观（主要农业作物有春麦、玉米、亚麻、大豆、甜菜等），主要以草原为主的农业景观，一般为草原牧业、灌溉农业。河套、鄂尔多斯中平原，冲积平原景观，地势平坦
N18	亚热带湿润秦岭大巴山高中山区	北亚热带湿润区，主要为一般为一年二至三熟作物，主要为水稻、冬麦、棉花、油菜等，一般是以水田为主的农业景观，自然植被主要是森林。河套、鄂尔多斯中平原，冲积平原景观，地势平坦
N19	温带湿润秦岭大巴山高中山区	北亚热带湿润区，主要为一般为一年二至三熟作物，主要为水稻、冬麦、棉花、油菜等，一般是以水田为主的农业景观，自然植被主要是森林。秦岭大巴山高中山，山地自然景观，山坡陡峻，山顶突兀、尖削，不适宜农作物生长，人类活动较少
N20	亚热带湿润四川低盆地区	中亚热带湿润区，主要为一般为一年二至三熟作物，主要为水稻、冬麦、棉花、油菜等，一般是以水田为主的农业景观，自然植被主要是森林。四川低盆地，边缘山地景观，四川多种经济林木和用材林，农林经济生产特征主要为林业，农田由于水土流失严重较少，盆地底部主要为丘陵、低山和平原景观，农林经济生产特征主要体现在农田，连片耕地

续表

Class	景观大类	景观特征
N21	温带干旱黄土高原区	温带干旱区，主要为一年一熟凉温作物景观（主要农业作物有春麦、玉米、亚麻、大豆、甜菜等），主要以草原为主的农业景观，一般为草原牧业、灌溉农业。黄土高原，厚黄土堆积而成的高原景观，塬、梁、峁交错分布
N22	高原温带干旱昆仑山极大、大起伏极高山高山区	高原温带干旱区，柴达木盆地与昆仑山北翼。海拔在 3 000 m 以上，年降水量少。昆仑山极大、大起伏极高山，高山冰川、冲积平原、冻土荒漠地貌、高山草甸景观突出
N23	温带干旱新甘中平原区	温带干旱区，主要为一年一熟凉温作物景观（主要农业作物有春麦、玉米、亚麻、大豆、甜菜等），主要以草原为主的农业景观，一般为草原牧业、灌溉农业。新甘中平原，自西向东由荒漠戈壁景观向平原草原荒漠交错景观过渡
N24	温带干旱阿尔金山祁连山高山山原区	温带干旱区，主要为一年一熟凉温作物景观（主要农业作物有春麦、玉米、亚麻、大豆、甜菜等），主要以草原为主的农业景观，一般为草原牧业、灌溉农业，干旱少雨，四季温差大。阿尔金山祁连山高山山原，现代冰川景观与古老的岩溶地貌景观
N25	高原温带干旱天山高山盆地区	高原温带干旱区，以荒漠为主的自然景观，以高山牧业、绿洲灌溉农业为主的农业景观。天山高山盆地，山盆相间地貌景观，冰川河流景观
N26	温带干旱准噶尔低盆地区	温带干旱区，主要为一年一熟凉温作物景观（主要农业作物有春麦、玉米、亚麻、大豆、甜菜等），主要以草原为主的农业景观，一般为草原牧业、灌溉农业，干旱少雨，四季温差大。准噶尔低盆地，南部为风蚀洼地景观，北部为沙漠与山前平原景观
N27	高原亚寒带湿润江河上游中、大起伏高山谷地区	高原亚寒带湿润区，若尔盖高原。江河上游中、大起伏高山谷地，高大山脉景观、山间盆地景观、高原景观相间排列
N28	高原温带湿润柴达木 - 黄湟高中盆地区	高原温带湿润区，横断山脉东南部。海拔在 2 600 m 左右，柴达木 - 黄湟高中盆地，垅岗丘陵成群成束，山间盆地景观
N29	高原温带干旱江河源丘状高山原区	高原温带干旱区，柴达木盆地与昆仑山北翼。海拔在 3 000 m 以上，江河源丘状高山原，大小湖泊星罗棋布，湿地河流、裸露冰川、高寒草甸草原景观突出
N30	亚热带湿润长江中游平原、低山区	亚热带湿润区，一般为一年二至三熟作物，主要为水稻、冬麦、棉花、油菜等，一般是以水田为主的农业景观，自然植被主要是森林。长江中游平原、低山，平原景观，地势低平，河渠纵横，湖泊星布
N31	亚热带湿润川西南、滇中中高山盆地区	亚热带湿润区，一般为一年二至三熟作物，主要为水稻、冬麦、棉花、油菜等，一般是以水田为主的农业景观，自然植被主要是森林。川西南、滇中中高山盆地，起伏纵横的高原山地景观，断陷盆地星罗棋布
N32	亚热带湿润鄂黔滇中山区	亚热带湿润区，一般为一年二至三熟作物，主要为水稻、冬麦、棉花、油菜等，一般是以水田为主的农业景观，自然植被主要是森林。鄂黔滇中山，喀斯特地貌景观突出

续表

Class	景观大类	景观特征
N33	高原亚寒带干旱羌塘高原湖盆区	高原亚寒带干旱区。昆仑山高原。羌塘高原湖盆，冻土面积广，冰缘地貌景观突出，湖泊星罗棋布，低山缓丘与湖盆宽谷地形起伏和缓
N34	高原亚寒带干旱喀喇昆仑山大、极大起伏极高山区	高原亚寒带干旱区。昆仑山高原。喀喇昆仑山大、极大起伏极高山，高山景观，山峰尖峭、陡峻，多雪峰及巨大的冰川
N35	高原温带干旱喜马拉雅山极大、大起伏高山极高山区	高原温带干旱区，阿里山地高原。海拔在 3 000 m 以上，喜马拉雅山极大、大起伏高山极高山，山谷和高山冰川地貌，侵蚀作用切割地形、河流峡谷景观突出
N36	高原温带湿润喜马拉雅山极大、大起伏高山极高山区	高原温带湿润区，横断山脉东南部。海拔在 2 600 m 左右，喜马拉雅山极大、大起伏高山极高山，山谷和高山冰川地貌，侵蚀作用切割地形、河流峡谷景观突出
N37	温带湿润燕山 - 辽西中低山地区	温带湿润区，自然景观以落叶阔叶林为主，混生针叶林，多雨，流水侵蚀作用景观明显，燕山 - 辽西中低山地，山地丘陵景观，山地高差较大，山势陡峭
N38	温带湿润大兴安岭中山区	温带湿润区，气候湿润，夏冬多雨，自然植被景观以寒温带针叶林、落叶林为主。大兴安岭中山，中低山、浅山丘陵及山间盆地景观，中山分割较碎，低山山形圆浑，较丘陵分布规则
N39	温带湿润山西中山盆地区	温带湿润区，雨热同期、光照充足，森林景观突出，以落叶阔叶林、针阔叶混交林森林景观为主，北部逐渐过渡为温带灌草丛、草原景观。山西中山盆地，盆地景观，地面波状起伏，河流纵横交错
N40	亚热带湿润华北、华东低平原区	亚热带湿润区，一般为一年二至三熟作物，主要为水稻、冬麦、棉花、油菜等，一般是以水田为主的农业景观，自然植被主要是森林。气候温和、日照充足、季风明显、四季分明。华北、华东低平原，平原丘陵景观，地势低平开阔，河湖交错
N41	温带湿润华北、华东低平原区	温带湿润区，气候温和、四季分明；降雨丰沛、雨热同期，自然植被景观主要以落叶阔叶林、落叶常绿阔叶混交林和常绿阔叶林森林景观为主。华北、华东低平原，平原丘陵景观，地势低平开阔，河湖交错
N42	温带干旱塔里木盆地区	温带干旱区，主要为一年一熟凉温作物景观（主要农业作物有春麦、玉米、亚麻、大豆、甜菜等），主要以草原为主的农业景观，一般为草原牧业、灌溉农业。封闭性山间盆地，地貌环状分布，边缘是与山地连接的砾石戈壁，中心是辽阔沙漠，边缘和沙漠间是冲积扇和冲积平原，并有绿洲景观分布
N43	边缘热带湿润滇西南高中山区	边缘热带湿润区，作物一般一年二熟或三熟。滇南山地。主要为山地景观，高差较大
N44	亚热带湿润滇西南高中山区	亚热带湿润区，作物一般一年二至三熟，主要为水稻、冬麦、棉花、油菜等，一般是以水田为主的农业景观，自然植被主要是森林。气候温和、日照充足、季风明显、四季分明。主要为山地景观，高差较大

续表

Class	景观大类	景观特征
N45	亚热带湿润横断山极大、大起伏高山区	亚热带湿润区，作物一般一年二至三熟，主要为水稻、冬麦、棉花、油菜等，一般是以水田为主的农业景观，自然植被主要是森林。主要为山间盆地、湖泊众多，古冰川侵蚀与堆积地貌广布，现代冰川作用发育，重力地貌作用，如山崩、滑坡和泥石流屡见
N46	温带干旱内蒙古中平原区	温带干旱区，多风、干旱，主要为一年一熟凉温作物景观（主要农业作物有春麦、玉米、亚麻、大豆、甜菜等），主要以草原为主的自然景观，一般为草原牧业、灌溉农业。地形平坦，一些低山丘陵、熔岩台地零星分布其间
N47	南海诸岛	

第 12 章

区域尺度

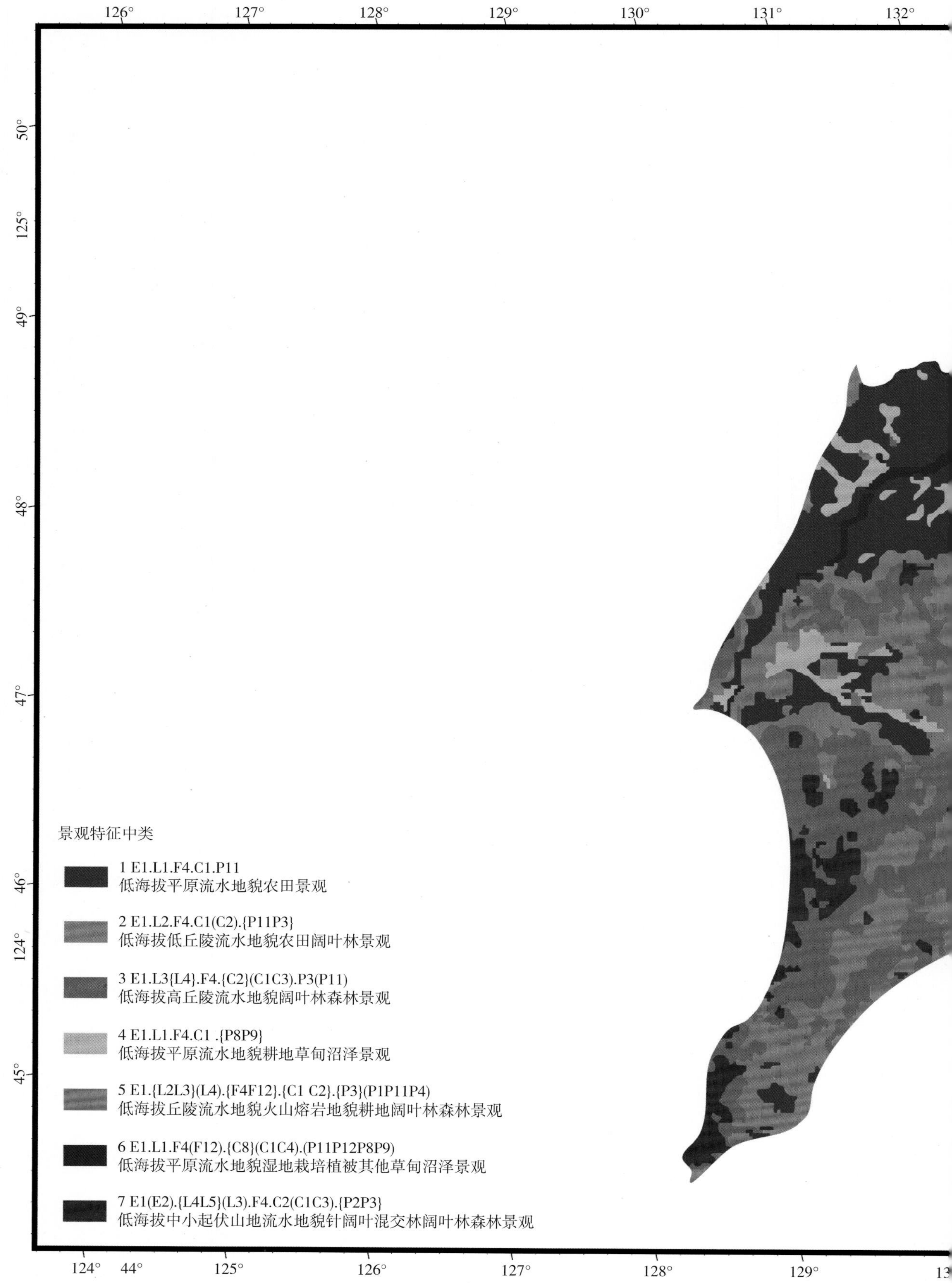
景观特征中类
1 E1.L1.F4.C1.P11
低海拔平原流水地貌农田景观
2 E1.L2.F4.C1(C2).{P11P3}
低海拔低丘陵流水地貌农田阔叶林景观
3 E1.L3{L4}.F4.{C2}(C1C3).P3(P11)
低海拔高丘陵流水地貌阔叶林森林景观
4 E1.L1.F4.C1 .{P8P9}
低海拔平原流水地貌耕地草甸沼泽景观
5 E1.{L2L3}(L4).{F4F12}.{C1 C2}.{P3}(P1P11P4)
低海拔丘陵流水地貌火山熔岩地貌耕地阔叶林森林景观
6 E1.L1.F4(F12).{C8}(C1C4).(P11P12P8P9)
低海拔平原流水地貌湿地栽培植被其他草甸沼泽景观
7 E1(E2).{L4L5}(L3).F4.C2(C1C3).{P2P3}
低海拔中小起伏山地流水地貌针阔叶混交林阔叶林森林景观

图 12-1　温带湿润三江低

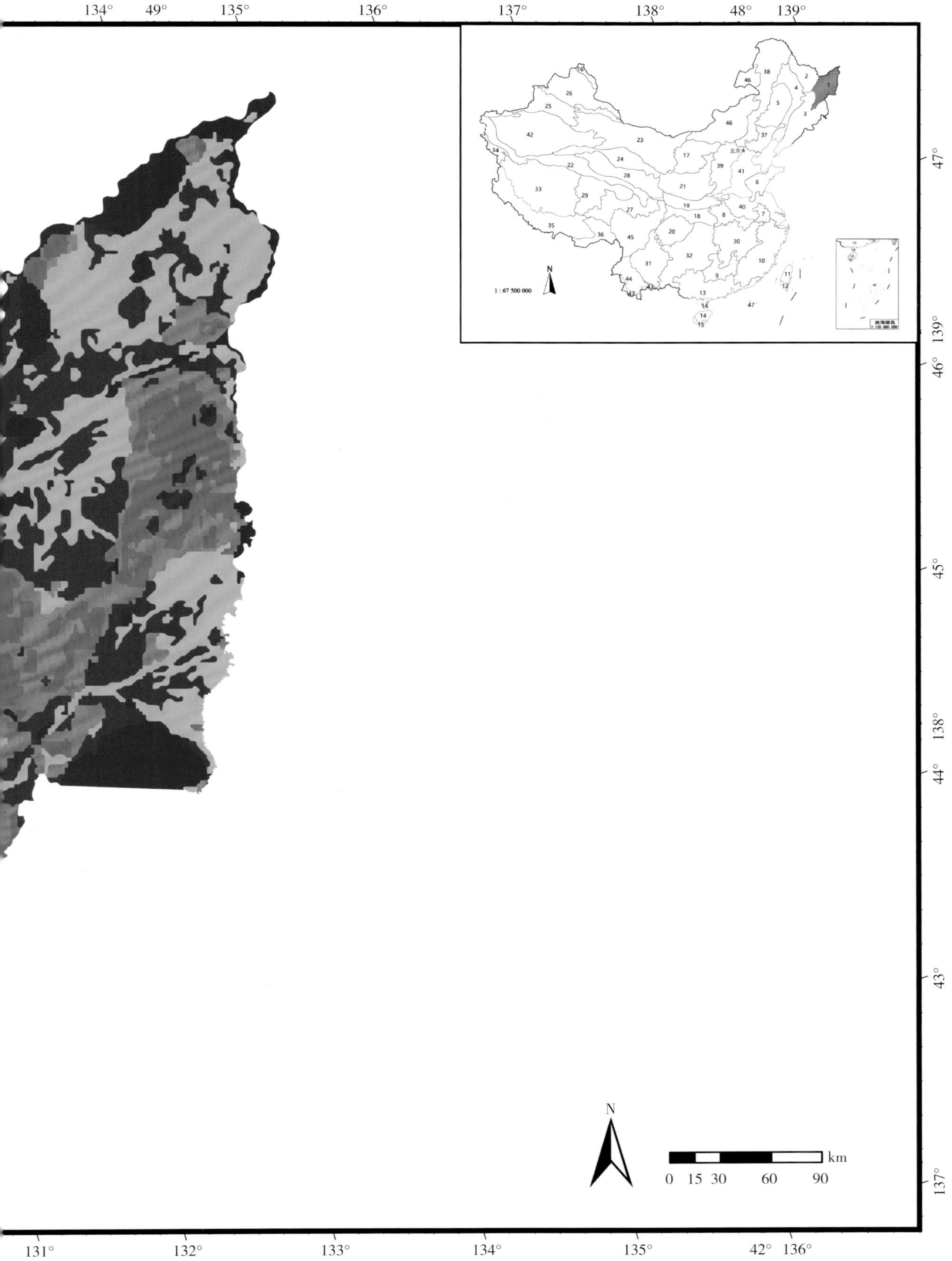
134° 49° 135° 136° 137° 138° 48° 139°
47°
139°
46°
45°
138°
44°
43°
137°
131° 132° 133° 134° 135° 42° 136°
1 : 67 500 000
N
km
0 15 30 60 90

生态景观资源特征分类

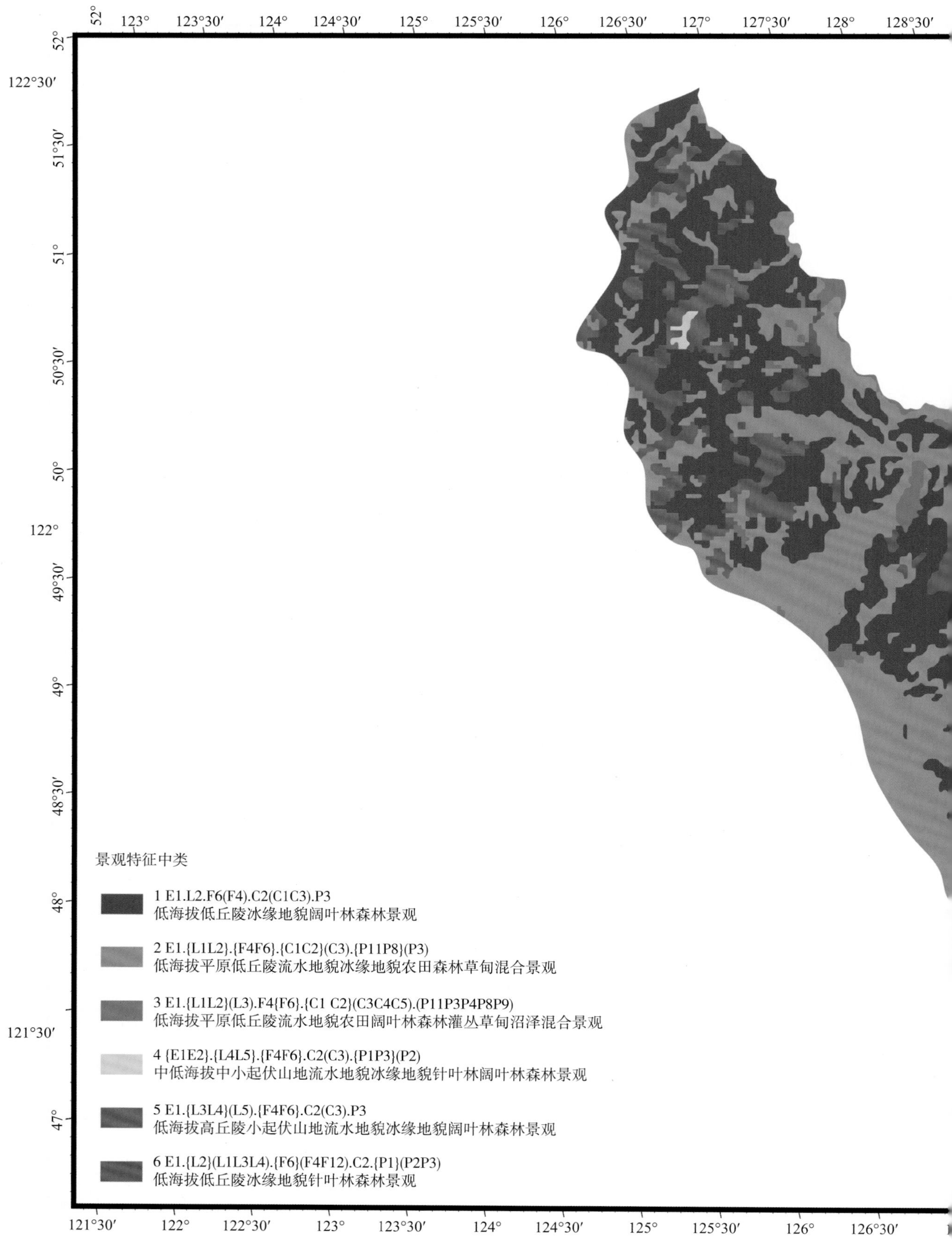
52°
123°
123°30′
124°
124°30′
125°
125°30′
126°
126°30′
127°
127°30′
128°
128°30′
52°
122°30′
51°30′
51°
50°30′
50°
122°
49°30′
49°
48°30′
48°
121°30′
47°
121°30′
122°
122°30′
123°
123°30′
124°
124°30′
125°
125°30′
126°
126°30′
景观特征中类
1 E1.L2.F6(F4).C2(C1C3).P3
低海拔低丘陵冰缘地貌阔叶林森林景观
2 E1.{L1L2}.{F4F6}.{C1C2}(C3).{P11P8}(P3)
低海拔平原低丘陵流水地貌冰缘地貌农田森林草甸混合景观
3 E1.{L1L2}(L3).F4{F6}.{C1 C2}(C3C4C5).(P11P3P4P8P9)
低海拔平原低丘陵流水地貌农田阔叶林森林灌丛草甸沼泽混合景观
4 {E1E2}.{L4L5}.{F4F6}.C2(C3).{P1P3}(P2)
中低海拔中小起伏山地流水地貌冰缘地貌针叶林阔叶林森林景观
5 E1.{L3L4}(L5).{F4F6}.C2(C3).P3
低海拔高丘陵小起伏山地流水地貌冰缘地貌阔叶林森林景观
6 E1.{L2}(L1L3L4).{F6}(F4F12).C2.{P1}(P2P3)
低海拔低丘陵冰缘地貌针叶林森林景观

图 12-2　温带湿润小兴安岭

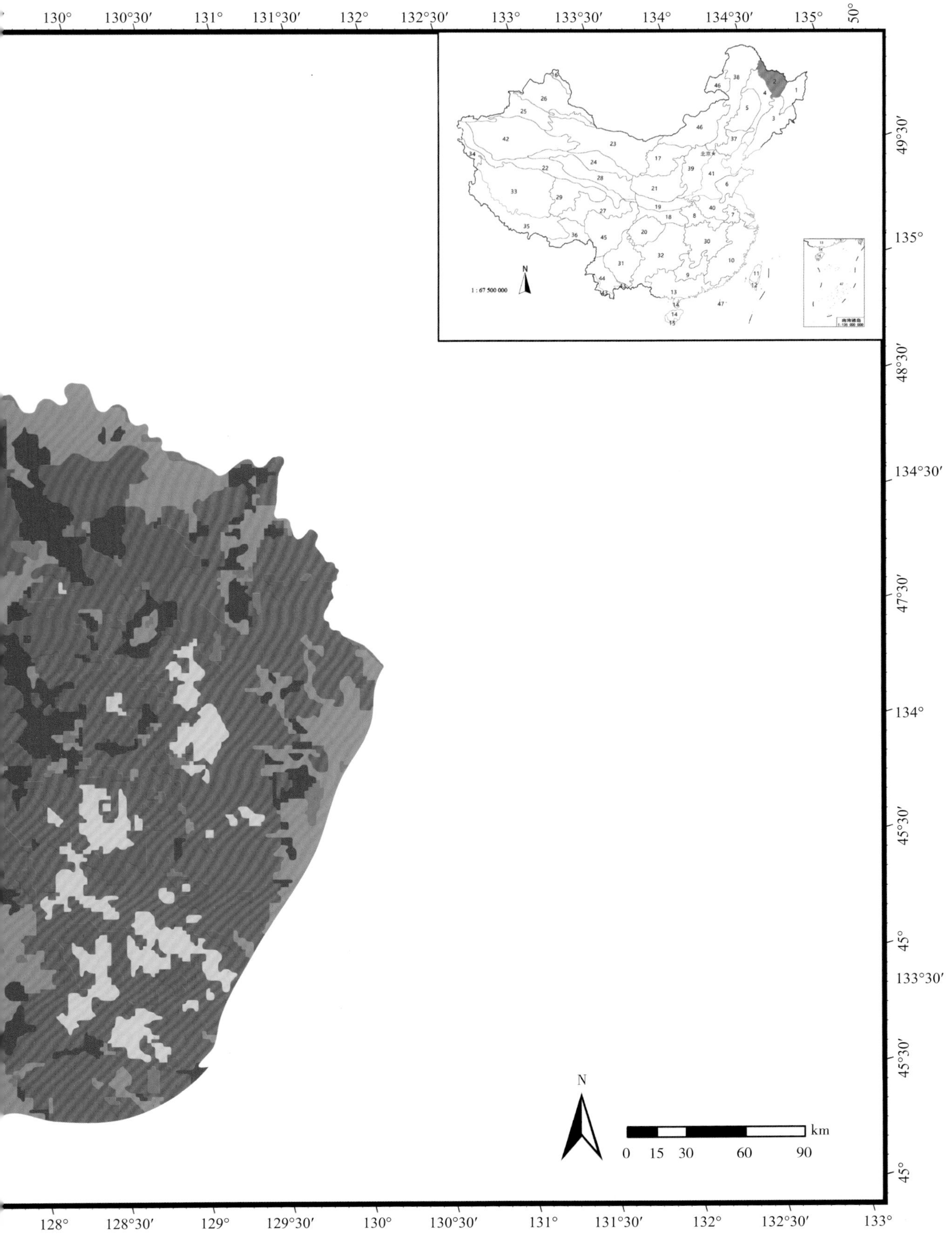
130°
130°30′
131°
131°30′
132°
132°30′
133°
133°30′
134°
134°30′
135°
50°
49°30′
135°
48°30′
134°30′
47°30′
134°
45°30′
45°
133°30′
45°30′
45°
128°
128°30′
129°
129°30′
130°
130°30′
131°
131°30′
132°
132°30′
133°
N
km
0 15 30 60 90
1 : 67 500 000
北京

态景观资源特征分类

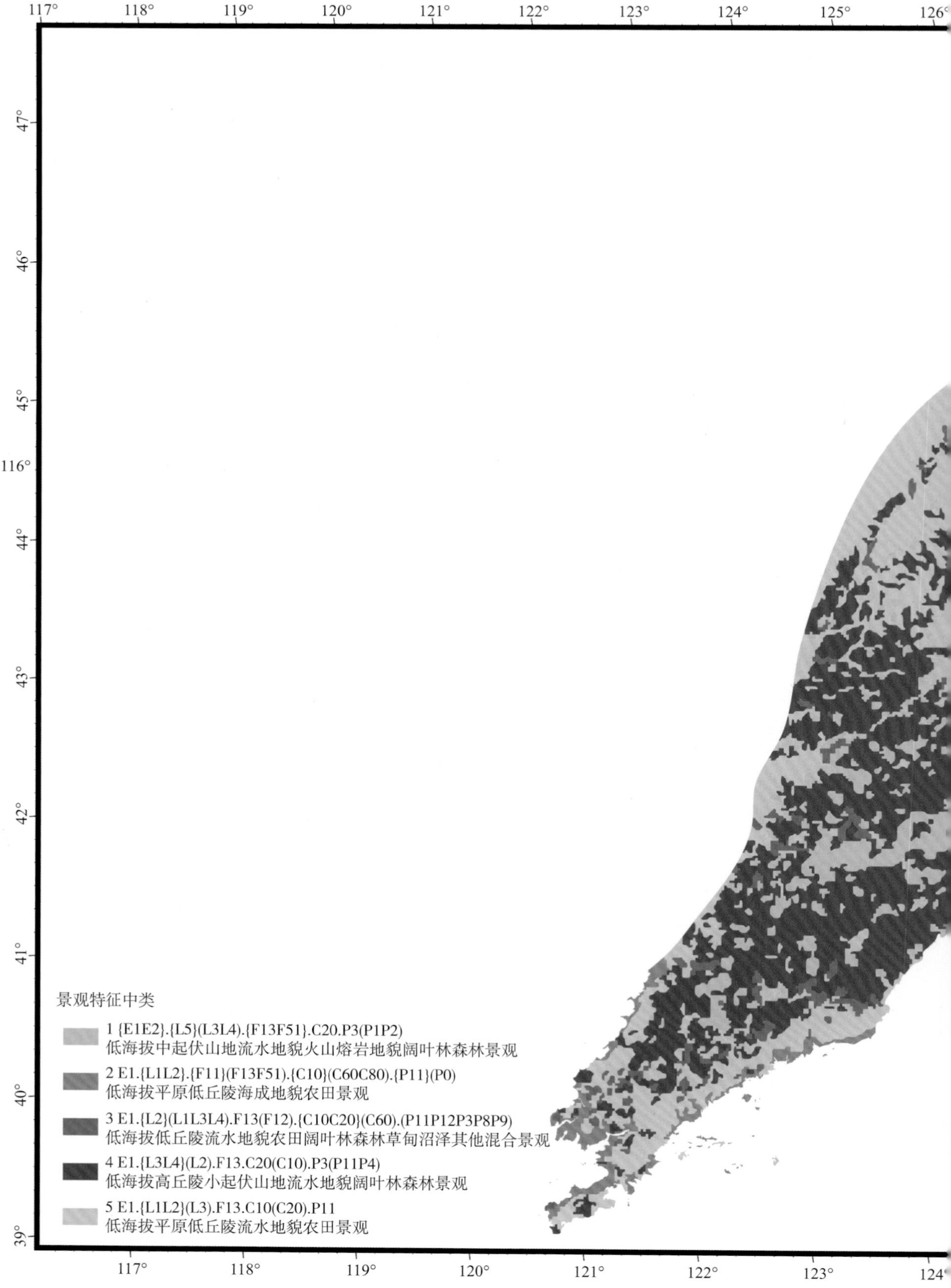
景观特征中类
1 {E1E2}.{L5}(L3L4).{F13F51}.C20.P3(P1P2)
低海拔中起伏山地流水地貌火山熔岩地貌阔叶林森林景观
2 E1.{L1L2}.{F11}(F13F51).{C10}(C60C80).{P11}(P0)
低海拔平原低丘陵海成地貌农田景观
3 E1.{L2}(L1L3L4).F13(F12).{C10C20}(C60).(P11P12P3P8P9)
低海拔低丘陵流水地貌农田阔叶林森林草甸沼泽其他混合景观
4 E1.{L3L4}(L2).F13.C20(C10).P3(P11P4)
低海拔高丘陵小起伏山地流水地貌阔叶林森林景观
5 E1.{L1L2}(L3).F13.C10(C20).P11
低海拔平原低丘陵流水地貌农田景观

图 12-3　温带湿润长白山

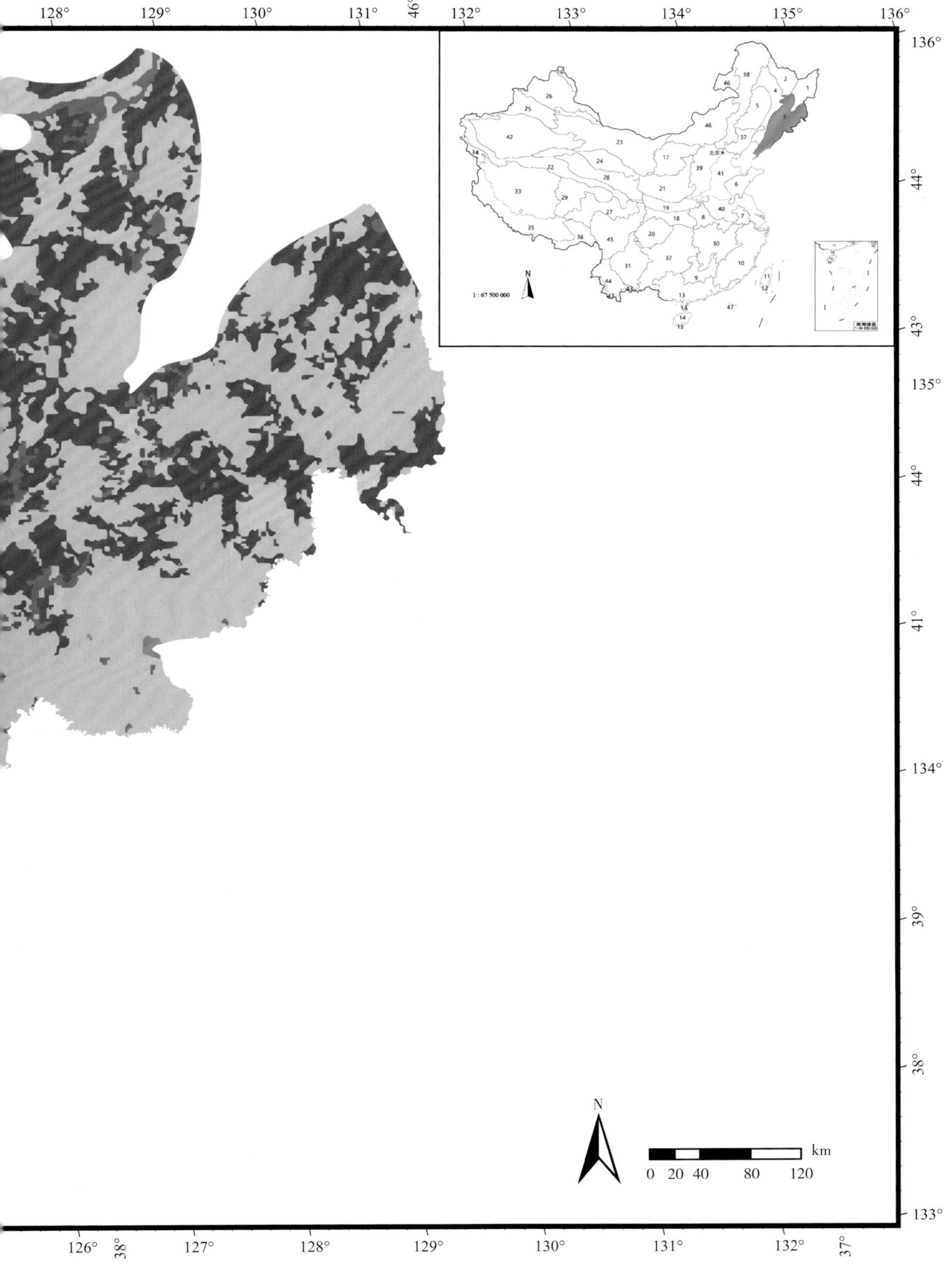

寸生态景观资源特征分类

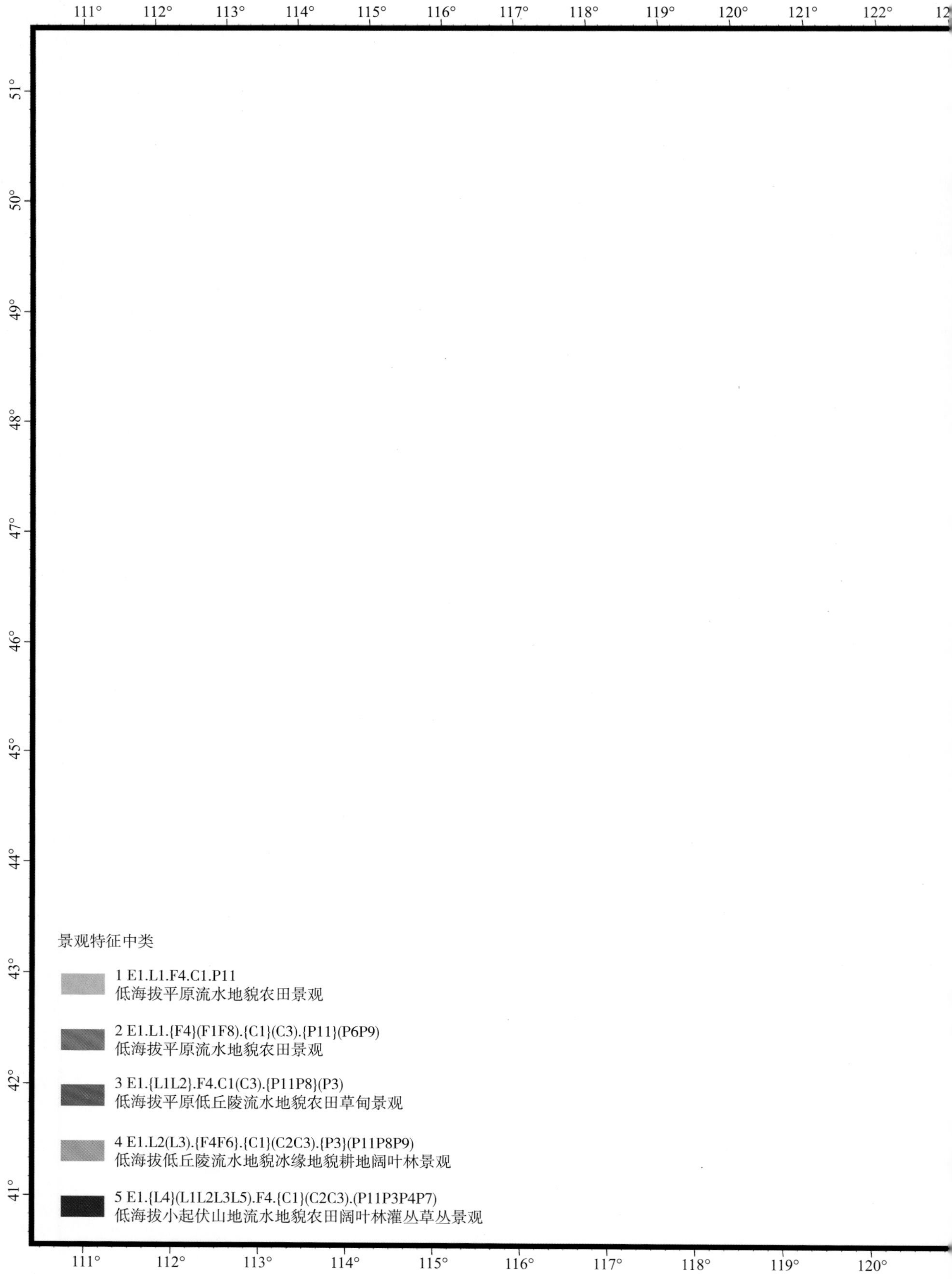
111° 112° 113° 114° 115° 116° 117° 118° 119° 120° 121° 122°
51° 50° 49° 48° 47° 46° 45° 44° 43° 42° 41°
景观特征中类
1 E1.L1.F4.C1.P11
低海拔平原流水地貌农田景观
2 E1.L1.{F4}(F1F8).{C1}(C3).{P11}(P6P9)
低海拔平原流水地貌农田景观
3 E1.{L1L2}.F4.C1(C3).{P11P8}(P3)
低海拔平原低丘陵流水地貌农田草甸景观
4 E1.L2(L3).{F4F6}.{C1}(C2C3).{P3}(P11P8P9)
低海拔低丘陵流水地貌冰缘地貌耕地阔叶林景观
5 E1.{L4}(L1L2L3L5).F4.{C1}(C2C3).(P11P3P4P7)
低海拔小起伏山地流水地貌农田阔叶林灌丛草丛景观
111° 112° 113° 114° 115° 116° 117° 118° 119° 120°

图 12-4 温带湿润松辽低

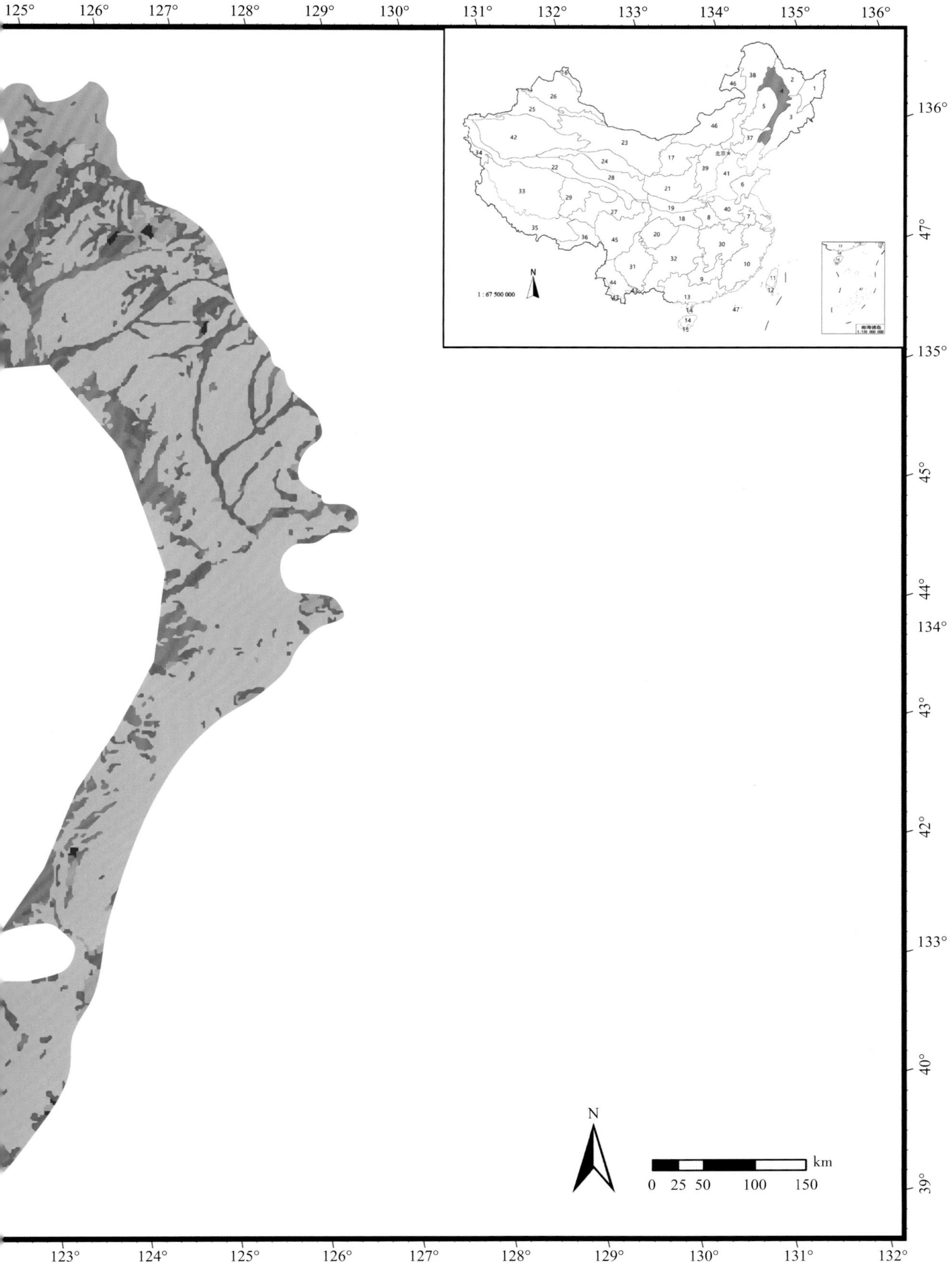
125°
126°
127°
128°
129°
130°
131°
132°
133°
134°
135°
136°
136°
47°
135°
45°
44°
134°
43°
42°
133°
40°
39°
123°
124°
125°
126°
127°
128°
129°
130°
131°
132°
1 : 67 500 000
N
N
km
0 25 50 100 150

态景观资源特征分类

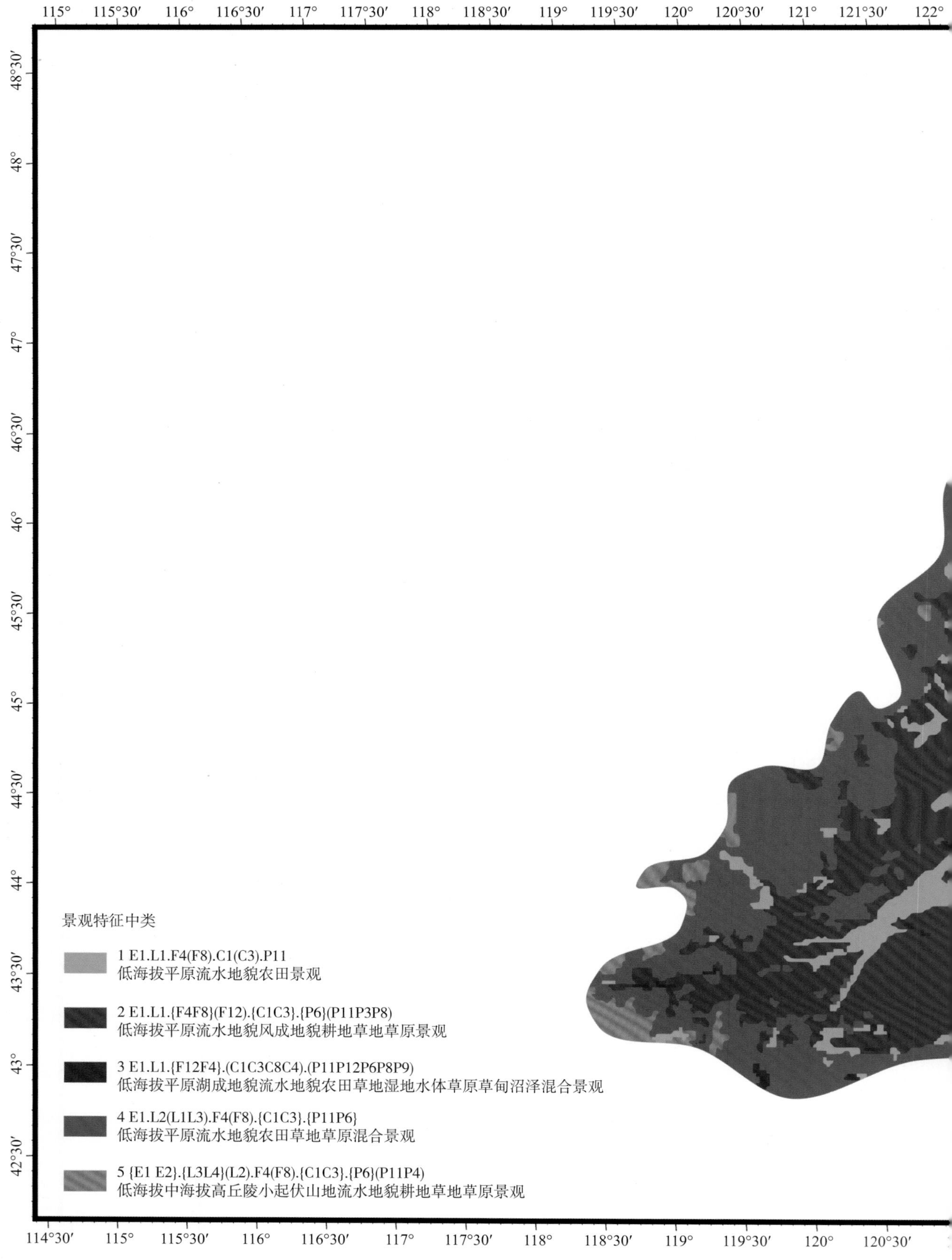
115° 115°30′ 116° 116°30′ 117° 117°30′ 118° 118°30′ 119° 119°30′ 120° 120°30′ 121° 121°30′ 122°
48°30′ 48° 47°30′ 47° 46°30′ 46° 45°30′ 45° 44°30′ 44° 43°30′ 43° 42°30′
景观特征中类
1 E1.L1.F4(F8).C1(C3).P11
低海拔平原流水地貌农田景观
2 E1.L1.{F4F8}(F12).{C1C3}.{P6}(P11P3P8)
低海拔平原流水地貌风成地貌耕地草地草原景观
3 E1.L1.{F12F4}.(C1C3C8C4).(P11P12P6P8P9)
低海拔平原湖成地貌流水地貌农田草地湿地水体草原草甸沼泽混合景观
4 E1.L2(L1L3).F4(F8).{C1C3}.{P11P6}
低海拔平原流水地貌农田草地草原混合景观
5 {E1 E2}.{L3L4}(L2).F4(F8).{C1C3}.{P6}(P11P4)
低海拔中海拔高丘陵小起伏山地流水地貌耕地草地草原景观
114°30′ 115° 115°30′ 116° 116°30′ 117° 117°30′ 118° 118°30′ 119° 119°30′ 120° 120°30′

图 12-5 温带干旱松辽低

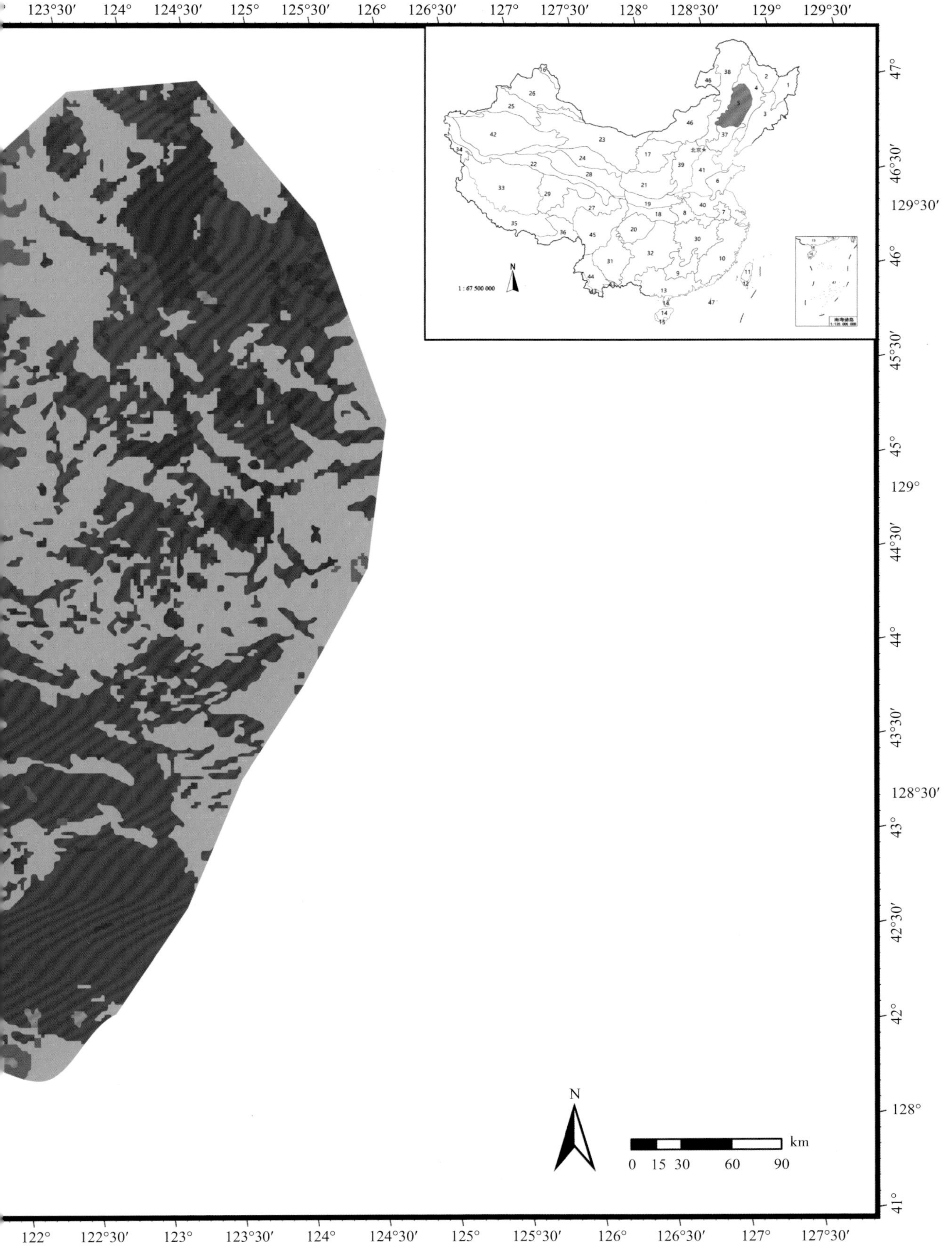
123°30′
124°
124°30′
125°
125°30′
126°
126°30′
127°
127°30′
128°
128°30′
129°
129°30′
47°
46°30′
129°30′
46°
45°30′
45°
129°
44°30′
44°
43°30′
128°30′
43°
42°30′
42°
128°
41°
122°
122°30′
123°
123°30′
124°
124°30′
125°
125°30′
126°
126°30′
127°
127°30′
N
km
0 15 30 60 90

态景观资源特征分类

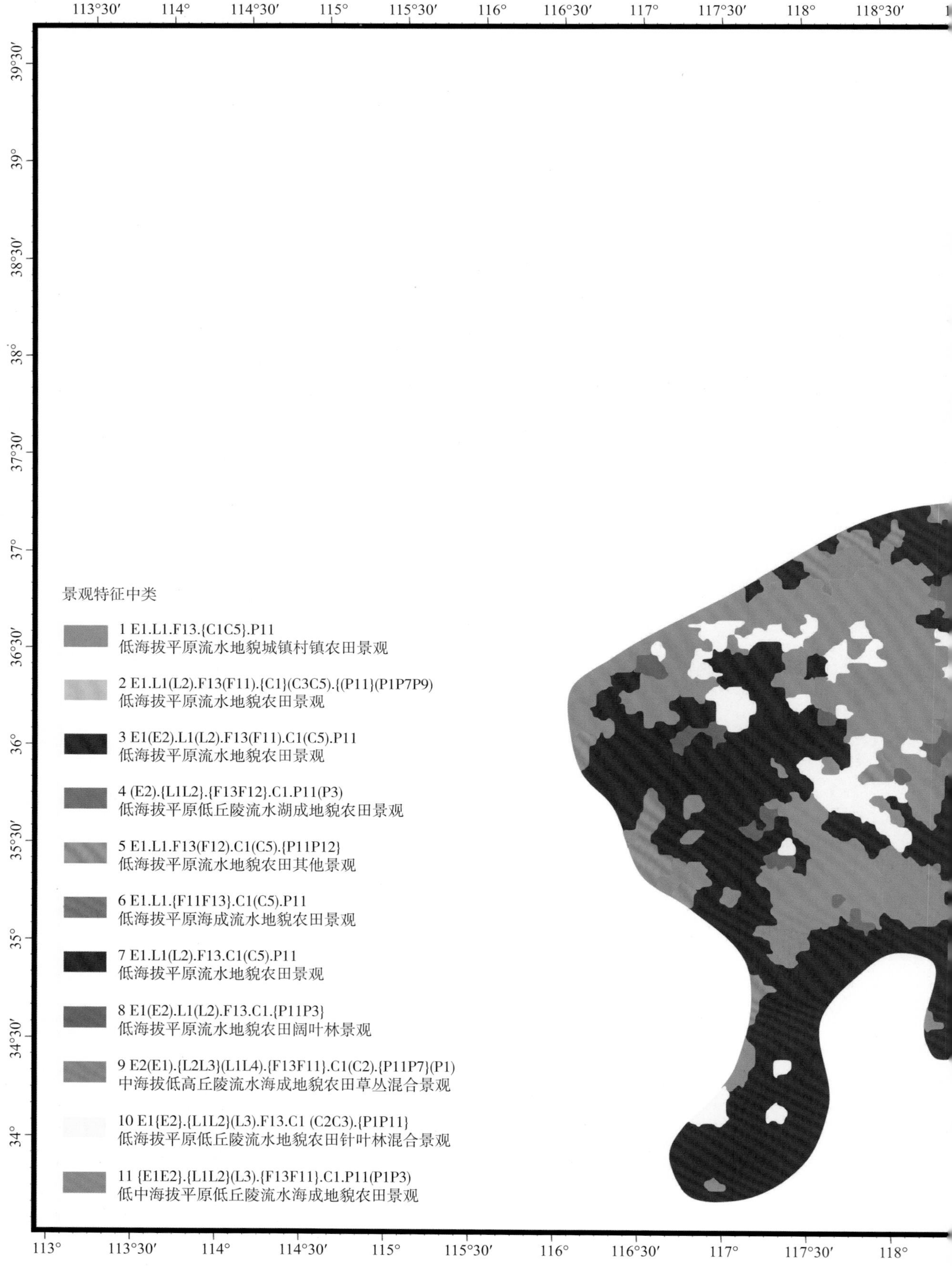
113°30′
114°
114°30′
115°
115°30′
116°
116°30′
117°
117°30′
118°
118°30′
39°30′
39°
38°30′
38°
37°30′
37°
36°30′
36°
35°30′
35°
34°30′
34°
113°
113°30′
114°
114°30′
115°
115°30′
116°
116°30′
117°
117°30′
118°
景观特征中类
1 E1.L1.F13.{C1C5}.P11
低海拔平原流水地貌城镇村镇农田景观
2 E1.L1(L2).F13(F11).{C1}(C3C5).{(P11}(P1P7P9)
低海拔平原流水地貌农田景观
3 E1(E2).L1(L2).F13(F11).C1(C5).P11
低海拔平原流水地貌农田景观
4 (E2).{L1L2}.{F13F12}.C1.P11(P3)
低海拔平原低丘陵流水湖成地貌农田景观
5 E1.L1.F13(F12).C1(C5).{P11P12}
低海拔平原流水地貌农田其他景观
6 E1.L1.{F11F13}.C1(C5).P11
低海拔平原海成流水地貌农田景观
7 E1.L1(L2).F13.C1(C5).P11
低海拔平原流水地貌农田景观
8 E1(E2).L1(L2).F13.C1.{P11P3}
低海拔平原流水地貌农田阔叶林景观
9 E2(E1).{L2L3}(L1L4).{F13F11}.C1(C2).{P11P7}(P1)
中海拔低高丘陵流水海成地貌农田草丛混合景观
10 E1{E2}.{L1L2}(L3).F13.C1 (C2C3).{P1P11}
低海拔平原低丘陵流水地貌农田针叶林混合景观
11 {E1E2}.{L1L2}(L3).{F13F11}.C1.P11(P1P3)
低中海拔平原低丘陵流水海成地貌农田景观

图 12-6 温带湿润鲁东低山

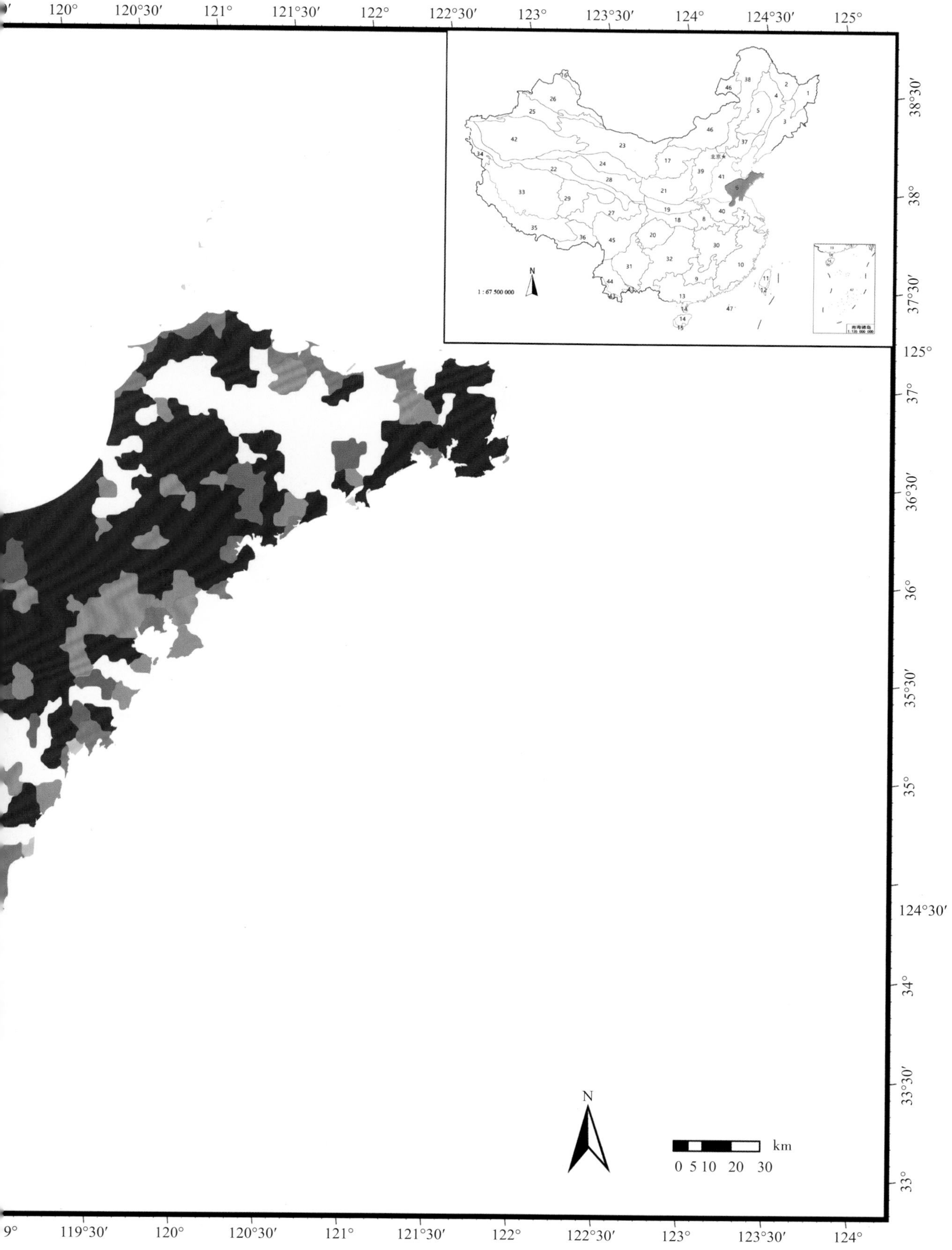
120°
120°30′
121°
121°30′
122°
122°30′
123°
123°30′
124°
124°30′
125°
38°30′
38°
37°30′
37°
36°30′
36°
35°30′
35°
34°
33°30′
33°
119°30′
1 : 67 500 000
N
km
0 5 10 20 30

态景观资源特征分类

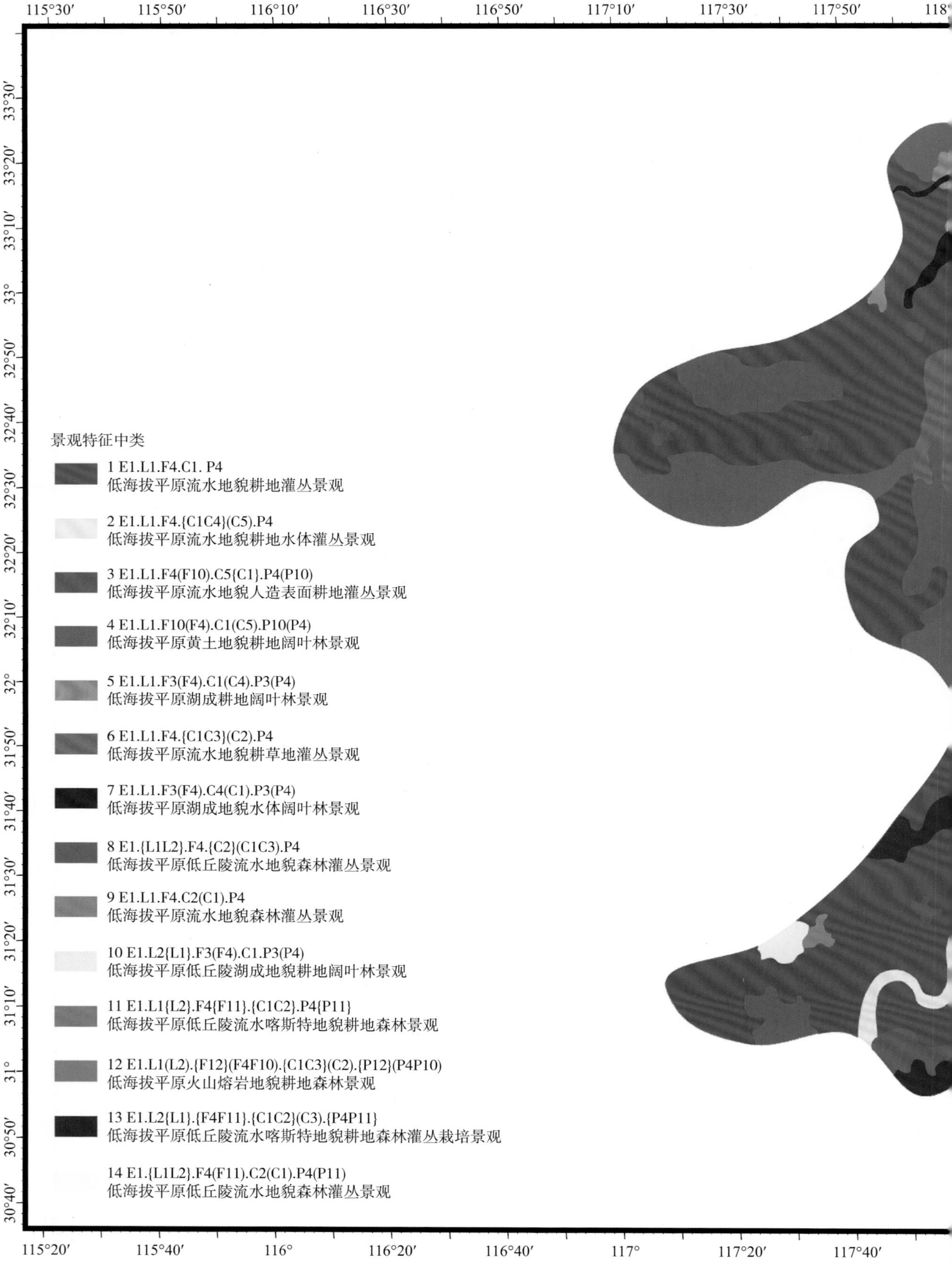
115°30′
115°50′
116°10′
116°30′
116°50′
117°10′
117°30′
117°50′
33°30′
33°20′
33°10′
33°
32°50′
32°40′
32°30′
32°20′
32°10′
32°
31°50′
31°40′
31°30′
31°20′
31°10′
31°
30°50′
30°40′
景观特征中类
1 E1.L1.F4.C1. P4
低海拔平原流水地貌耕地灌丛景观
2 E1.L1.F4.{C1C4}(C5).P4
低海拔平原流水地貌耕地水体灌丛景观
3 E1.L1.F4(F10).C5{C1}.P4(P10)
低海拔平原流水地貌人造表面耕地灌丛景观
4 E1.L1.F10(F4).C1(C5).P10(P4)
低海拔平原黄土地貌耕地阔叶林景观
5 E1.L1.F3(F4).C1(C4).P3(P4)
低海拔平原湖成耕地阔叶林景观
6 E1.L1.F4.{C1C3}(C2).P4
低海拔平原流水地貌耕草地灌丛景观
7 E1.L1.F3(F4).C4(C1).P3(P4)
低海拔平原湖成地貌水体阔叶林景观
8 E1.{L1L2}.F4.{C2}(C1C3).P4
低海拔平原低丘陵流水地貌森林灌丛景观
9 E1.L1.F4.C2(C1).P4
低海拔平原流水地貌森林灌丛景观
10 E1.L2{L1}.F3(F4).C1.P3(P4)
低海拔平原低丘陵湖成地貌耕地阔叶林景观
11 E1.L1{L2}.F4{F11}.{C1C2}.P4{P11}
低海拔平原低丘陵流水喀斯特地貌耕地森林景观
12 E1.L1(L2).{F12}(F4F10).{C1C3}(C2).{P12}(P4P10)
低海拔平原火山熔岩地貌耕地森林景观
13 E1.L2{L1}.{F4F11}.{C1C2}(C3).{P4P11}
低海拔平原低丘陵流水喀斯特地貌耕地森林灌丛栽培景观
14 E1.{L1L2}.F4(F11).C2(C1).P4(P11)
低海拔平原低丘陵流水地貌森林灌丛景观
115°20′
115°40′
116°
116°20′
116°40′
117°
117°20′
117°40′

图 12-7　亚热带湿润宁

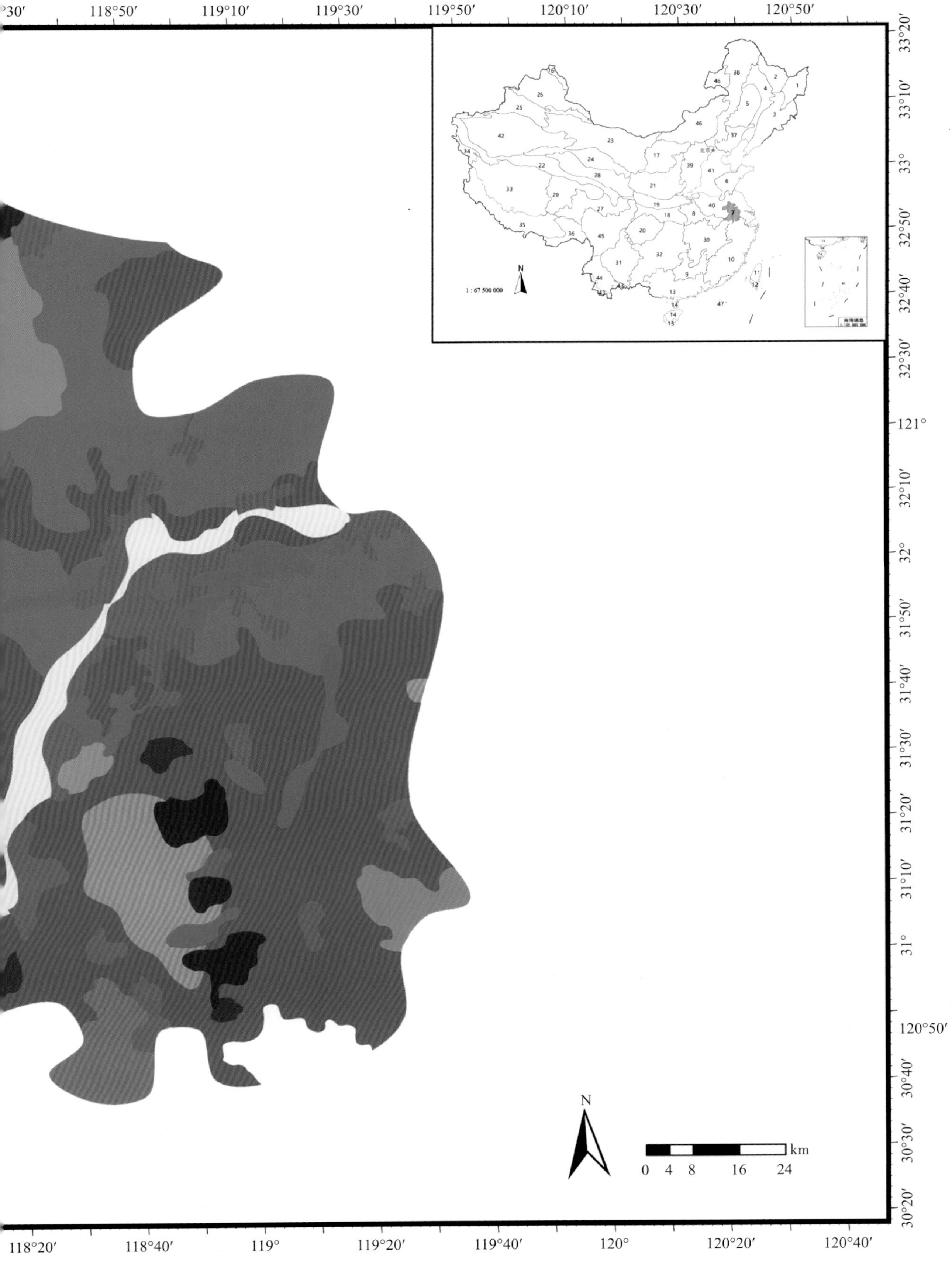

区乡村生态景观资源特征分类

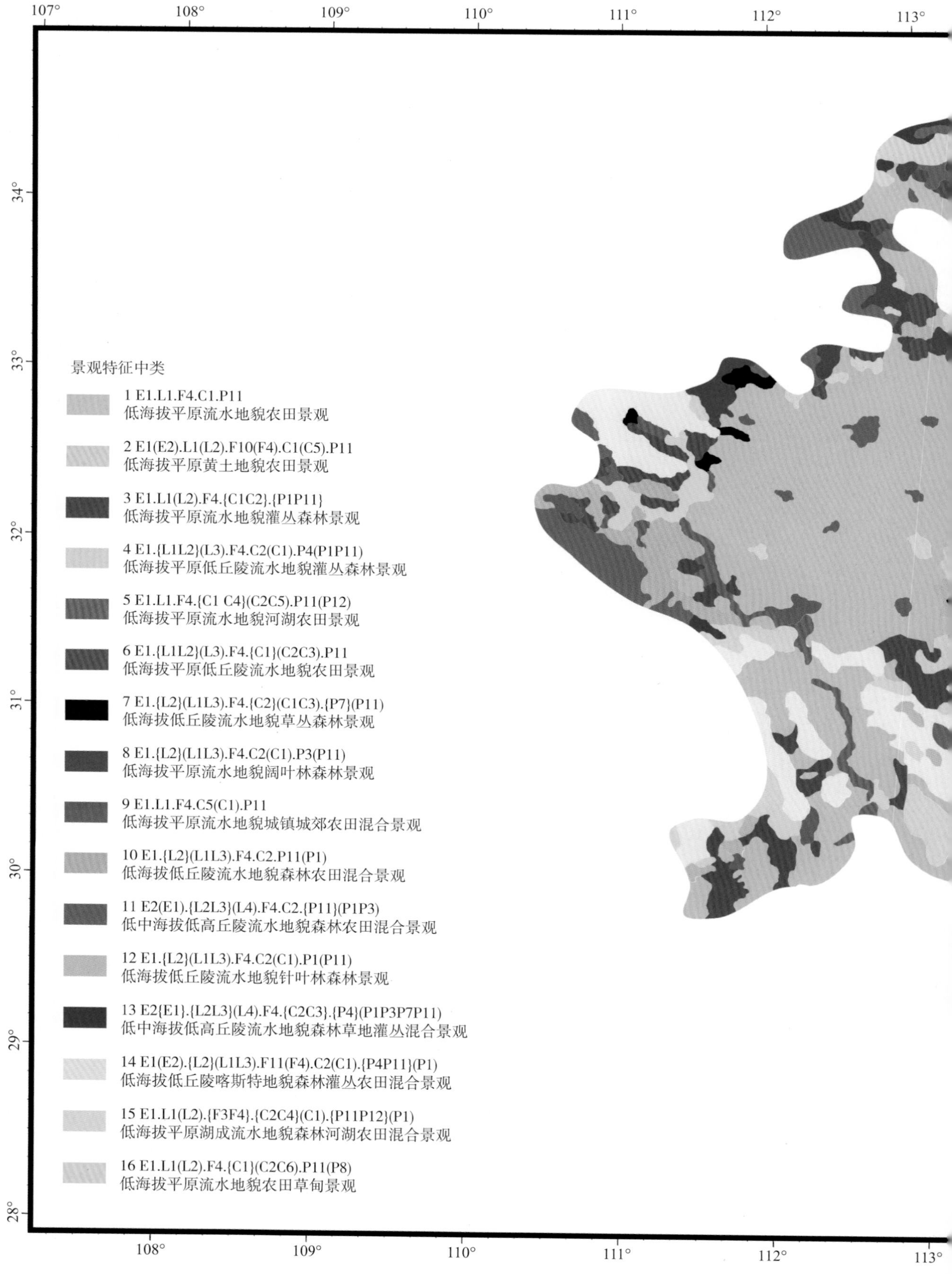
107°
108°
109°
110°
111°
112°
113°
34°
33°
32°
31°
30°
29°
28°
景观特征中类
1 E1.L1.F4.C1.P11
低海拔平原流水地貌农田景观
2 E1(E2).L1(L2).F10(F4).C1(C5).P11
低海拔平原黄土地貌农田景观
3 E1.L1(L2).F4.{C1C2}.{P1P11}
低海拔平原流水地貌灌丛森林景观
4 E1.{L1L2}(L3).F4.C2(C1).P4(P1P11)
低海拔平原低丘陵流水地貌灌丛森林景观
5 E1.L1.F4.{C1 C4}(C2C5).P11(P12)
低海拔平原流水地貌河湖农田景观
6 E1.{L1L2}(L3).F4.{C1}(C2C3).P11
低海拔平原低丘陵流水地貌农田景观
7 E1.{L2}(L1L3).F4.{C2}(C1C3).{P7}(P11)
低海拔低丘陵流水地貌草丛森林景观
8 E1.{L2}(L1L3).F4.C2(C1).P3(P11)
低海拔平原流水地貌阔叶林森林景观
9 E1.L1.F4.C5(C1).P11
低海拔平原流水地貌城镇城郊农田混合景观
10 E1.{L2}(L1L3).F4.C2.P11(P1)
低海拔低丘陵流水地貌森林农田混合景观
11 E2(E1).{L2L3}(L4).F4.C2.{P11}(P1P3)
低中海拔低高丘陵流水地貌森林农田混合景观
12 E1.{L2}(L1L3).F4.C2(C1).P1(P11)
低海拔低丘陵流水地貌针叶林森林景观
13 E2{E1}.{L2L3}(L4).F4.{C2C3}.{P4}(P1P3P7P11)
低中海拔低高丘陵流水地貌森林草地灌丛混合景观
14 E1(E2).{L2}(L1L3).F11(F4).C2(C1).{P4P11}(P1)
低海拔低丘陵喀斯特地貌森林灌丛农田混合景观
15 E1.L1(L2).{F3F4}.{C2C4}(C1).{P11P12}(P1)
低海拔平原湖成流水地貌森林河湖农田混合景观
16 E1.L1(L2).F4.{C1}(C2C6).P11(P8)
低海拔平原流水地貌农田草甸景观
108°
109°
110°
111°
112°
113°

图 12-8　亚热带湿润淮阳低

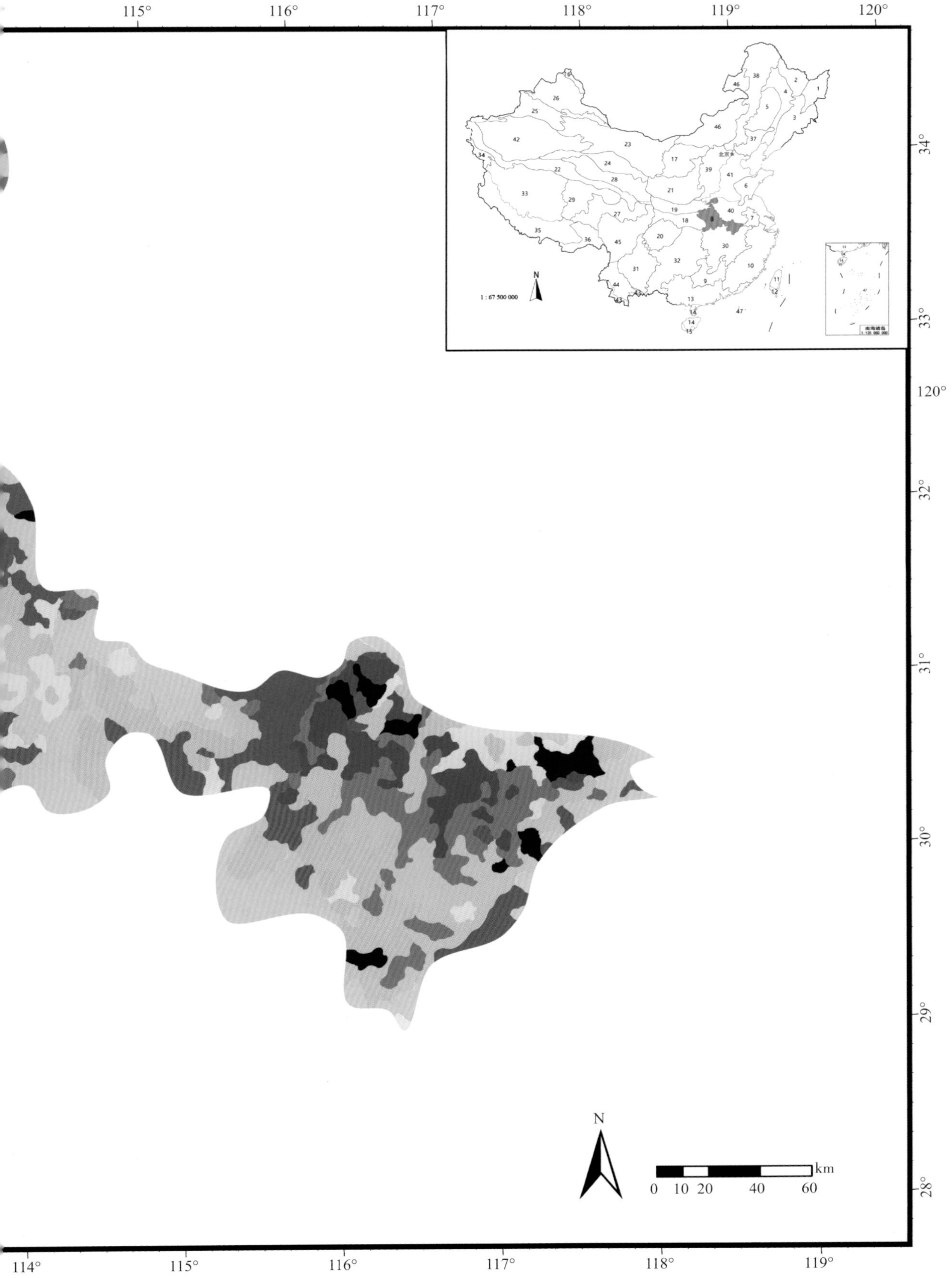
115°
116°
117°
118°
119°
120°
34°
33°
120°
32°
31°
30°
29°
28°
1 : 67 500 000
N
km
0 10 20 40 60
114°
115°
116°
117°
118°
119°

态景观资源特征分类

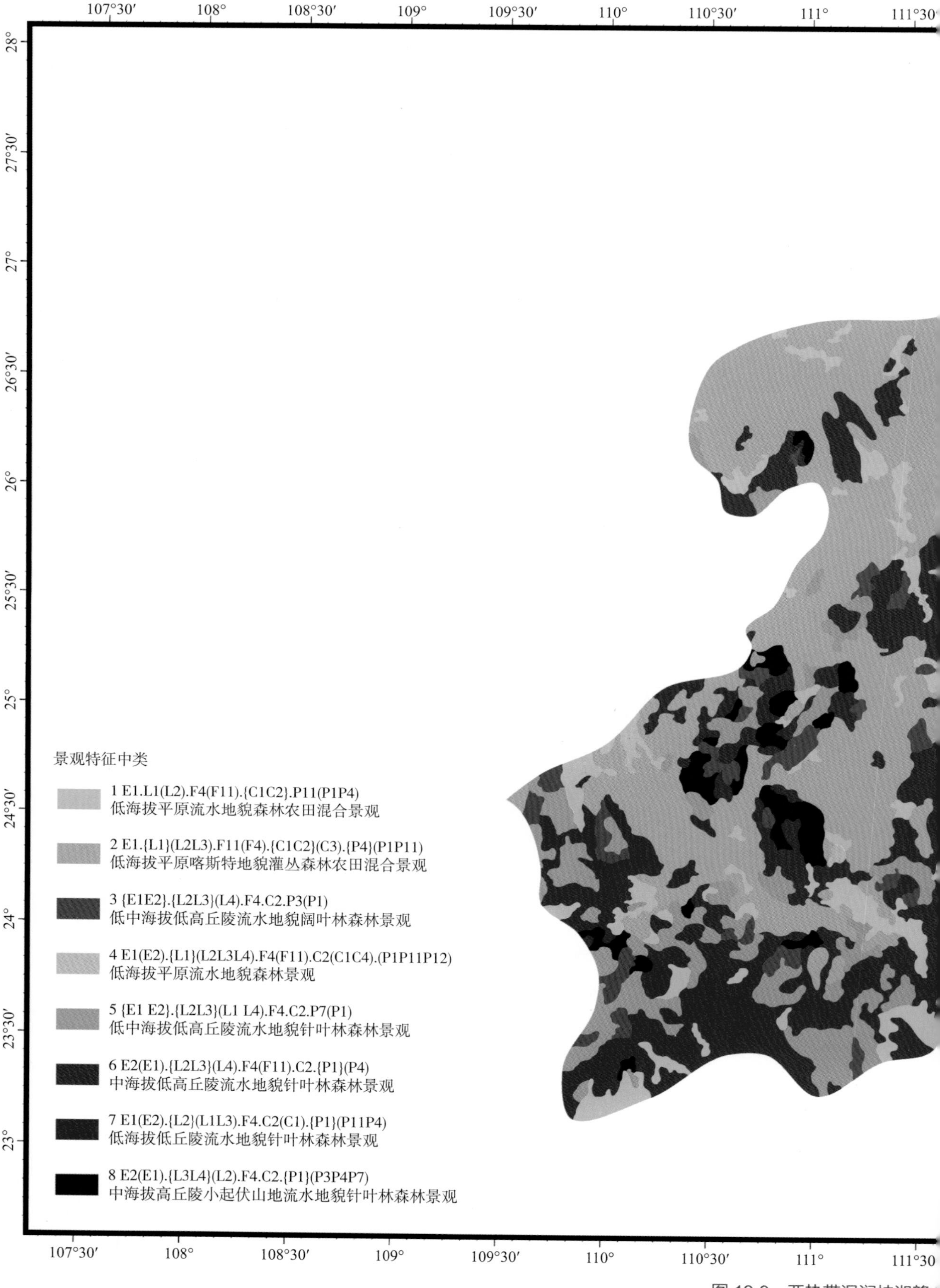
107°30′
108°
108°30′
109°
109°30′
110°
110°30′
111°
111°30′
28°
27°30′
27°
26°30′
26°
25°30′
25°
24°30′
24°
23°30′
23°
景观特征中类
1 E1.L1(L2).F4(F11).{C1C2}.P11(P1P4)
低海拔平原流水地貌森林农田混合景观
2 E1.{L1}(L2L3).F11(F4).{C1C2}(C3).{P4}(P1P11)
低海拔平原喀斯特地貌灌丛森林农田混合景观
3 {E1E2}.{L2L3}(L4).F4.C2.P3(P1)
低中海拔低高丘陵流水地貌阔叶林森林景观
4 E1(E2).{L1}(L2L3L4).F4(F11).C2(C1C4).(P1P11P12)
低海拔平原流水地貌森林景观
5 {E1 E2}.{L2L3}(L1 L4).F4.C2.P7(P1)
低中海拔低高丘陵流水地貌针叶林森林景观
6 E2(E1).{L2L3}(L4).F4(F11).C2.{P1}(P4)
中海拔低高丘陵流水地貌针叶林森林景观
7 E1(E2).{L2}(L1L3).F4.C2(C1).{P1}(P11P4)
低海拔低丘陵流水地貌针叶林森林景观
8 E2(E1).{L3L4}(L2).F4.C2.{P1}(P3P4P7)
中海拔高丘陵小起伏山地流水地貌针叶林森林景观

图 12-9　亚热带湿润桂湘赣

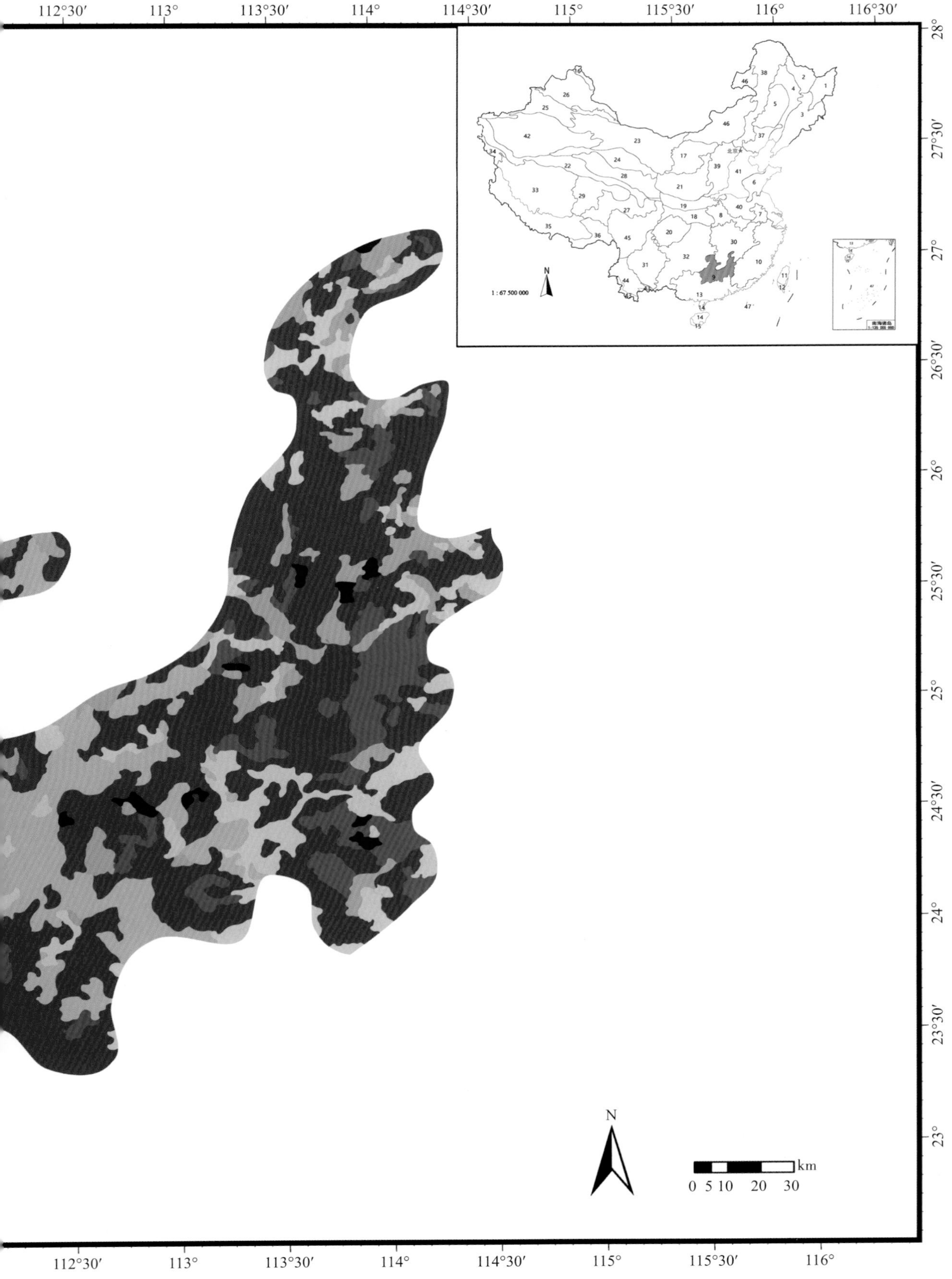

村生态景观资源特征分类

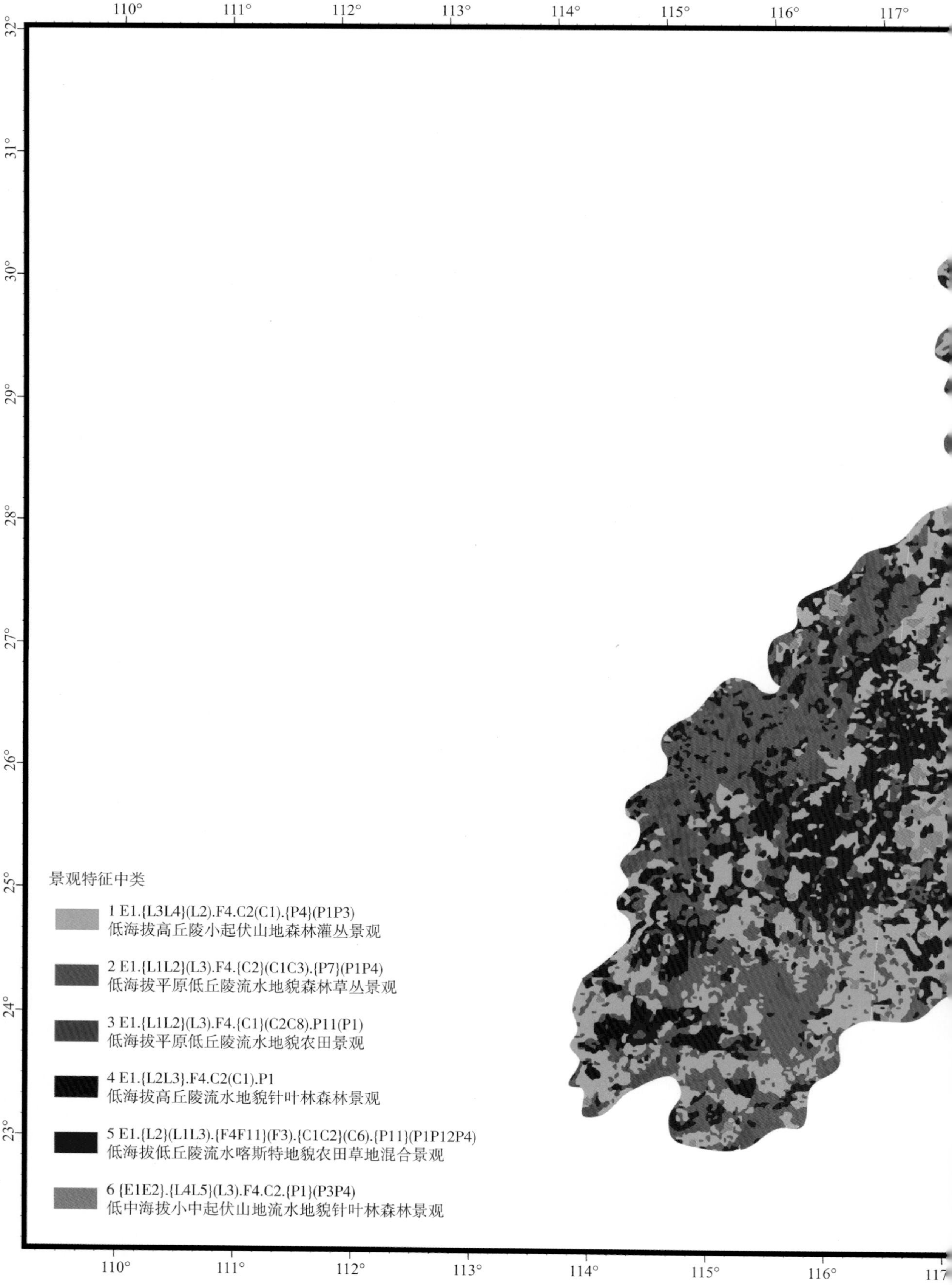
110°
111°
112°
113°
114°
115°
116°
117°
32°
31°
30°
29°
28°
27°
26°
25°
24°
23°
景观特征中类
1 E1.{L3L4}(L2).F4.C2(C1).{P4}(P1P3)
低海拔高丘陵小起伏山地森林灌丛景观
2 E1.{L1L2}(L3).F4.{C2}(C1C3).{P7}(P1P4)
低海拔平原低丘陵流水地貌森林草丛景观
3 E1.{L1L2}(L3).F4.{C1}(C2C8).P11(P1)
低海拔平原低丘陵流水地貌农田景观
4 E1.{L2L3}.F4.C2(C1).P1
低海拔高丘陵流水地貌针叶林森林景观
5 E1.{L2}(L1L3).{F4F11}(F3).{C1C2}(C6).{P11}(P1P12P4)
低海拔低丘陵流水喀斯特地貌农田草地混合景观
6 {E1E2}.{L4L5}(L3).F4.C2.{P1}(P3P4)
低中海拔小中起伏山地流水地貌针叶林森林景观

图 12-10 亚热带湿润浙

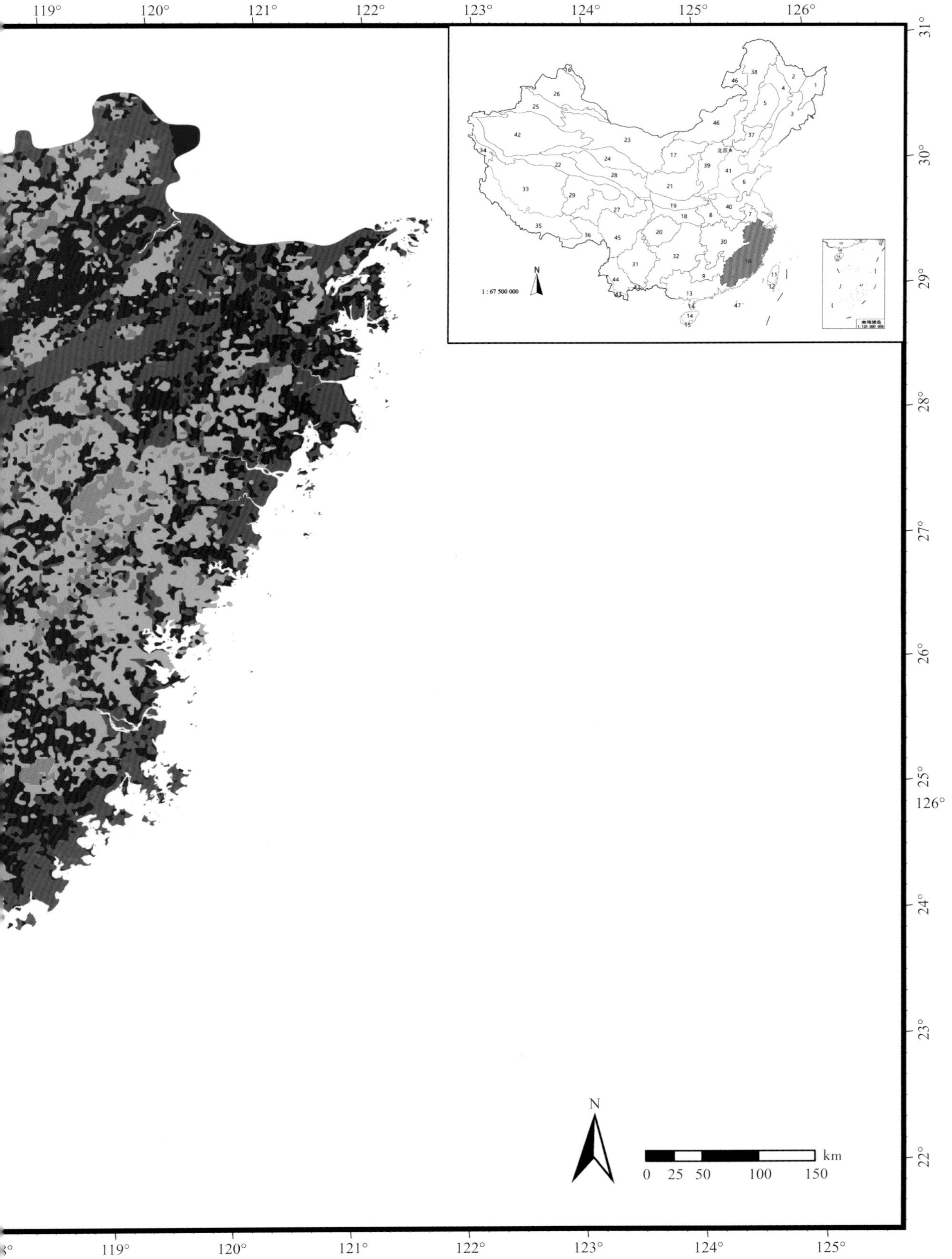

村生态景观资源特征分类

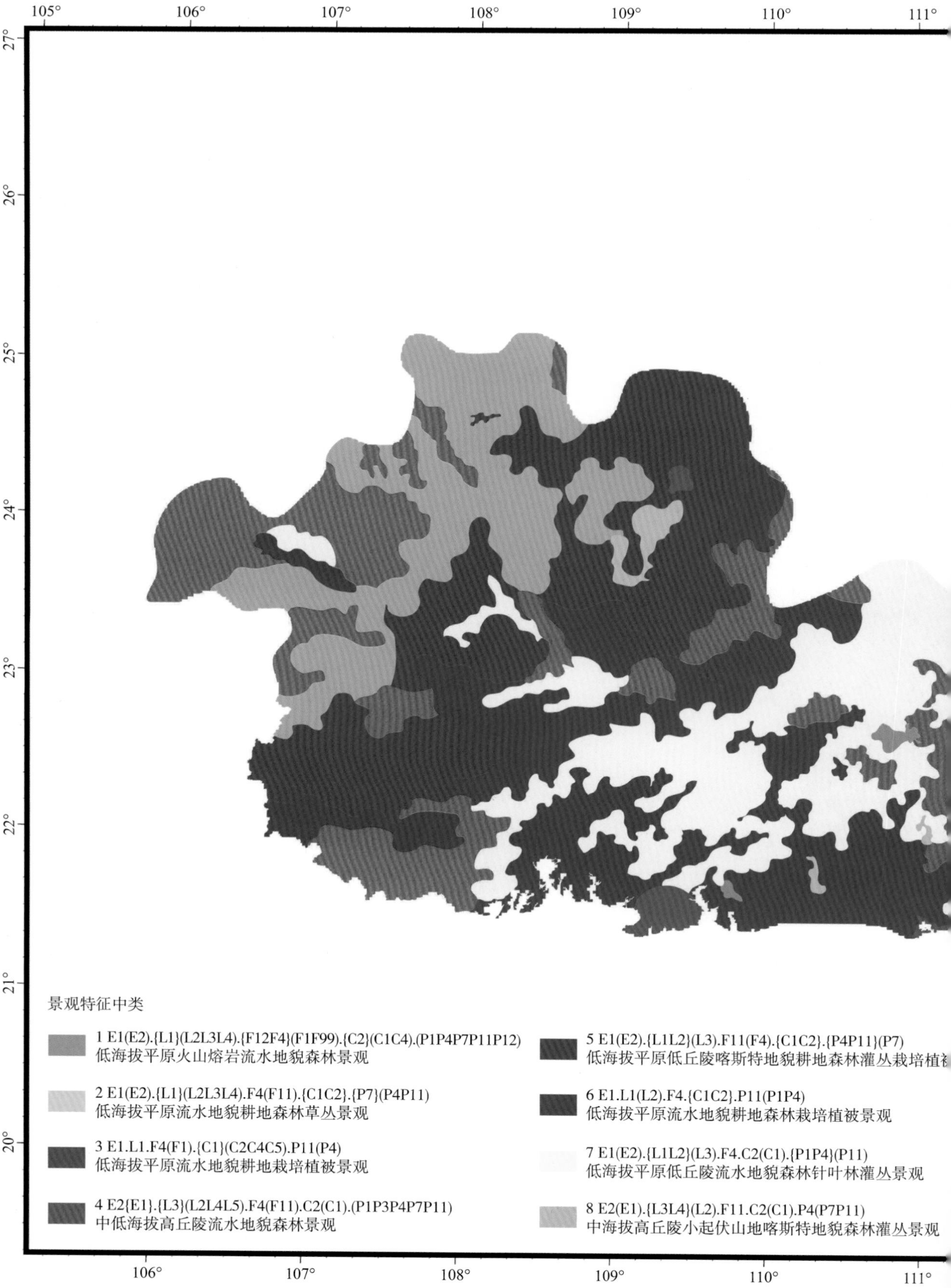
105°
106°
107°
108°
109°
110°
111°
27°
26°
25°
24°
23°
22°
21°
20°
景观特征中类
1 E1(E2).{L1}(L2L3L4).{F12F4}(F1F99).{C2}(C1C4).(P1P4P7P11P12)
低海拔平原火山熔岩流水地貌森林景观
2 E1(E2).{L1}(L2L3L4).F4(F11).{C1C2}.{P7}(P4P11)
低海拔平原流水地貌耕地森林草丛景观
3 E1.L1.F4(F1).{C1}(C2C4C5).P11(P4)
低海拔平原流水地貌耕地栽培植被景观
4 E2{E1}.{L3}(L2L4L5).F4(F11).C2(C1).(P1P3P4P7P11)
中低海拔高丘陵流水地貌森林景观
5 E1(E2).{L1L2}(L3).F11(F4).{C1C2}.{P4P11}(P7)
低海拔平原低丘陵喀斯特地貌耕地森林灌丛栽培植
6 E1.L1(L2).F4.{C1C2}.P11(P1P4)
低海拔平原流水地貌耕地森林栽培植被景观
7 E1(E2).{L1L2}(L3).F4.C2(C1).{P1P4}(P11)
低海拔平原低丘陵流水地貌森林针叶林灌丛景观
8 E2(E1).{L3L4}(L2).F11.C2(C1).P4(P7P11)
中海拔高丘陵小起伏山地喀斯特地貌森林灌丛景观
106°
107°
108°
109°
110°
111°

图 12-11　亚热带湿润粤

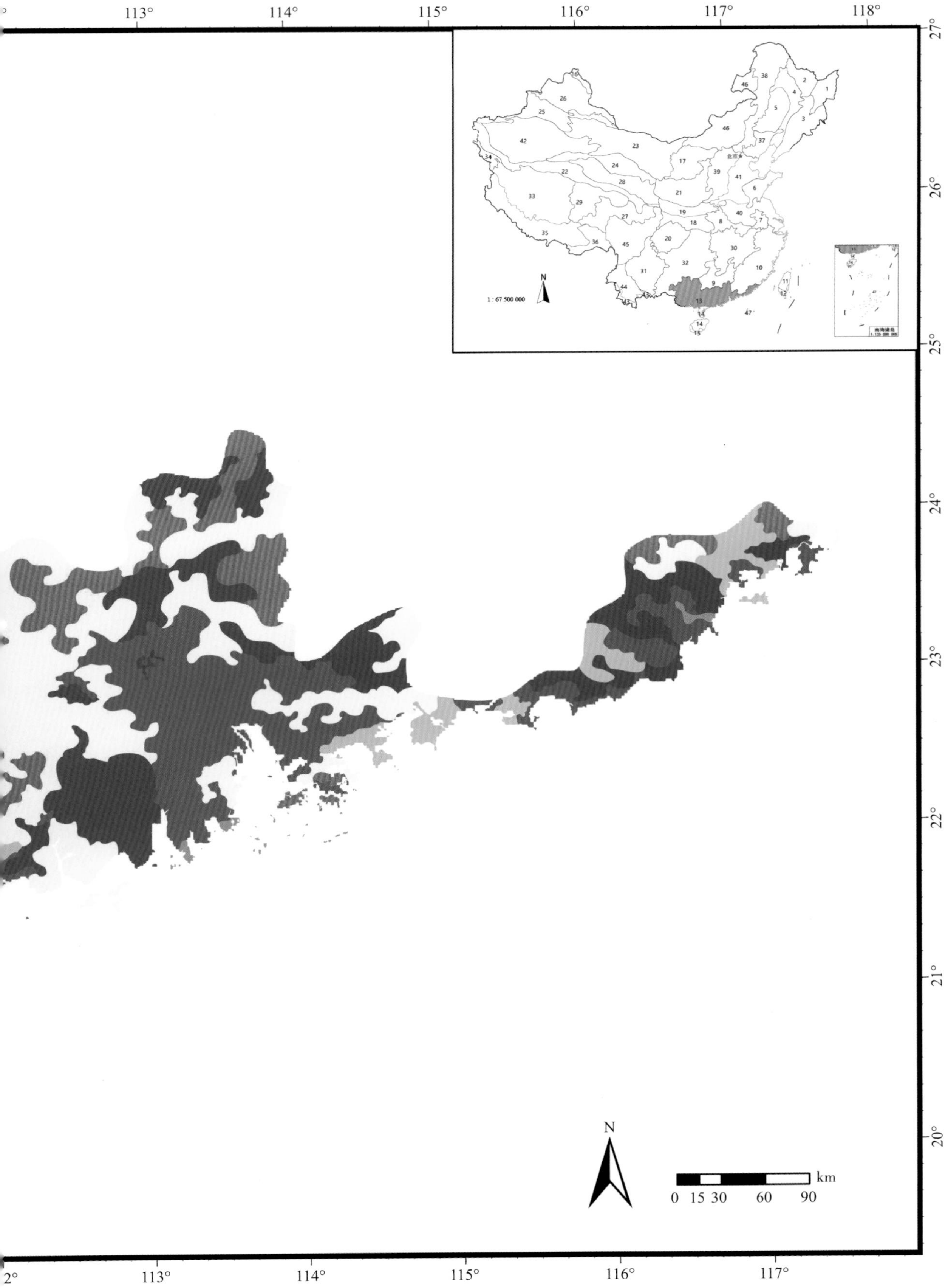

乡村生态景观资源特征分类

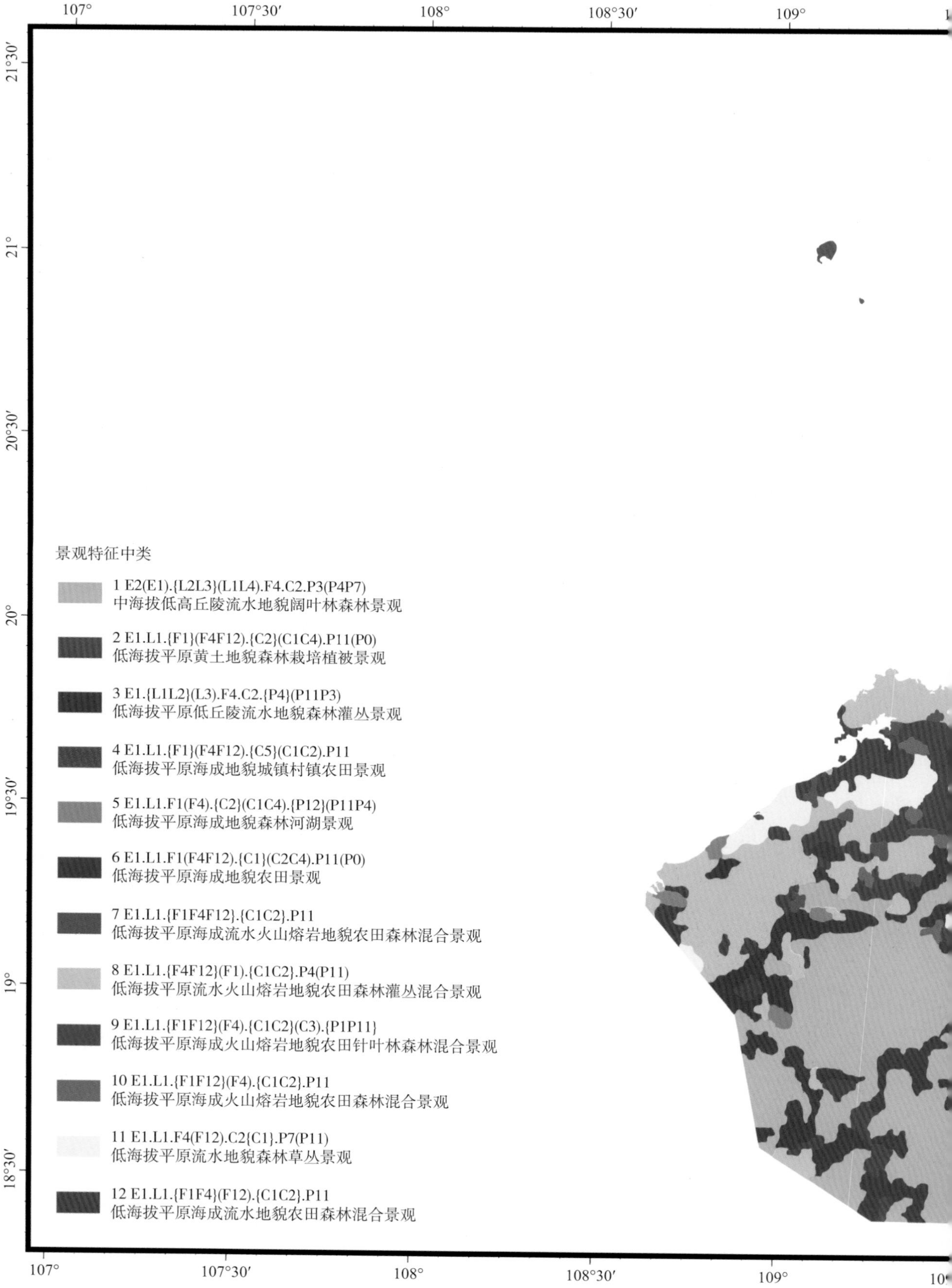
107°
107°30′
108°
108°30′
109°
21°30′
21°
20°30′
20°
19°30′
19°
18°30′
景观特征中类
1 E2(E1).{L2L3}(L1L4).F4.C2.P3(P4P7)
中海拔低高丘陵流水地貌阔叶林森林景观
2 E1.L1.{F1}(F4F12).{C2}(C1C4).P11(P0)
低海拔平原黄土地貌森林栽培植被景观
3 E1.{L1L2}(L3).F4.C2.{P4}(P11P3)
低海拔平原低丘陵流水地貌森林灌丛景观
4 E1.L1.{F1}(F4F12).{C5}(C1C2).P11
低海拔平原海成地貌城镇村镇农田景观
5 E1.L1.F1(F4).{C2}(C1C4).{P12}(P11P4)
低海拔平原海成地貌森林河湖景观
6 E1.L1.F1(F4F12).{C1}(C2C4).P11(P0)
低海拔平原海成地貌农田景观
7 E1.L1.{F1F4F12}.{C1C2}.P11
低海拔平原海成流水火山熔岩地貌农田森林混合景观
8 E1.L1.{F4F12}(F1).{C1C2}.P4(P11)
低海拔平原流水火山熔岩地貌农田森林灌丛混合景观
9 E1.L1.{F1F12}(F4).{C1C2}(C3).{P1P11}
低海拔平原海成火山熔岩地貌农田针叶林森林混合景观
10 E1.L1.{F1F12}(F4).{C1C2}.P11
低海拔平原海成火山熔岩地貌农田森林混合景观
11 E1.L1.F4(F12).C2{C1}.P7(P11)
低海拔平原流水地貌森林草丛景观
12 E1.L1.{F1F4}(F12).{C1C2}.P11
低海拔平原海成流水地貌农田森林混合景观
107°
107°30′
108°
108°30′
109°

图 12-12　边缘热带湿润粤

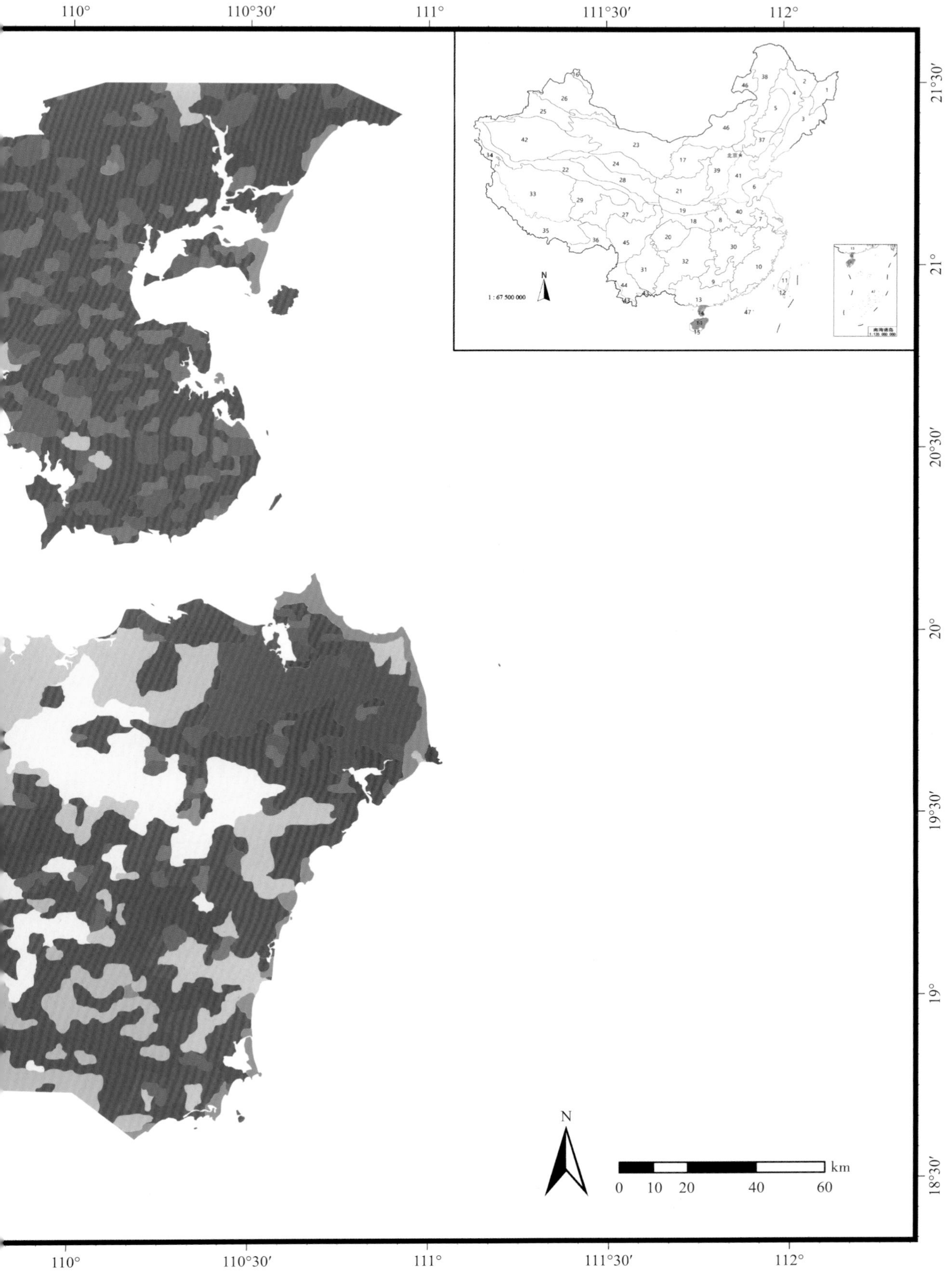

乡村生态景观资源特征分类

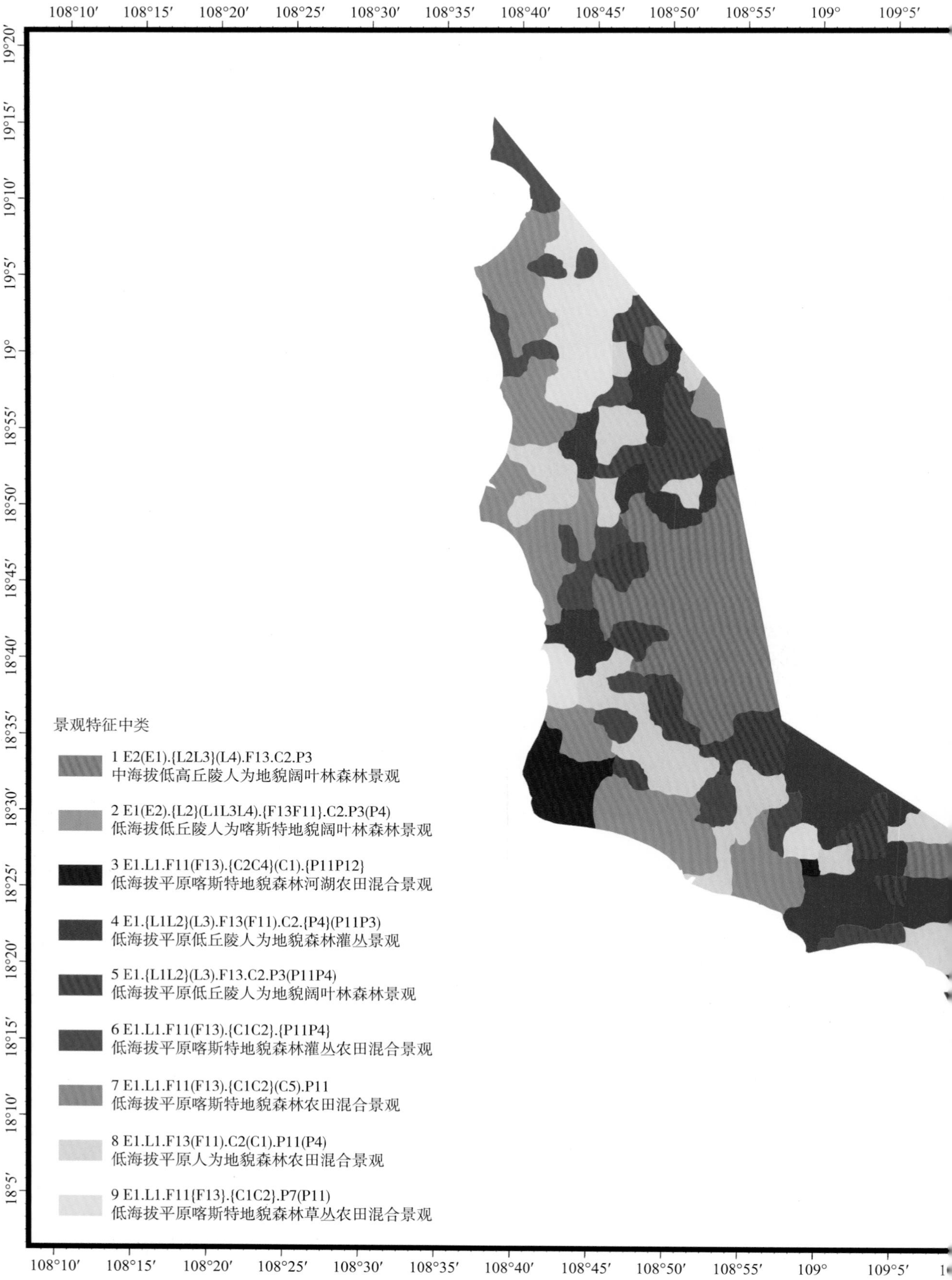
108°10′ 108°15′ 108°20′ 108°25′ 108°30′ 108°35′ 108°40′ 108°45′ 108°50′ 108°55′ 109° 109°5′
19°20′ 19°15′ 19°10′ 19°5′ 19° 18°55′ 18°50′ 18°45′ 18°40′ 18°35′ 18°30′ 18°25′ 18°20′ 18°15′ 18°10′ 18°5′
景观特征中类
1 E2(E1).{L2L3}(L4).F13.C2.P3
中海拔低高丘陵人为地貌阔叶林森林景观
2 E1(E2).{L2}(L1L3L4).{F13F11}.C2.P3(P4)
低海拔低丘陵人为喀斯特地貌阔叶林森林景观
3 E1.L1.F11(F13).{C2C4}(C1).{P11P12}
低海拔平原喀斯特地貌森林河湖农田混合景观
4 E1.{L1L2}(L3).F13(F11).C2.{P4}(P11P3)
低海拔平原低丘陵人为地貌森林灌丛景观
5 E1.{L1L2}(L3).F13.C2.P3(P11P4)
低海拔平原低丘陵人为地貌阔叶林森林景观
6 E1.L1.F11(F13).{C1C2}.{P11P4}
低海拔平原喀斯特地貌森林灌丛农田混合景观
7 E1.L1.F11(F13).{C1C2}(C5).P11
低海拔平原喀斯特地貌森林农田混合景观
8 E1.L1.F13(F11).C2(C1).P11(P4)
低海拔平原人为地貌森林农田混合景观
9 E1.L1.F11{F13}.{C1C2}.P7(P11)
低海拔平原喀斯特地貌森林草丛农田混合景观

图 12-13　中热带湿润粤

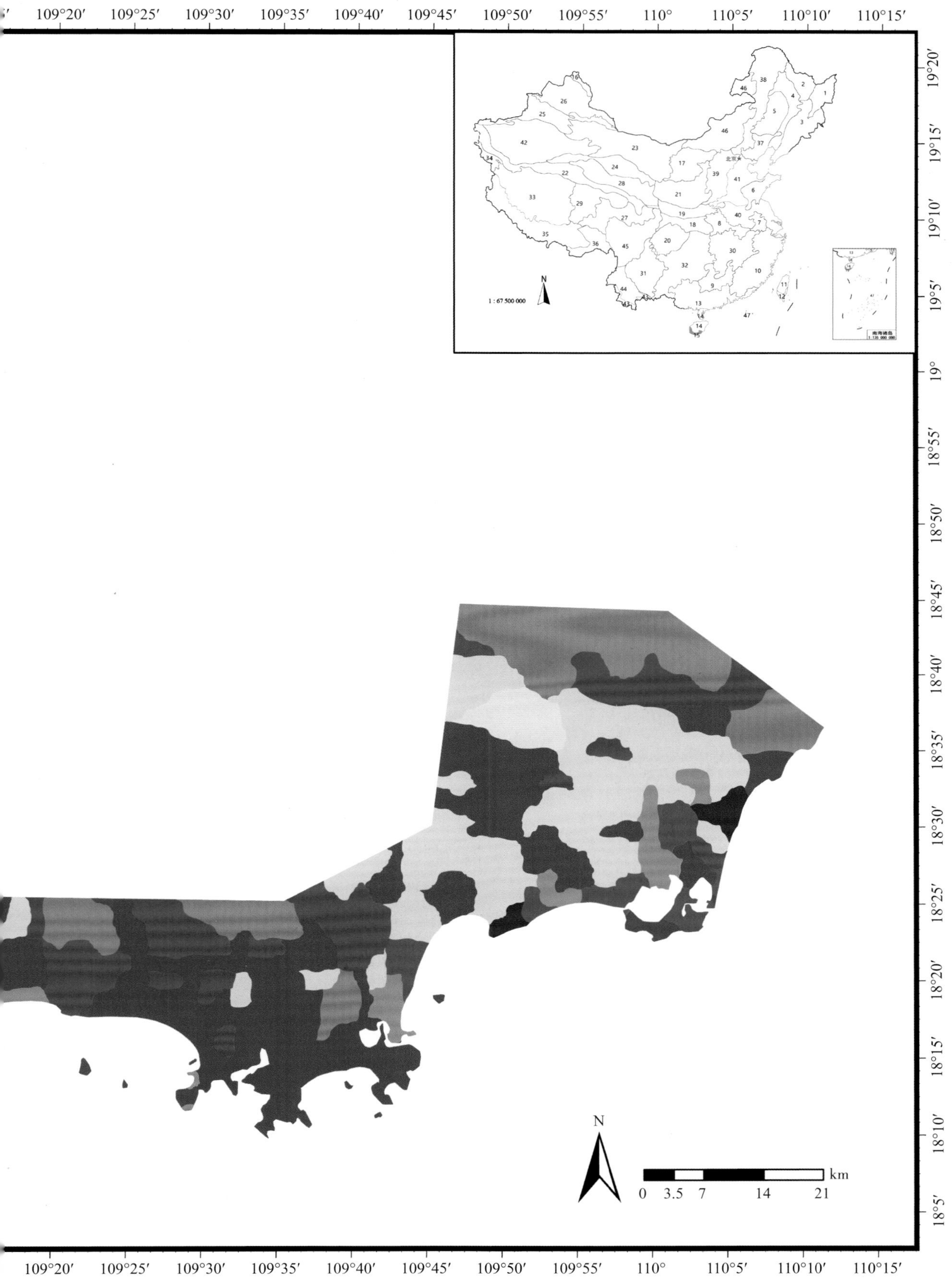

乡村生态景观资源特征分类

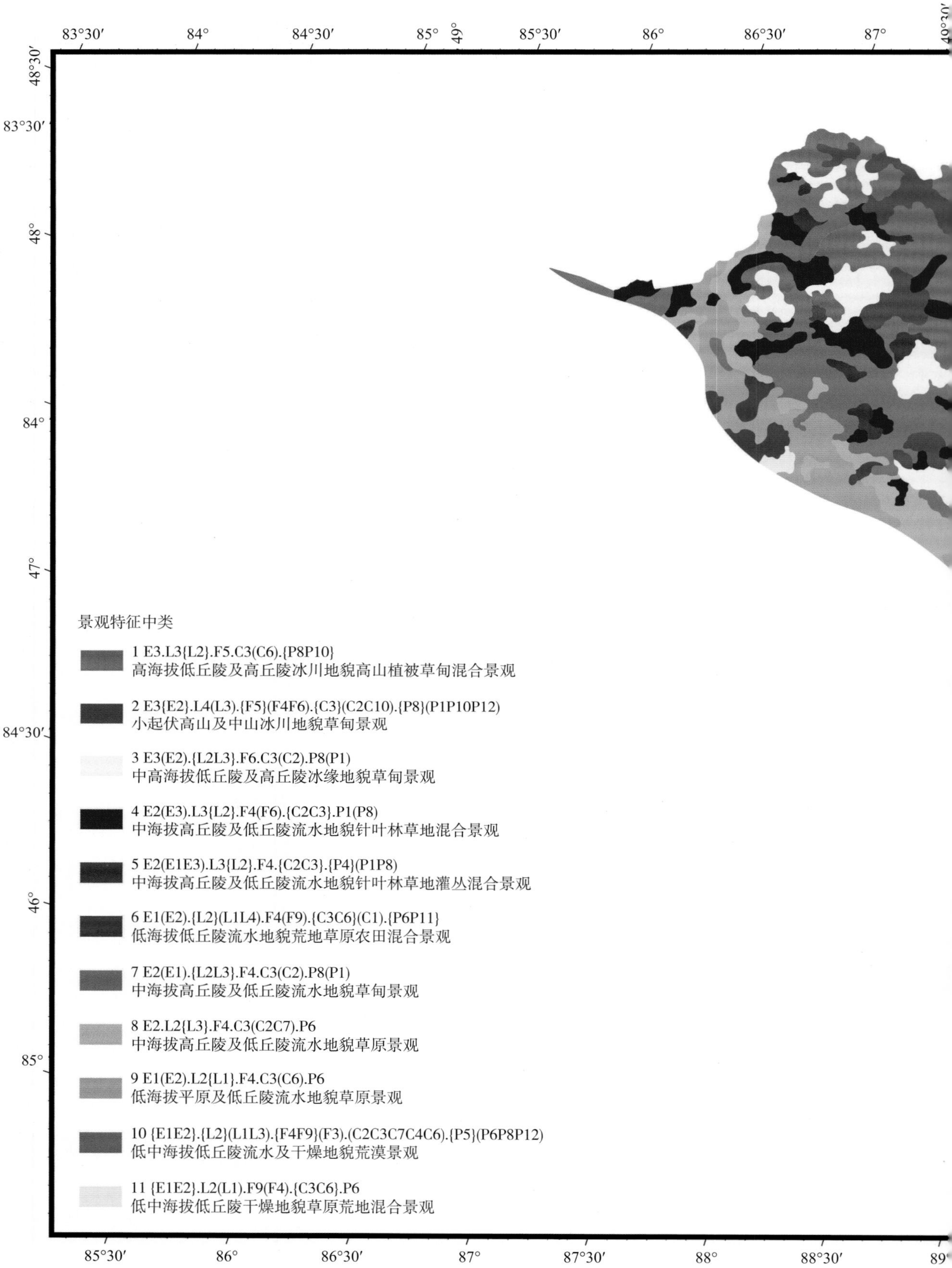
83°30′
84°
84°30′
85°
85°30′
86°
86°30′
87°
49°
48°30′
48°
47°
46°
83°30′
84°
84°30′
85°
88°
88°30′
87°30′
景观特征中类
1 E3.L3{L2}.F5.C3(C6).{P8P10}
高海拔低丘陵及高丘陵冰川地貌高山植被草甸混合景观
2 E3{E2}.L4(L3).{F5}(F4F6).{C3}(C2C10).{P8}(P1P10P12)
小起伏高山及中山冰川地貌草甸景观
3 E3(E2).{L2L3}.F6.C3(C2).P8(P1)
中高海拔低丘陵及高丘陵冰缘地貌草甸景观
4 E2(E3).L3{L2}.F4(F6).{C2C3}.P1(P8)
中海拔高丘陵及低丘陵流水地貌针叶林草地混合景观
5 E2(E1E3).L3{L2}.F4.{C2C3}.{P4}(P1P8)
中海拔高丘陵及低丘陵流水地貌针叶林草地灌丛混合景观
6 E1(E2).{L2}(L1L4).F4(F9).{C3C6}(C1).{P6P11}
低海拔低丘陵流水地貌荒地草原农田混合景观
7 E2(E1).{L2L3}.F4.C3(C2).P8(P1)
中海拔高丘陵及低丘陵流水地貌草甸景观
8 E2.L2{L3}.F4.C3(C2C7).P6
中海拔高丘陵及低丘陵流水地貌草原景观
9 E1(E2).L2{L1}.F4.C3(C6).P6
低海拔平原及低丘陵流水地貌草原景观
10 {E1E2}.{L2}(L1L3).{F4F9}(F3).(C2C3C7C4C6).{P5}(P6P8P12)
低中海拔低丘陵流水及干燥地貌荒漠景观
11 {E1E2}.L2(L1).F9(F4).{C3C6}.P6
低中海拔低丘陵干燥地貌草原荒地混合景观
85°30′
86°
86°30′
87°
87°30′
88°
88°30′
89

图 12-14 温带干旱阿尔泰

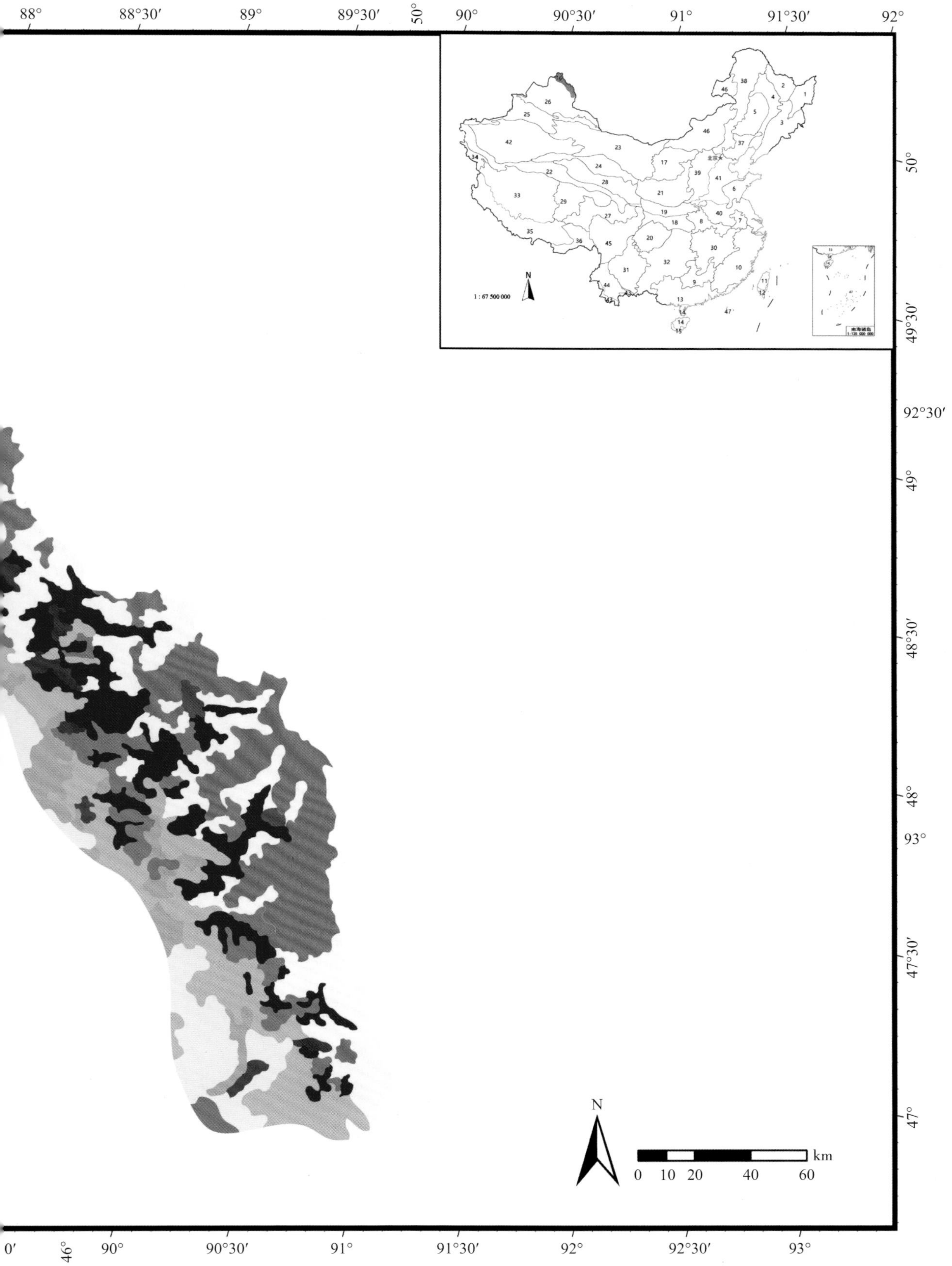

村生态景观资源特征分类

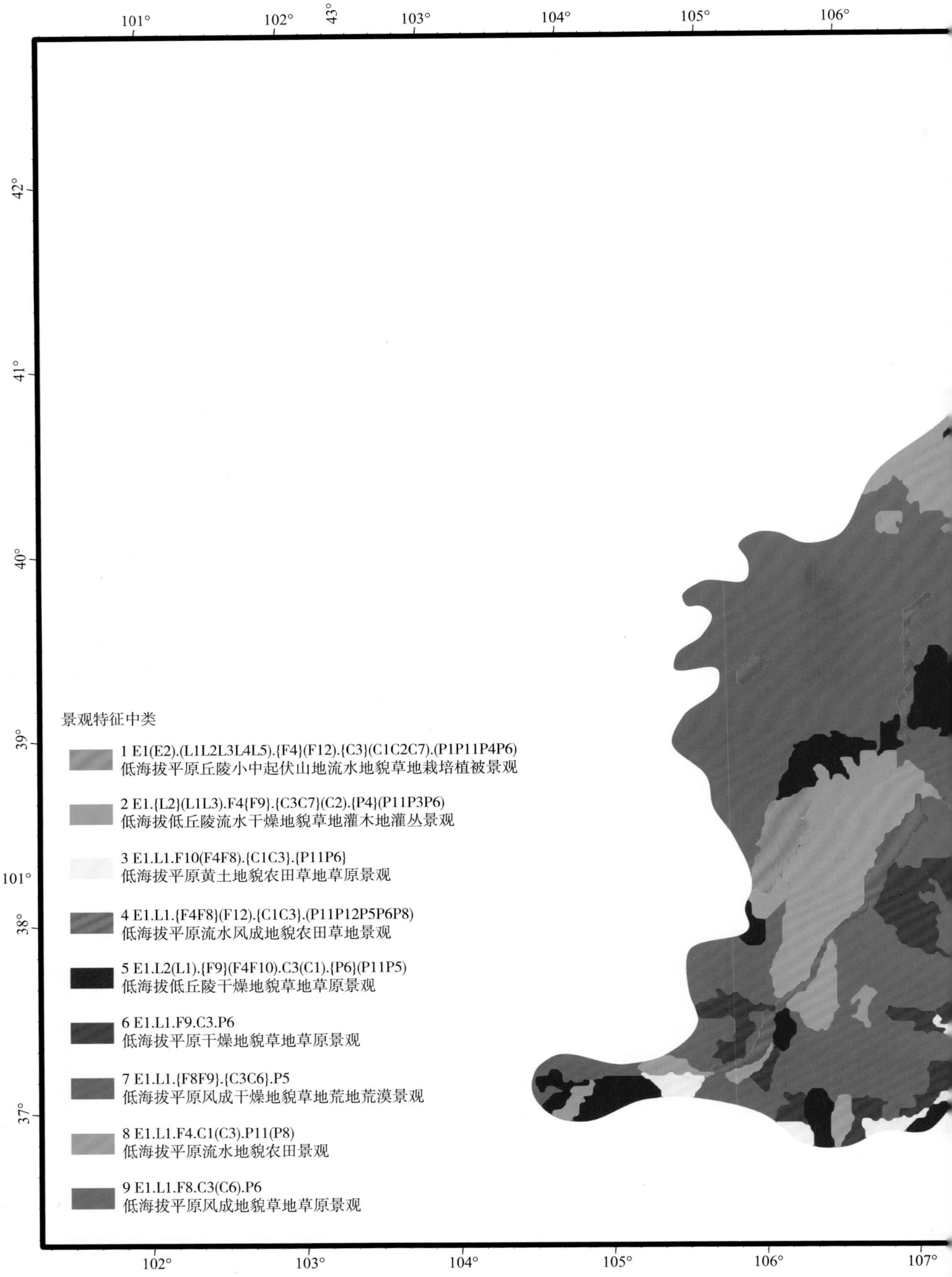
101°
102°
43°
103°
104°
105°
106°
42°
41°
40°
39°
101°
38°
37°
景观特征中类
1 E1(E2).(L1L2L3L4L5).{F4}(F12).{C3}(C1C2C7).(P1P11P4P6)
低海拔平原丘陵小中起伏山地流水地貌草地栽培植被景观
2 E1.{L2}(L1L3).F4{F9}.{C3C7}(C2).{P4}(P11P3P6)
低海拔低丘陵流水干燥地貌草地灌木地灌丛景观
3 E1.L1.F10(F4F8).{C1C3}.{P11P6}
低海拔平原黄土地貌农田草地草原景观
4 E1.L1.{F4F8}(F12).{C1C3}.(P11P12P5P6P8)
低海拔平原流水风成地貌农田草地景观
5 E1.L2(L1).{F9}(F4F10).C3(C1).{P6}(P11P5)
低海拔低丘陵干燥地貌草地草原景观
6 E1.L1.F9.C3.P6
低海拔平原干燥地貌草地草原景观
7 E1.L1.{F8F9}.{C3C6}.P5
低海拔平原风成干燥地貌草地荒地荒漠景观
8 E1.L1.F4.C1(C3).P11(P8)
低海拔平原流水地貌农田景观
9 E1.L1.F8.C3(C6).P6
低海拔平原风成地貌草地草原景观
102°
103°
104°
105°
106°
107°

图 12-15　温带干旱河套、鄂

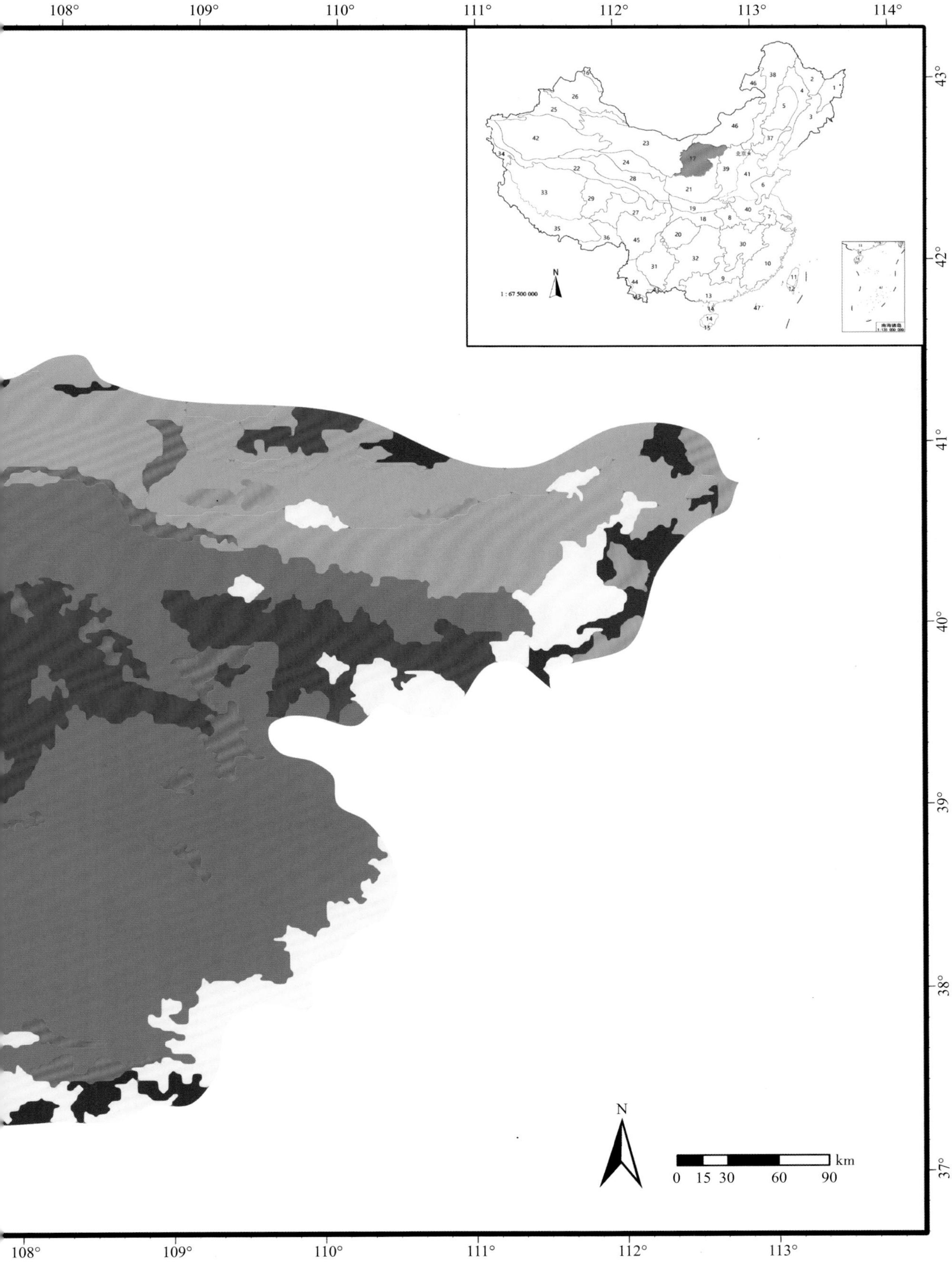

高原区乡村生态景观资源特征分类

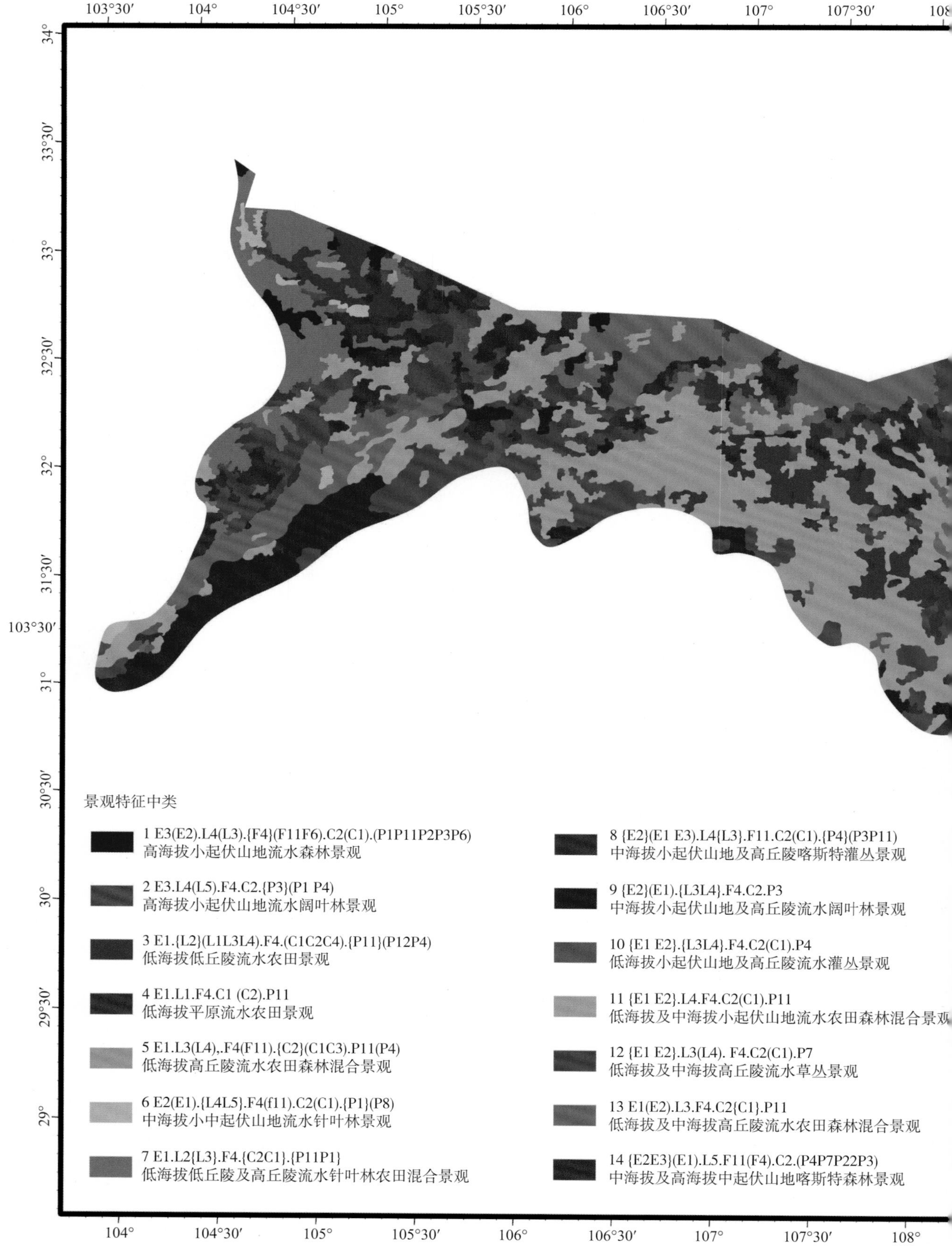
景观特征中类
1 E3(E2).L4(L3).{F4}(F11F6).C2(C1).(P1P11P2P3P6)
高海拔小起伏山地流水森林景观
2 E3.L4(L5).F4.C2.{P3}(P1 P4)
高海拔小起伏山地流水阔叶林景观
3 E1.{L2}(L1L3L4).F4.(C1C2C4).{P11}(P12P4)
低海拔低丘陵流水农田景观
4 E1.L1.F4.C1 (C2).P11
低海拔平原流水农田景观
5 E1.L3(L4),.F4(F11).{C2}(C1C3).P11(P4)
低海拔高丘陵流水农田森林混合景观
6 E2(E1).{L4L5}.F4(f11).C2(C1).{P1}(P8)
中海拔小中起伏山地流水针叶林景观
7 E1.L2{L3}.F4.{C2C1}.{P11P1}
低海拔低丘陵及高丘陵流水针叶林农田混合景观
8 {E2}(E1 E3).L4{L3}.F11.C2(C1).{P4}(P3P11)
中海拔小起伏山地及高丘陵喀斯特灌丛景观
9 {E2}(E1).{L3L4}.F4.C2.P3
中海拔小起伏山地及高丘陵流水阔叶林景观
10 {E1 E2}.{L3L4}.F4.C2(C1).P4
低海拔小起伏山地及高丘陵流水灌丛景观
11 {E1 E2}.L4.F4.C2(C1).P11
低海拔及中海拔小起伏山地流水农田森林混合景观
12 {E1 E2}.L3(L4). F4.C2(C1).P7
低海拔及中海拔高丘陵流水草丛景观
13 E1(E2).L3.F4.C2{C1}.P11
低海拔及中海拔高丘陵流水农田森林混合景观
14 {E2E3}(E1).L5.F11(F4).C2.(P4P7P22P3)
中海拔及高海拔中起伏山地喀斯特森林景观

图 12-16 亚热带湿润秦岭大

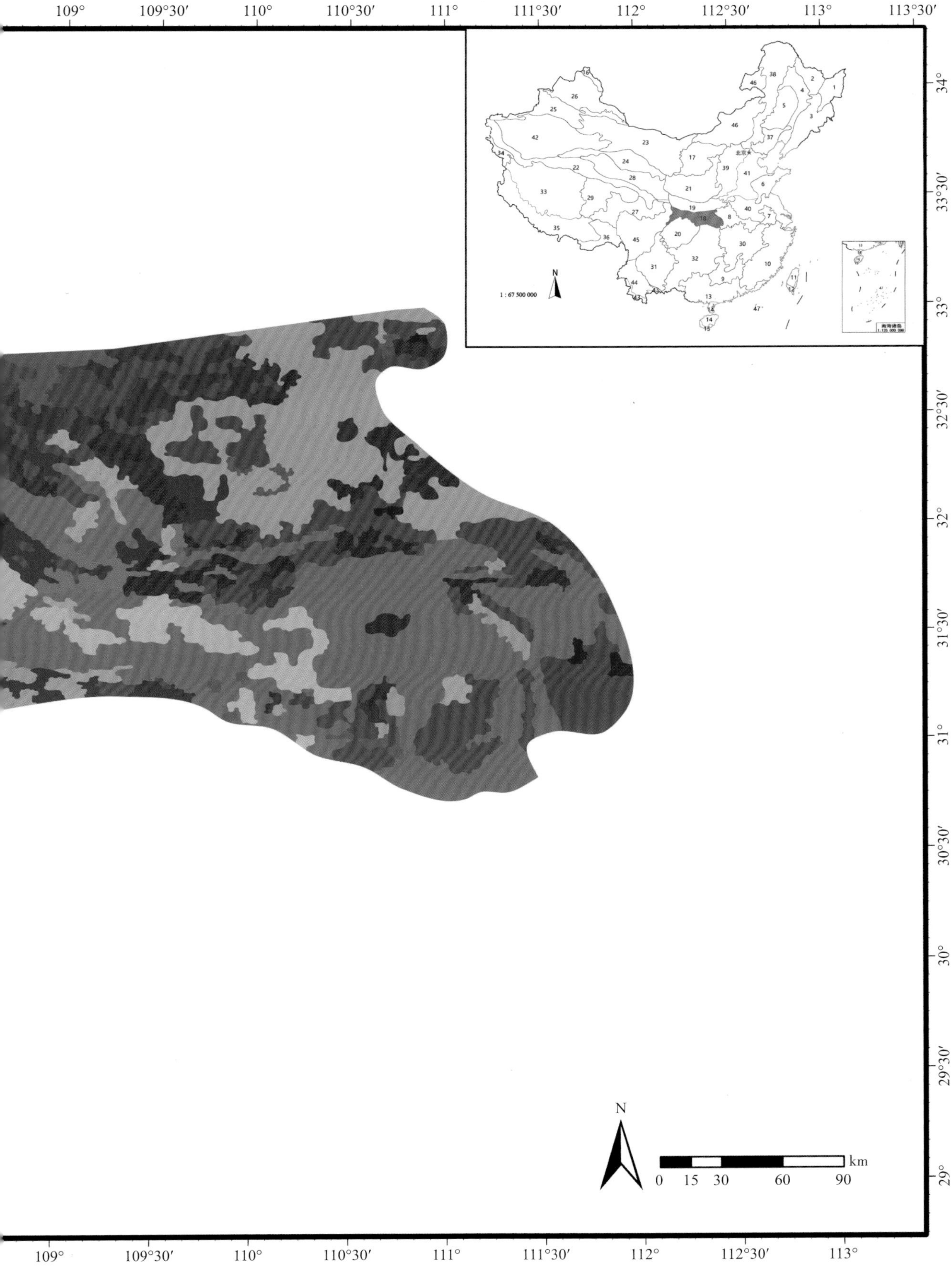

区乡村生态景观资源特征分类

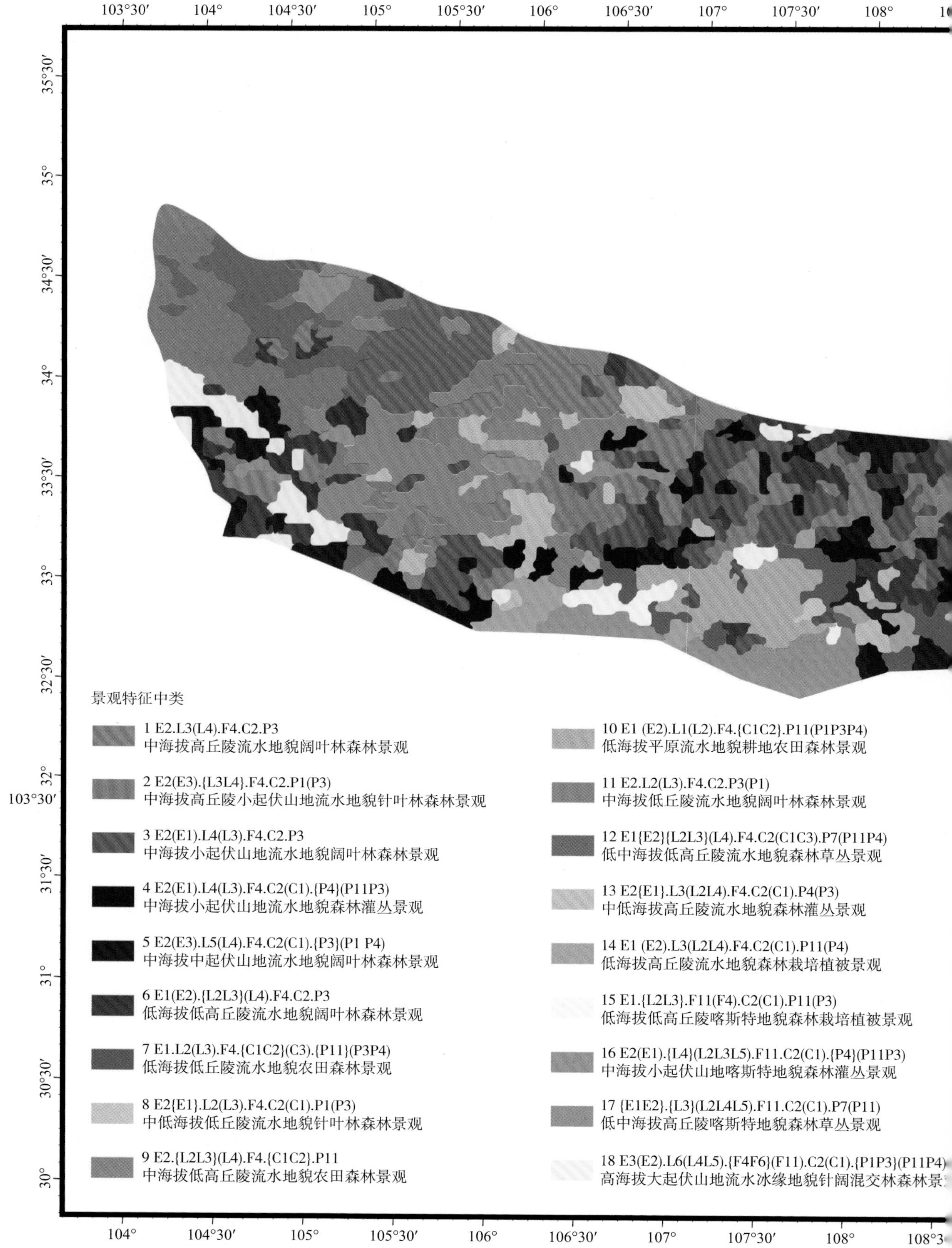
景观特征中类
1 E2.L3(L4).F4.C2.P3
中海拔高丘陵流水地貌阔叶林森林景观
2 E2(E3).{L3L4}.F4.C2.P1(P3)
中海拔高丘陵小起伏山地流水地貌针叶林森林景观
3 E2(E1).L4(L3).F4.C2.P3
中海拔小起伏山地流水地貌阔叶林森林景观
4 E2(E1).L4(L3).F4.C2(C1).{P4}(P11P3)
中海拔小起伏山地流水地貌森林灌丛景观
5 E2(E3).L5(L4).F4.C2(C1).{P3}(P1 P4)
中海拔中起伏山地流水地貌阔叶林森林景观
6 E1(E2).{L2L3}(L4).F4.C2.P3
低海拔低高丘陵流水地貌阔叶林森林景观
7 E1.L2(L3).F4.{C1C2}(C3).{P11}(P3P4)
低海拔低丘陵流水地貌农田森林景观
8 E2{E1}.L2(L3).F4.C2(C1).P1(P3)
中低海拔低丘陵流水地貌针叶林森林景观
9 E2.{L2L3}(L4).F4.{C1C2}.P11
中海拔低高丘陵流水地貌农田森林景观
10 E1 (E2).L1(L2).F4.{C1C2}.P11(P1P3P4)
低海拔平原流水地貌耕地农田森林景观
11 E2.L2(L3).F4.C2.P3(P1)
中海拔低丘陵流水地貌阔叶林森林景观
12 E1{E2}{L2L3}(L4).F4.C2(C1C3).P7(P11P4)
低中海拔低高丘陵流水地貌森林草丛景观
13 E2{E1}.L3(L2L4).F4.C2(C1).P4(P3)
中低海拔高丘陵流水地貌森林灌丛景观
14 E1 (E2).L3(L2L4).F4.C2(C1).P11(P4)
低海拔高丘陵流水地貌森林栽培植被景观
15 E1.{L2L3}.F11(F4).C2(C1).P11(P3)
低海拔低高丘陵喀斯特地貌森林栽培植被景观
16 E2(E1).{L4}(L2L3L5).F11.C2(C1).{P4}(P11P3)
中海拔小起伏山地喀斯特地貌森林灌丛景观
17 {E1E2}.{L3}(L2L4L5).F11.C2(C1).P7(P11)
低中海拔高丘陵喀斯特地貌森林草丛景观
18 E3(E2).L6(L4L5).{F4F6}(F11).C2(C1).{P1P3}(P11P4)
高海拔大起伏山地流水冰缘地貌针阔混交林森林景

图 12-17 温带湿润秦岭

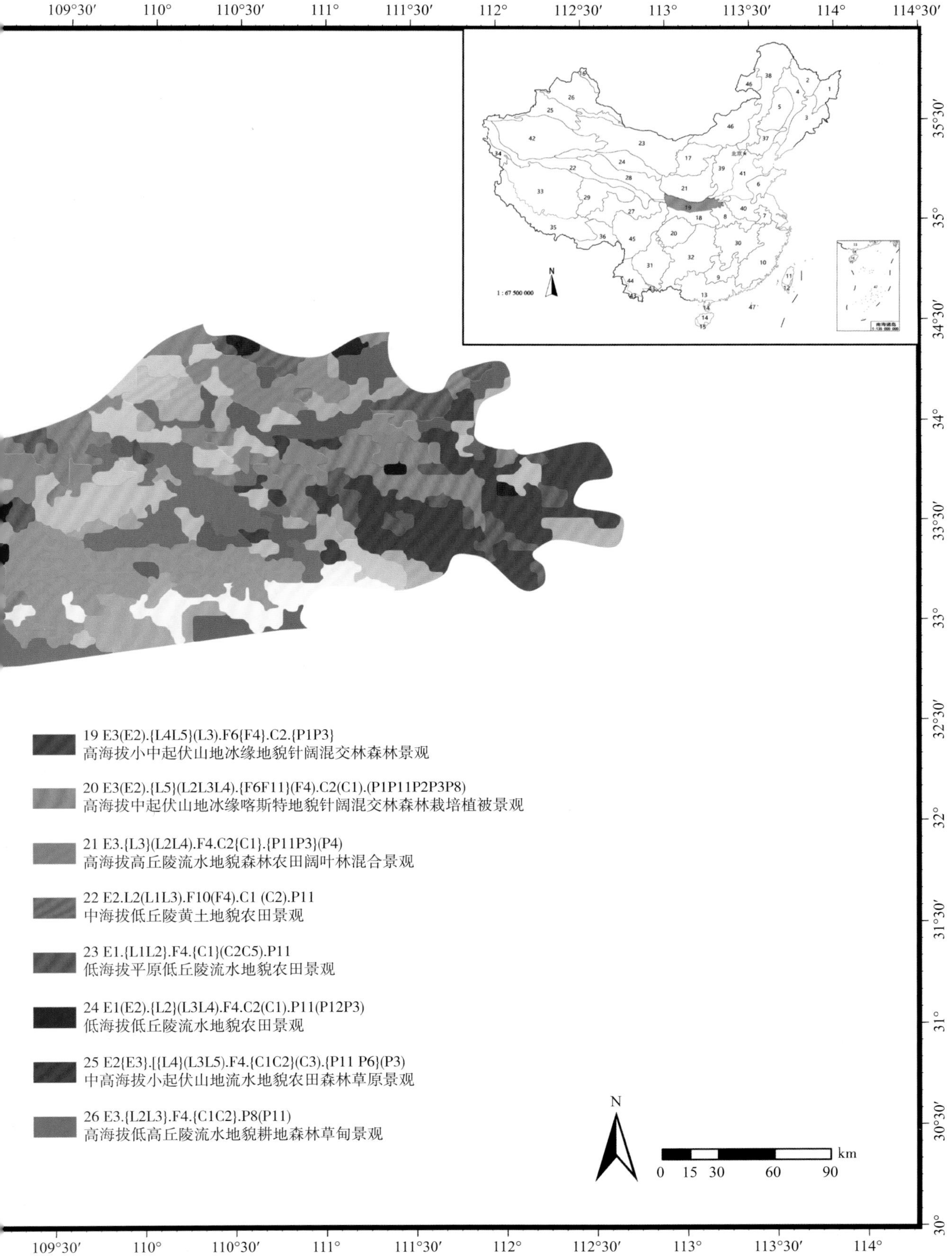
19 E3(E2).{L4L5}(L3).F6{F4}.C2.{P1P3}
高海拔小中起伏山地冰缘地貌针阔混交林森林景观
20 E3(E2).{L5}(L2L3L4).{F6F11}(F4).C2(C1).(P1P11P2P3P8)
高海拔中起伏山地冰缘喀斯特地貌针阔混交林森林栽培植被景观
21 E3.{L3}(L2L4).F4.C2{C1}.{P11P3}(P4)
高海拔高丘陵流水地貌森林农田阔叶林混合景观
22 E2.L2(L1L3).F10(F4).C1 (C2).P11
中海拔低丘陵黄土地貌农田景观
23 E1.{L1L2}.F4.{C1}(C2C5).P11
低海拔平原低丘陵流水地貌农田景观
24 E1(E2).{L2}(L3L4).F4.C2(C1).P11(P12P3)
低海拔低丘陵流水地貌农田景观
25 E2{E3}.[{L4}(L3L5).F4.{C1C2}(C3).{P11 P6}(P3)
中高海拔小起伏山地流水地貌农田森林草原景观
26 E3.{L2L3}.F4.{C1C2}.P8(P11)
高海拔低高丘陵流水地貌耕地森林草甸景观
N
km
0 15 30 60 90
1 : 67 500 000

区乡村生态景观资源特征分类

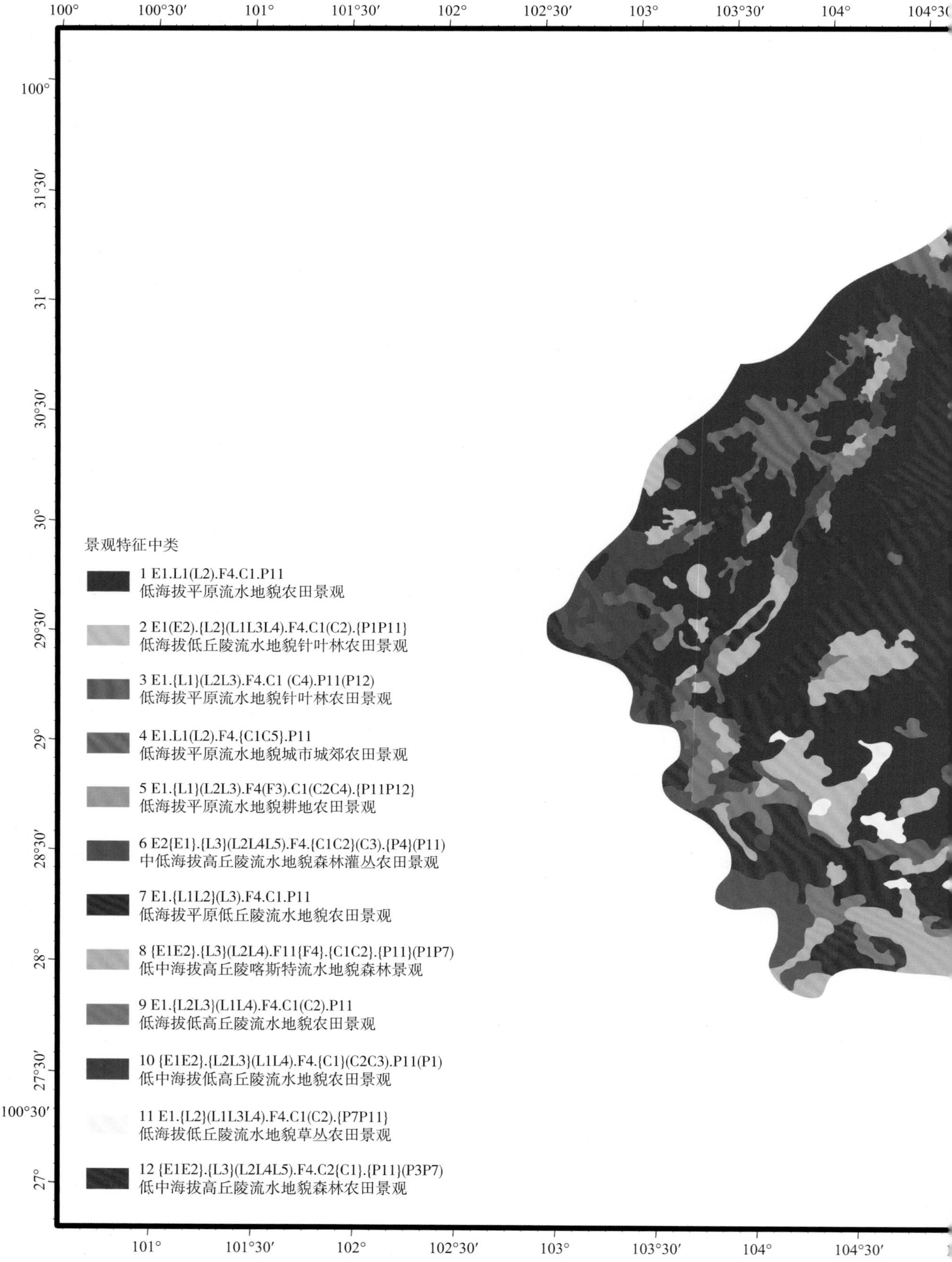
景观特征中类
1 E1.L1(L2).F4.C1.P11
低海拔平原流水地貌农田景观
2 E1(E2).{L2}(L1L3L4).F4.C1(C2).{P1P11}
低海拔低丘陵流水地貌针叶林农田景观
3 E1.{L1}(L2L3).F4.C1 (C4).P11(P12)
低海拔平原流水地貌针叶林农田景观
4 E1.L1(L2).F4.{C1C5}.P11
低海拔平原流水地貌城市城郊农田景观
5 E1.{L1}(L2L3).F4(F3).C1(C2C4).{P11P12}
低海拔平原流水地貌耕地农田景观
6 E2{E1}.{L3}(L2L4L5).F4.{C1C2}(C3).{P4}(P11)
中低海拔高丘陵流水地貌森林灌丛农田景观
7 E1.{L1L2}(L3).F4.C1.P11
低海拔平原低丘陵流水地貌农田景观
8 {E1E2}.{L3}(L2L4).F11{F4}.{C1C2}.{P11}(P1P7)
低中海拔高丘陵喀斯特流水地貌森林景观
9 E1.{L2L3}(L1L4).F4.C1(C2).P11
低海拔低高丘陵流水地貌农田景观
10 {E1E2}.{L2L3}(L1L4).F4.{C1}(C2C3).P11(P1)
低中海拔低高丘陵流水地貌农田景观
11 E1.{L2}(L1L3L4).F4.C1(C2).{P7P11}
低海拔低丘陵流水地貌草丛农田景观
12 {E1E2}.{L3}(L2L4L5).F4.C2{C1}.{P11}(P3P7)
低中海拔高丘陵流水地貌森林农田景观

图 12-18 亚热带湿润四

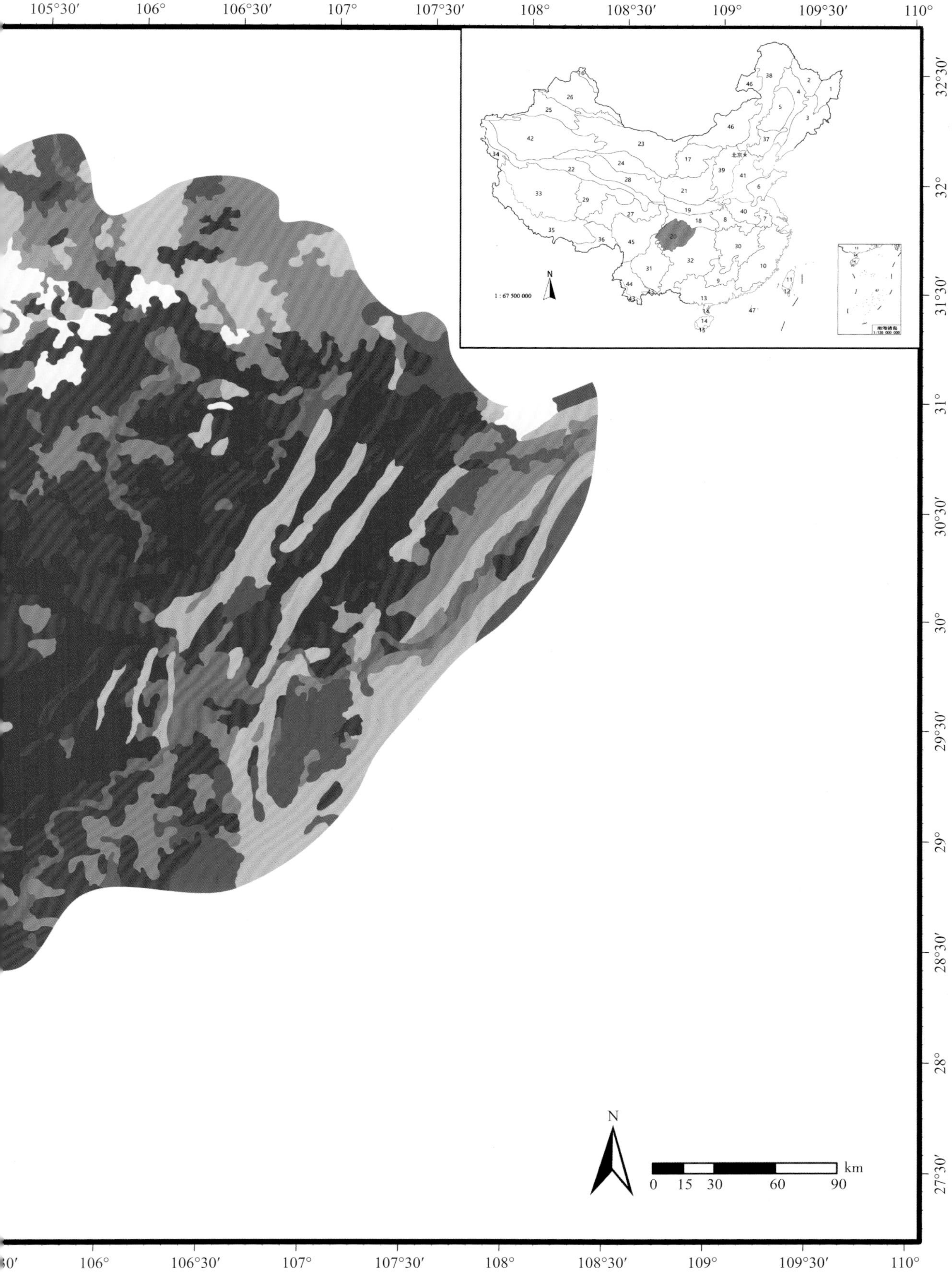

寸生态景观资源特征分类

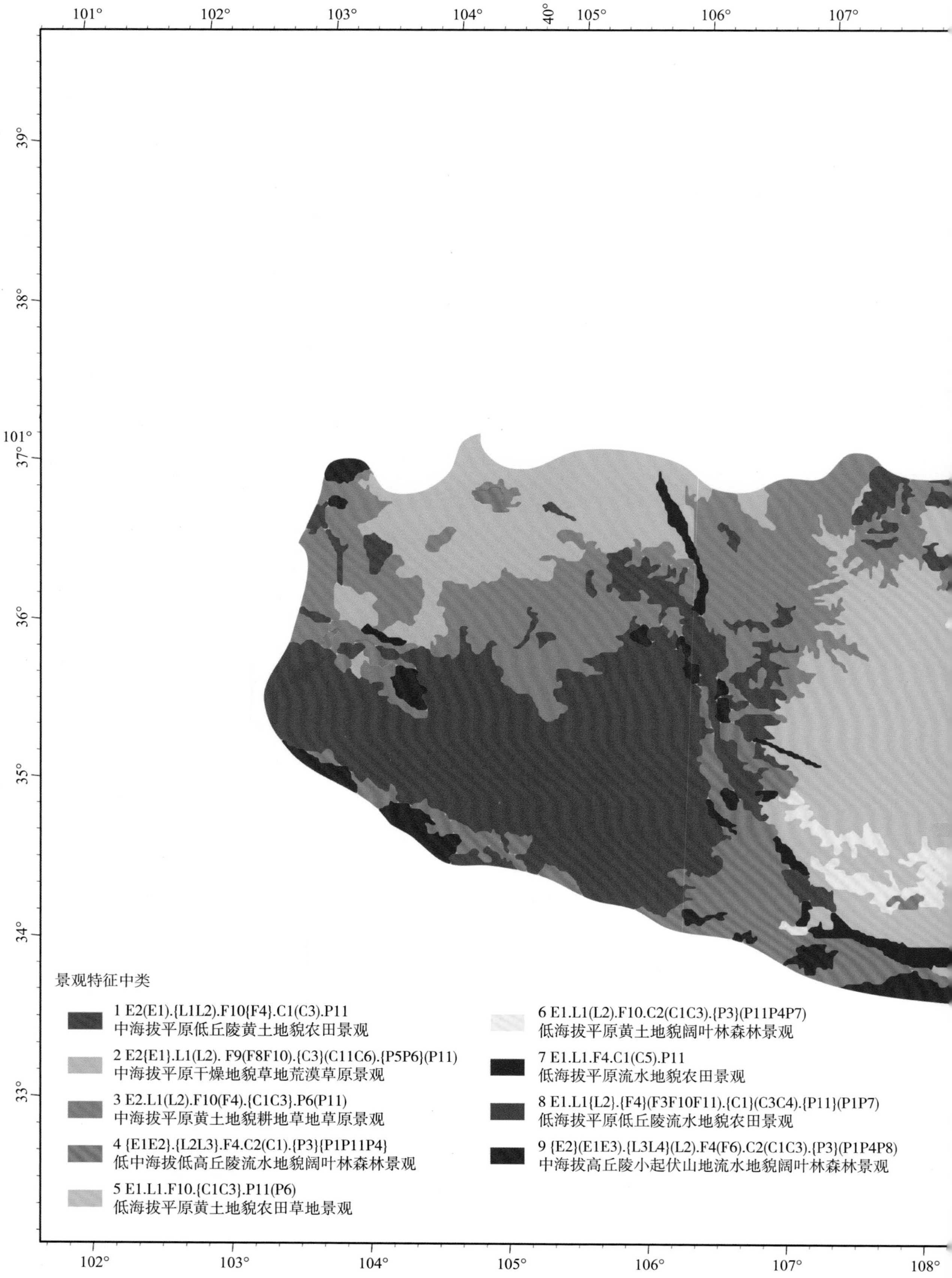
景观特征中类
1 E2(E1).{L1L2).F10{F4}.C1(C3).P11
中海拔平原低丘陵黄土地貌农田景观
2 E2{E1}.L1(L2). F9(F8F10).{C3}(C11C6).{P5P6}(P11)
中海拔平原干燥地貌草地荒漠草原景观
3 E2.L1(L2).F10(F4).{C1C3}.P6(P11)
中海拔平原黄土地貌耕地草地草原景观
4 {E1E2}.{L2L3}.F4.C2(C1).{P3}{P1P11P4}
低中海拔低高丘陵流水地貌阔叶林森林景观
5 E1.L1.F10.{C1C3}.P11(P6)
低海拔平原黄土地貌农田草地景观
6 E1.L1(L2).F10.C2(C1C3).{P3}(P11P4P7)
低海拔平原黄土地貌阔叶林森林景观
7 E1.L1.F4.C1(C5).P11
低海拔平原流水地貌农田景观
8 E1.L1{L2}.{F4}(F3F10F11).{C1}(C3C4).{P11}(P1P7)
低海拔平原低丘陵流水地貌农田景观
9 {E2}(E1E3).{L3L4}(L2).F4(F6).C2(C1C3).{P3}(P1P4P8)
中海拔高丘陵小起伏山地流水地貌阔叶林森林景观

图 12-19 温带干旱黄土

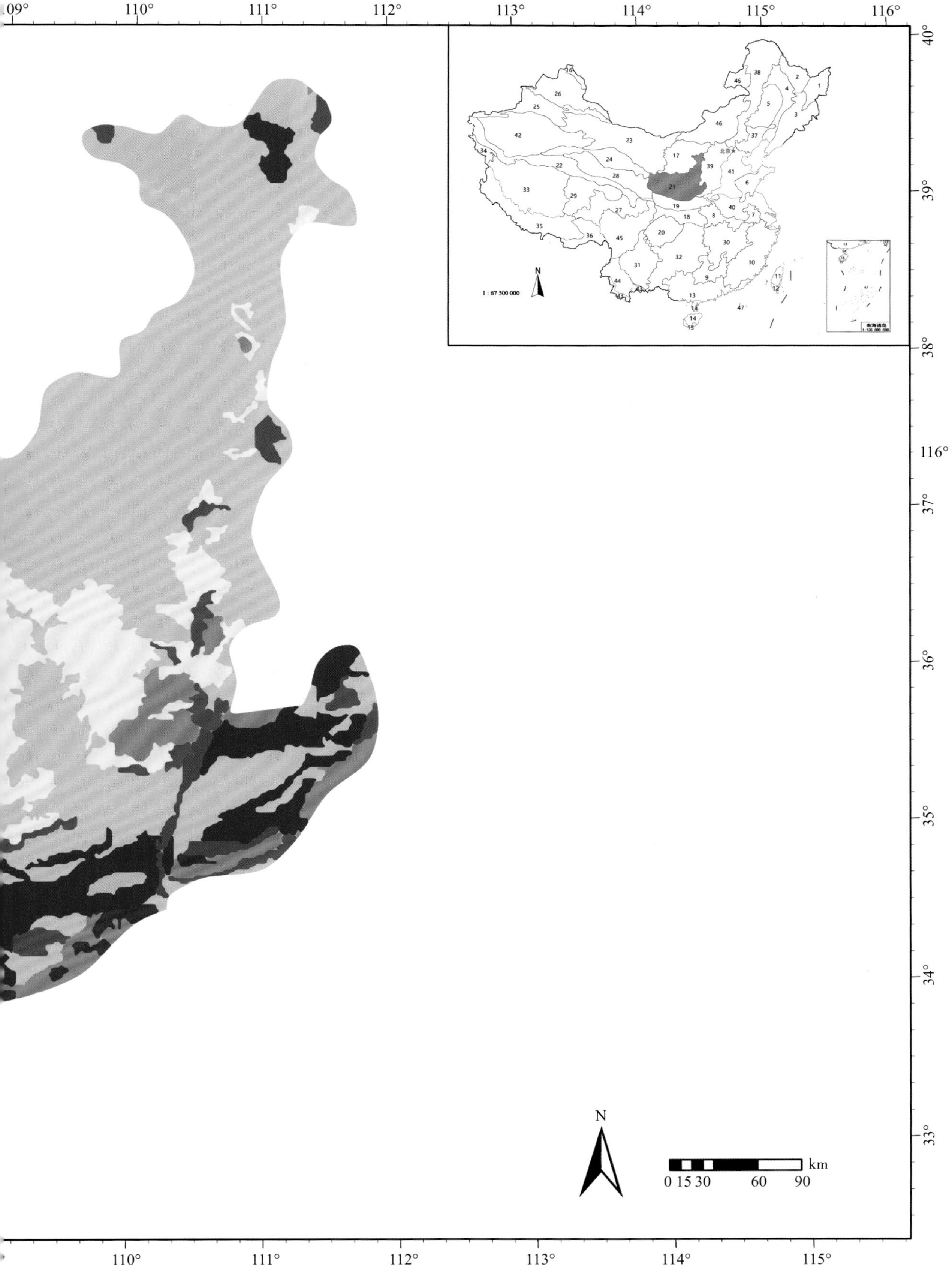
109°
110°
111°
112°
113°
114°
115°
116°
40°
39°
38°
116°
37°
36°
35°
34°
33°
1 : 67 500 000
N
km
0 15 30 60 90
115°

态景观资源特征分类

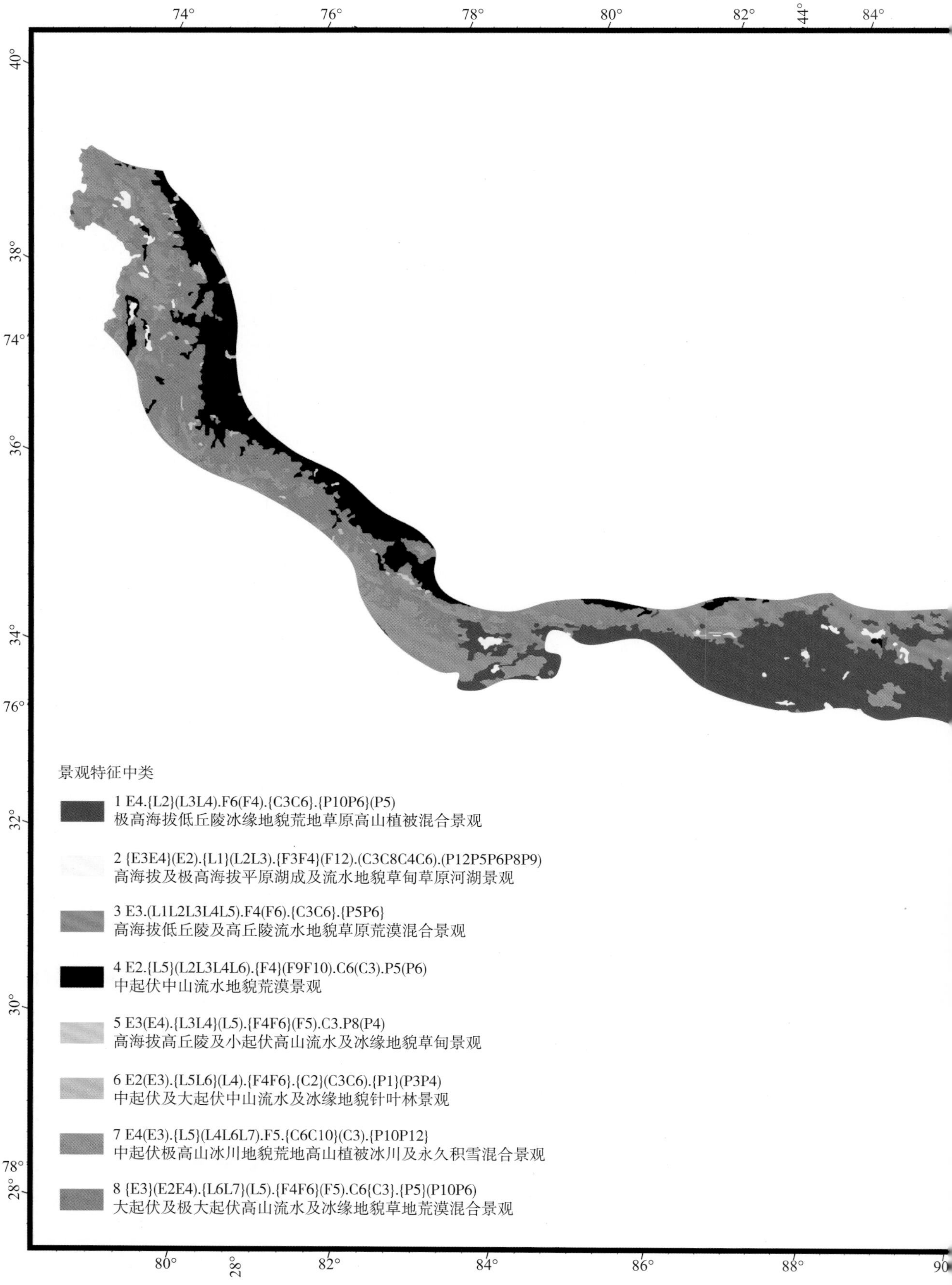
景观特征中类
1 E4.{L2}(L3L4).F6(F4).{C3C6}.{P10P6}(P5)
极高海拔低丘陵冰缘地貌荒地草原高山植被混合景观
2 {E3E4}(E2).{L1}(L2L3).{F3F4}(F12).(C3C8C4C6).(P12P5P6P8P9)
高海拔及极高海拔平原湖成及流水地貌草甸草原河湖景观
3 E3.(L1L2L3L4L5).F4(F6).{C3C6}.{P5P6}
高海拔低丘陵及高丘陵流水地貌草原荒漠混合景观
4 E2.{L5}(L2L3L4L6).{F4}(F9F10).C6(C3).P5(P6)
中起伏中山流水地貌荒漠景观
5 E3(E4).{L3L4}(L5).{F4F6}(F5).C3.P8(P4)
高海拔高丘陵及小起伏高山流水及冰缘地貌草甸景观
6 E2(E3).{L5L6}(L4).{F4F6}.{C2}(C3C6).{P1}(P3P4)
中起伏及大起伏中山流水及冰缘地貌针叶林景观
7 E4(E3).{L5}(L4L6L7).F5.{C6C10}(C3).{P10P12}
中起伏极高山冰川地貌荒地高山植被冰川及永久积雪混合景观
8 {E3}(E2E4).{L6L7}(L5).{F4F6}(F5).C6{C3}.{P5}(P10P6)
大起伏及极大起伏高山流水及冰缘地貌草地荒漠混合景观

图 12-20　高原温带干旱昆仑山

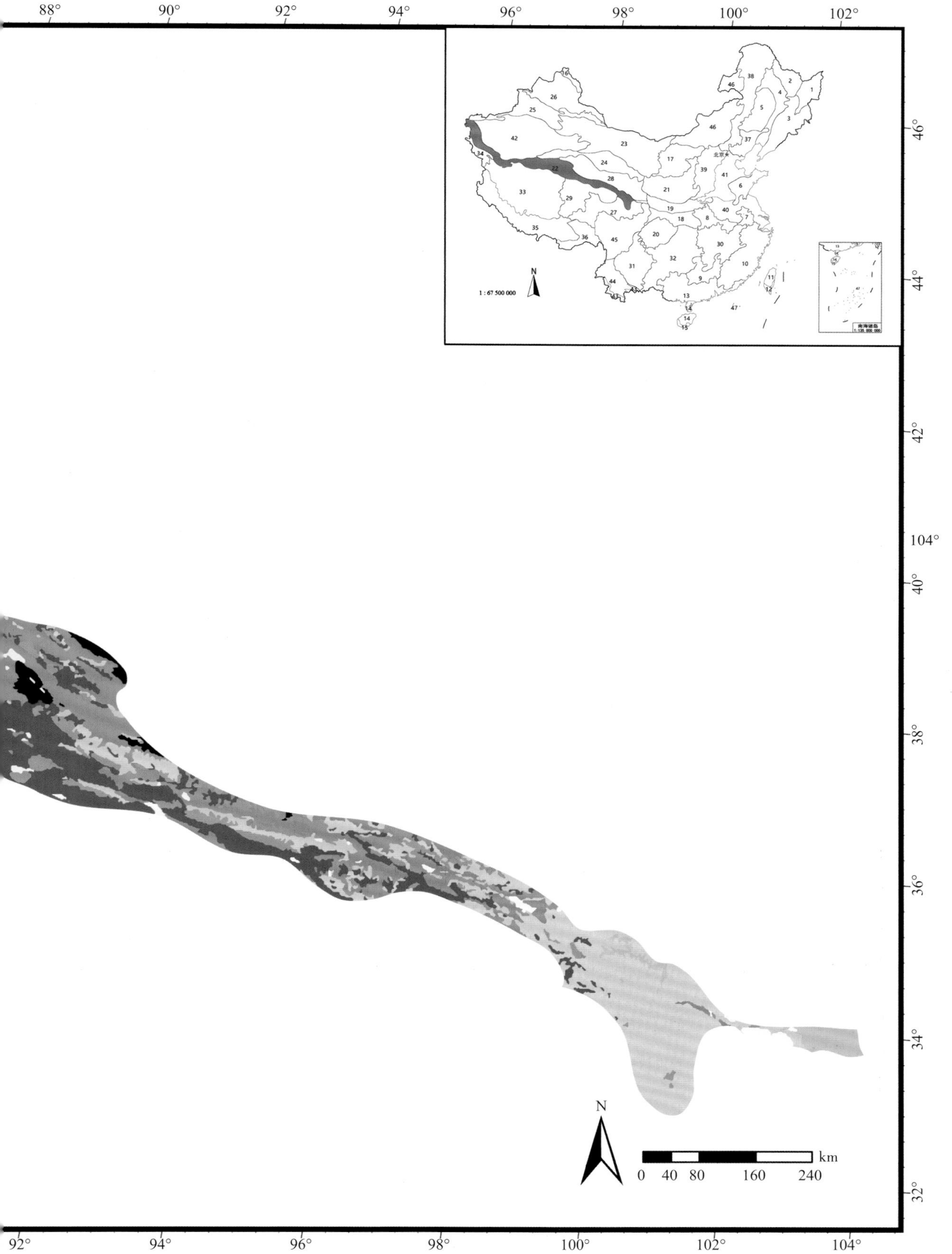

极高山区乡村生态景观资源特征分类

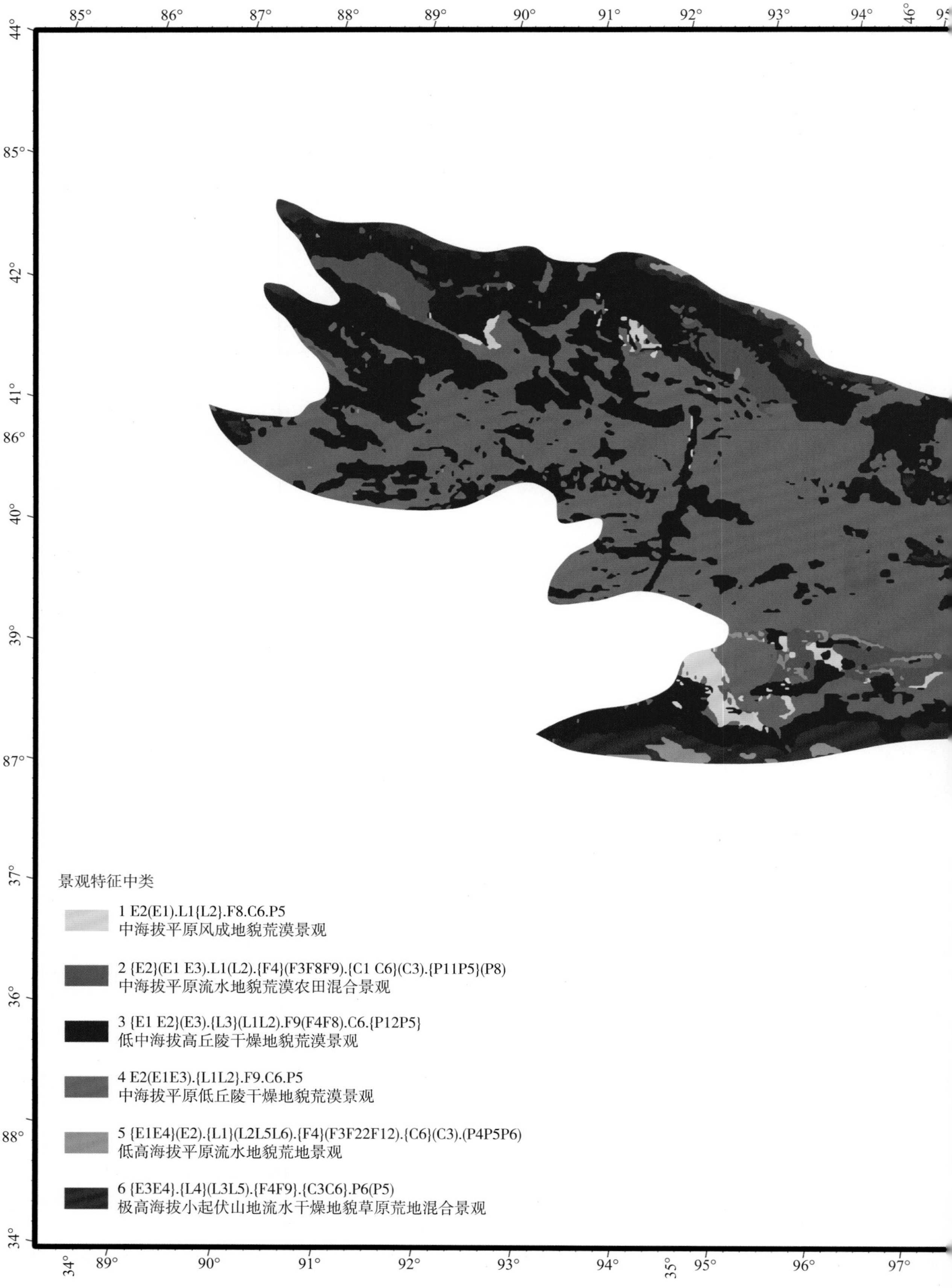
景观特征中类
1 E2(E1).L1{L2}.F8.C6.P5
中海拔平原风成地貌荒漠景观
2 {E2}(E1 E3).L1(L2).{F4}(F3F8F9).{C1 C6}(C3).{P11P5}(P8)
中海拔平原流水地貌荒漠农田混合景观
3 {E1 E2}(E3).{L3}(L1L2).F9(F4F8).C6.{P12P5}
低中海拔高丘陵干燥地貌荒漠景观
4 E2(E1E3).{L1L2}.F9.C6.P5
中海拔平原低丘陵干燥地貌荒漠景观
5 {E1E4}(E2).{L1}(L2L5L6).{F4}(F3F22F12).{C6}(C3).(P4P5P6)
低高海拔平原流水地貌荒地景观
6 {E3E4}.{L4}(L3L5).{F4F9}.{C3C6}.P6(P5)
极高海拔小起伏山地流水干燥地貌草原荒地混合景观

图 12-21 温带干旱新甘中

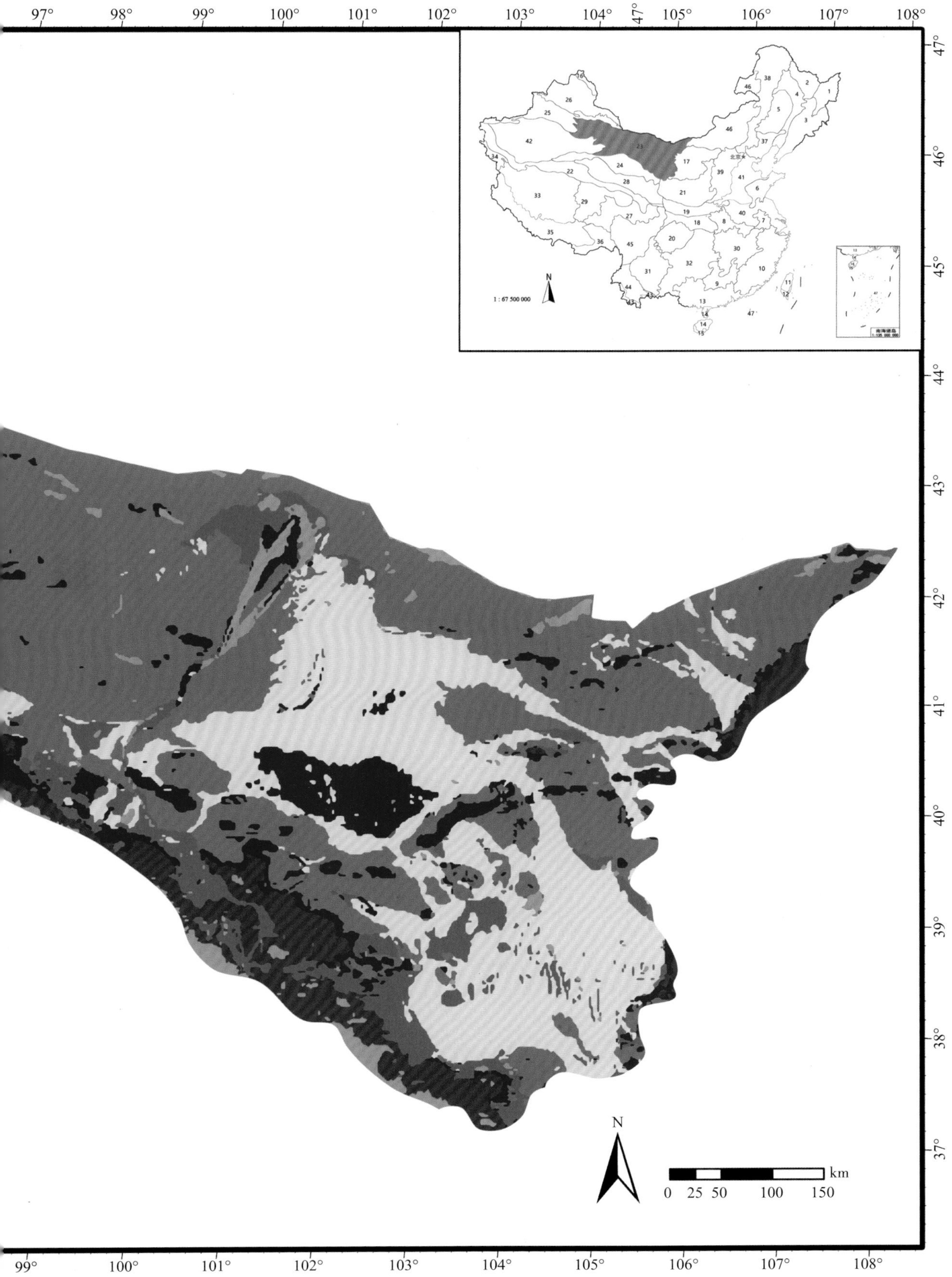
97° 98° 99° 100° 101° 102° 103° 104° 105° 106° 107° 108°
47° 46° 45° 44° 43° 42° 41° 40° 39° 38° 37°
99° 100° 101° 102° 103° 104° 105° 106° 107° 108°
1 : 67 500 000
N
N
km
0 25 50 100 150

态景观资源特征分类

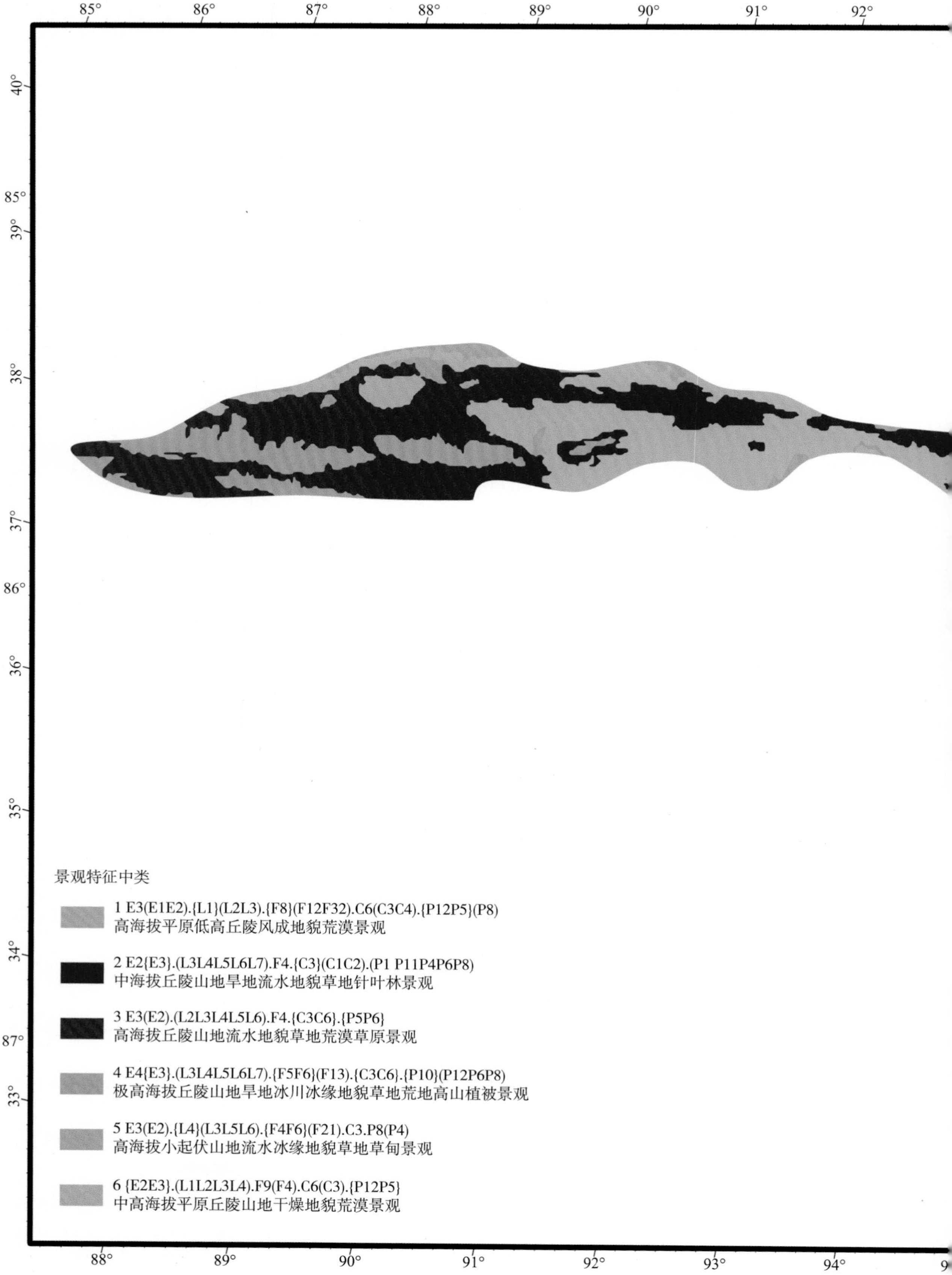
景观特征中类
1 E3(E1E2).{L1}(L2L3).{F8}(F12F32).C6(C3C4).{P12P5}(P8)
高海拔平原低高丘陵风成地貌荒漠景观
2 E2{E3}.(L3L4L5L6L7).F4.{C3}(C1C2).(P1 P11P4P6P8)
中海拔丘陵山地旱地流水地貌草地针叶林景观
3 E3(E2).(L2L3L4L5L6).F4.{C3C6}.{P5P6}
高海拔丘陵山地流水地貌草地荒漠草原景观
4 E4{E3}.(L3L4L5L6L7).{F5F6}(F13).{C3C6}.{P10}(P12P6P8)
极高海拔丘陵山地旱地冰川冰缘地貌草地荒地高山植被景观
5 E3(E2).{L4}(L3L5L6).{F4F6}(F21).C3.P8(P4)
高海拔小起伏山地流水冰缘地貌草地草甸景观
6 {E2E3}.(L1L2L3L4).F9(F4).C6(C3).{P12P5}
中高海拔平原丘陵山地干燥地貌荒漠景观

图 12-22　温带干旱阿尔金山

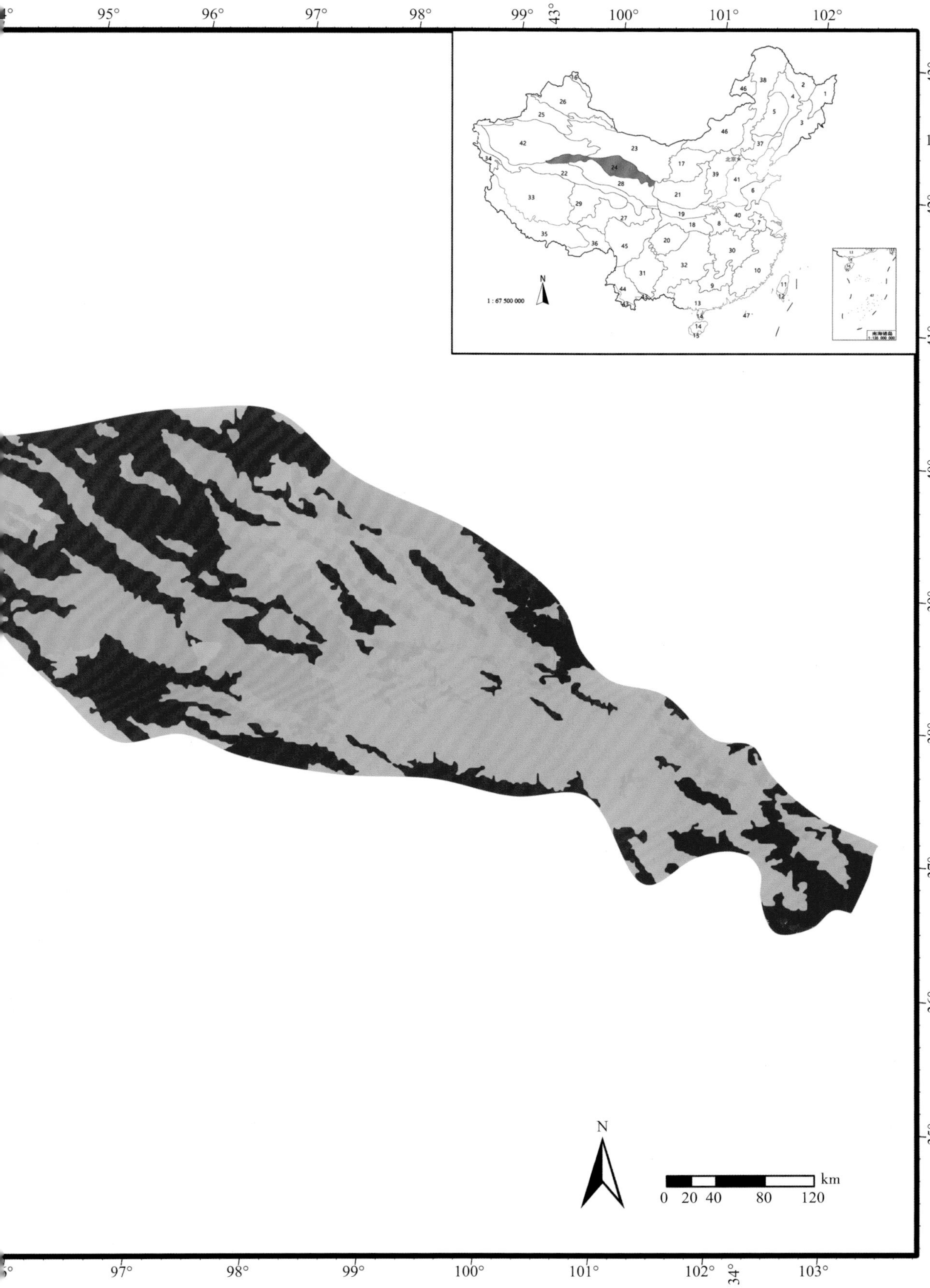

原区乡村生态景观资源特征分类

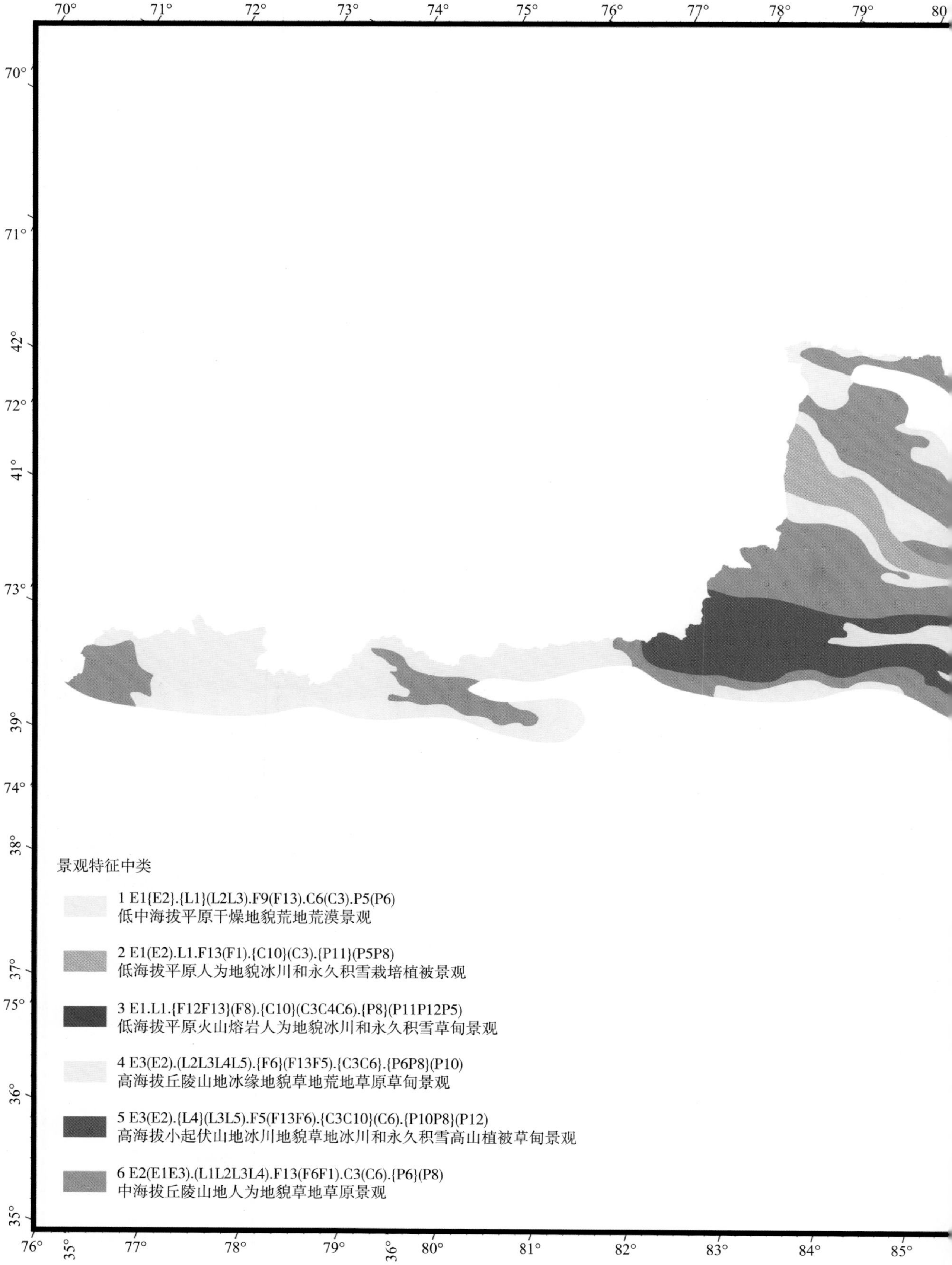
景观特征中类
1 E1{E2}.{L1}(L2L3).F9(F13).C6(C3).P5(P6)
低中海拔平原干燥地貌荒地荒漠景观
2 E1(E2).L1.F13(F1).{C10}(C3).{P11}(P5P8)
低海拔平原人为地貌冰川和永久积雪栽培植被景观
3 E1.L1.{F12F13}(F8).{C10}(C3C4C6).{P8}(P11P12P5)
低海拔平原火山熔岩人为地貌冰川和永久积雪草甸景观
4 E3(E2).(L2L3L4L5).{F6}(F13F5).{C3C6}.{P6P8}(P10)
高海拔丘陵山地冰缘地貌草地荒地草原草甸景观
5 E3(E2).{L4}(L3L5).F5(F13F6).{C3C10}(C6).{P10P8}(P12)
高海拔小起伏山地冰川地貌草地冰川和永久积雪高山植被草甸景观
6 E2(E1E3).(L1L2L3L4).F13(F6F1).C3(C6).{P6}(P8)
中海拔丘陵山地人为地貌草地草原景观

图 12-23　高原温带干旱天

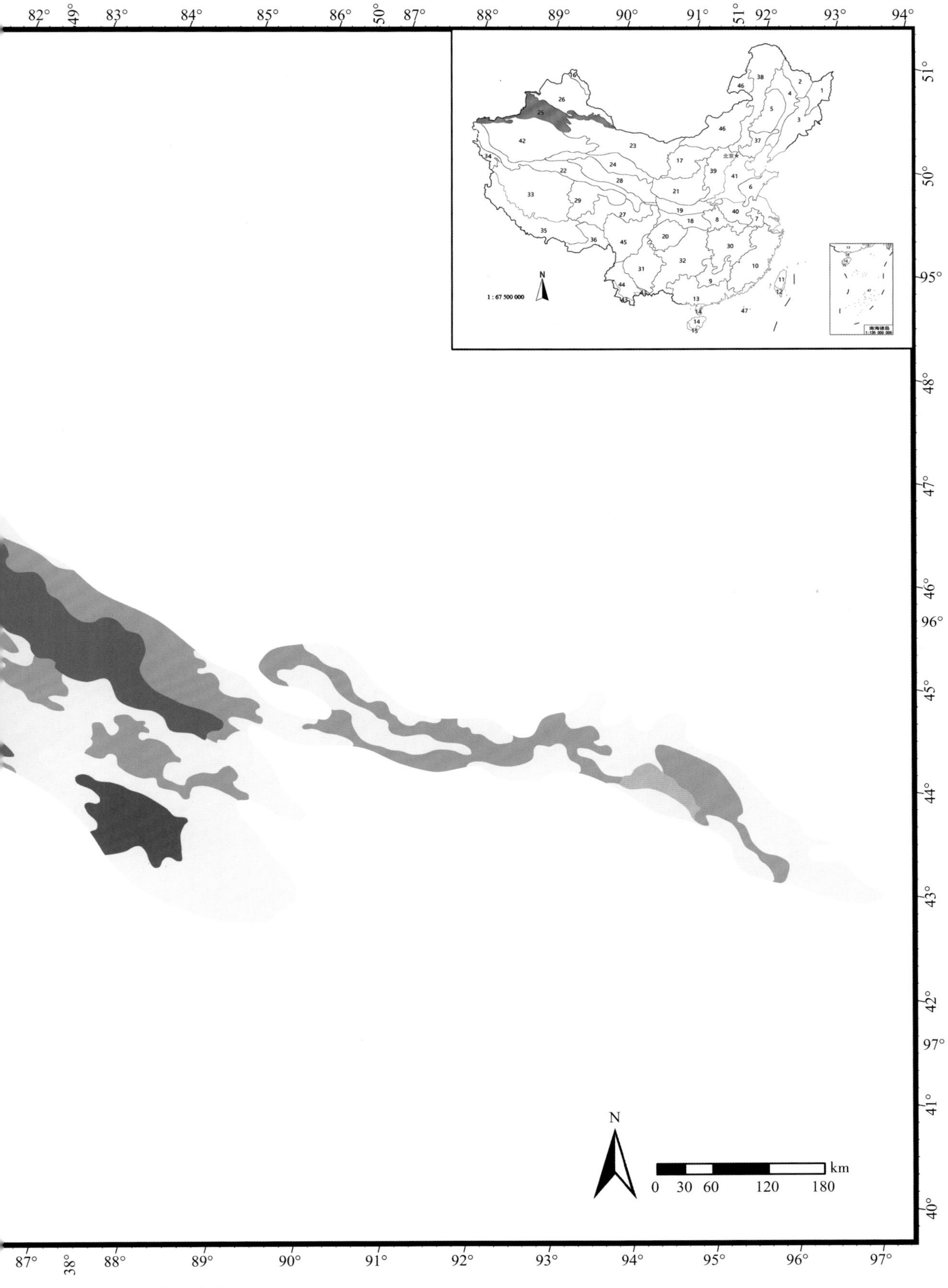

区乡村生态景观资源特征分类

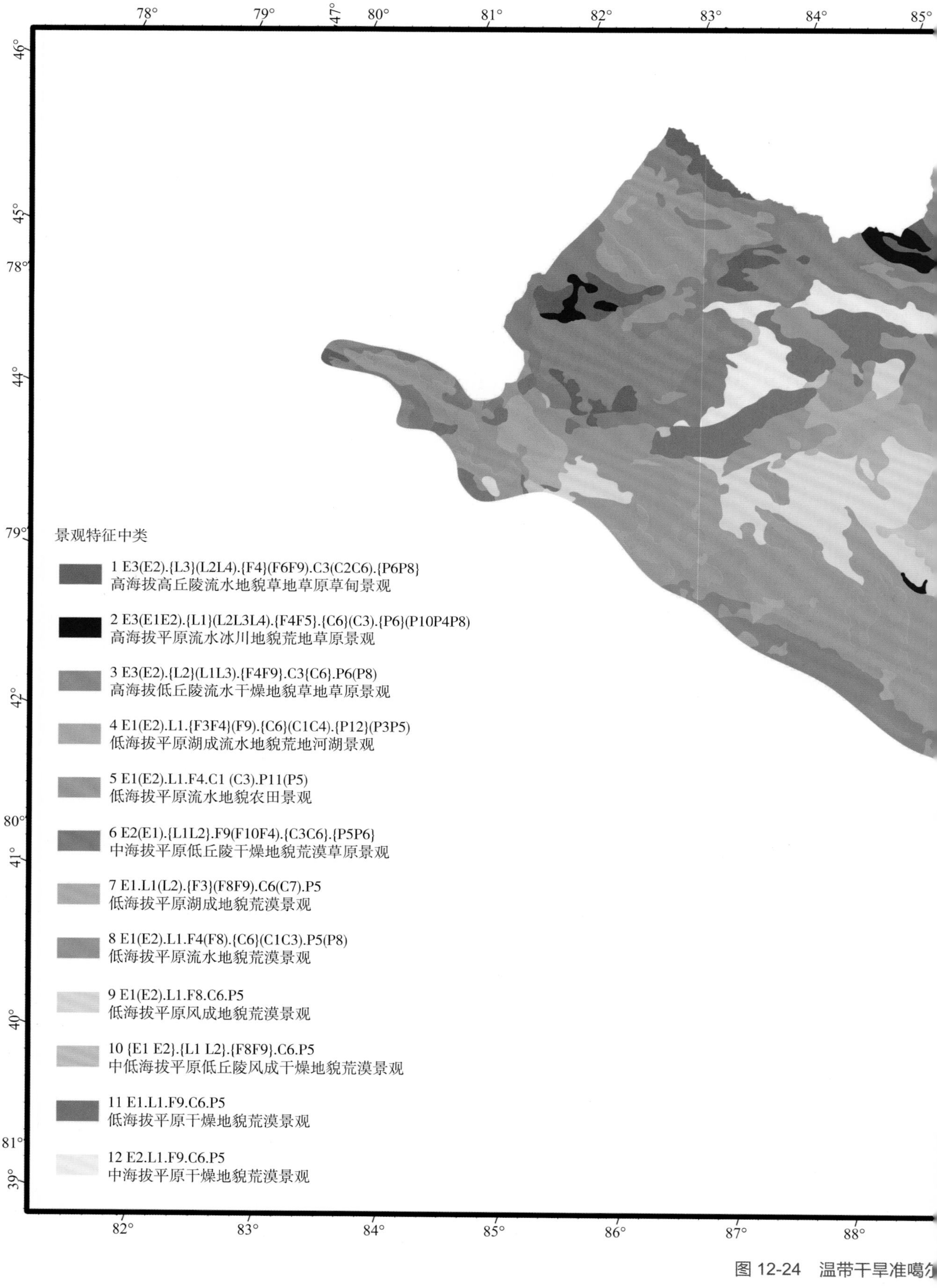
景观特征中类
1 E3(E2).{L3}(L2L4).{F4}(F6F9).C3(C2C6).{P6P8}
高海拔高丘陵流水地貌草地草原草甸景观
2 E3(E1E2).{L1}(L2L3L4).{F4F5}.{C6}(C3).{P6}(P10P4P8)
高海拔平原流水冰川地貌荒地草原景观
3 E3(E2).{L2}(L1L3).{F4F9}.C3{C6}.P6(P8)
高海拔低丘陵流水干燥地貌草地草原景观
4 E1(E2).L1.{F3F4}(F9).{C6}(C1C4).{P12}(P3P5)
低海拔平原湖成流水地貌荒地河湖景观
5 E1(E2).L1.F4.C1 (C3).P11(P5)
低海拔平原流水地貌农田景观
6 E2(E1).{L1L2}.F9(F10F4).{C3C6}.{P5P6}
中海拔平原低丘陵干燥地貌荒漠草原景观
7 E1.L1(L2).{F3}(F8F9).C6(C7).P5
低海拔平原湖成地貌荒漠景观
8 E1(E2).L1.F4(F8).{C6}(C1C3).P5(P8)
低海拔平原流水地貌荒漠景观
9 E1(E2).L1.F8.C6.P5
低海拔平原风成地貌荒漠景观
10 {E1 E2}.{L1 L2}.{F8F9}.C6.P5
中低海拔平原低丘陵风成干燥地貌荒漠景观
11 E1.L1.F9.C6.P5
低海拔平原干燥地貌荒漠景观
12 E2.L1.F9.C6.P5
中海拔平原干燥地貌荒漠景观

图 12-24　温带干旱准噶

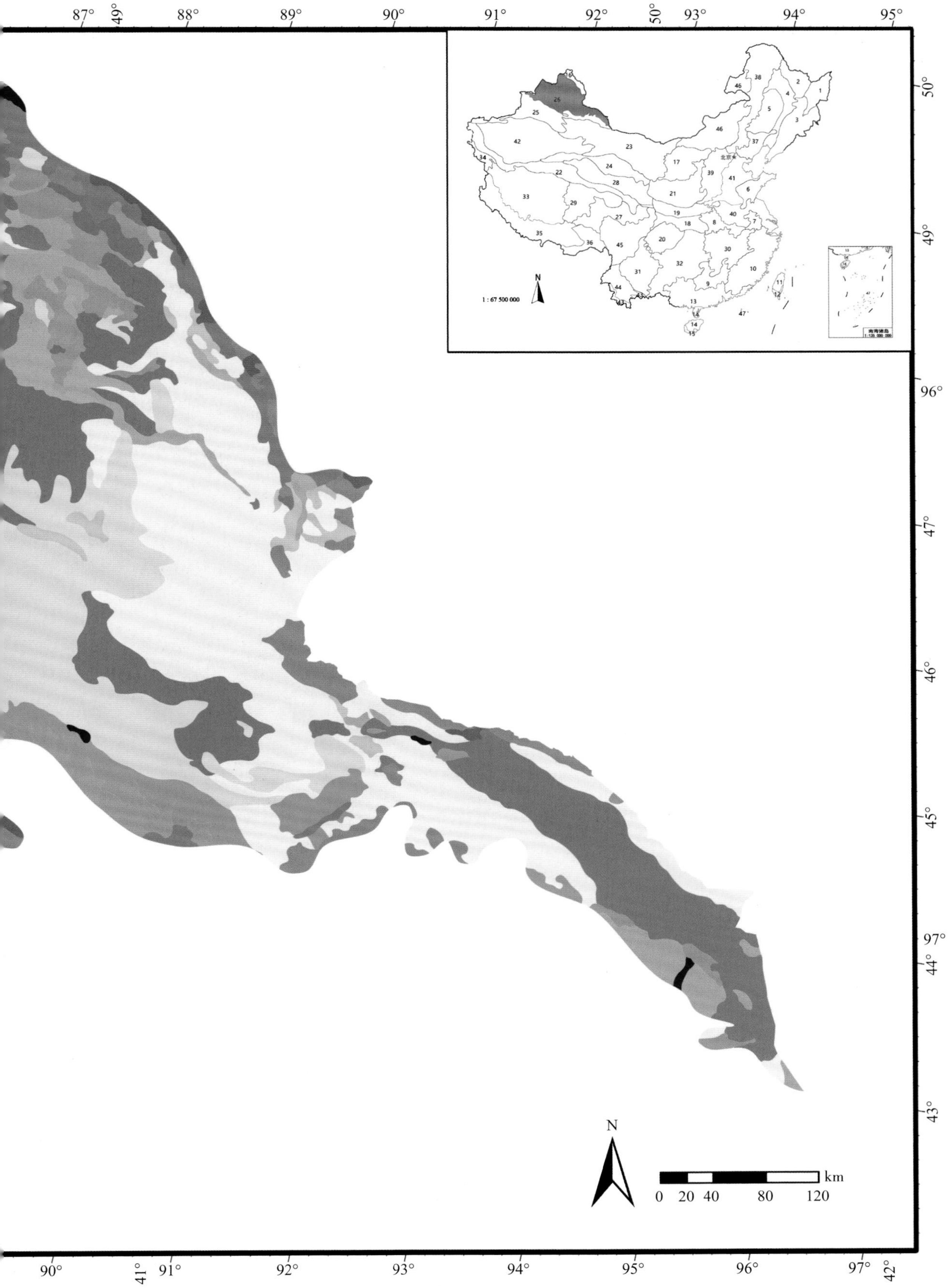

村生态景观资源特征分类

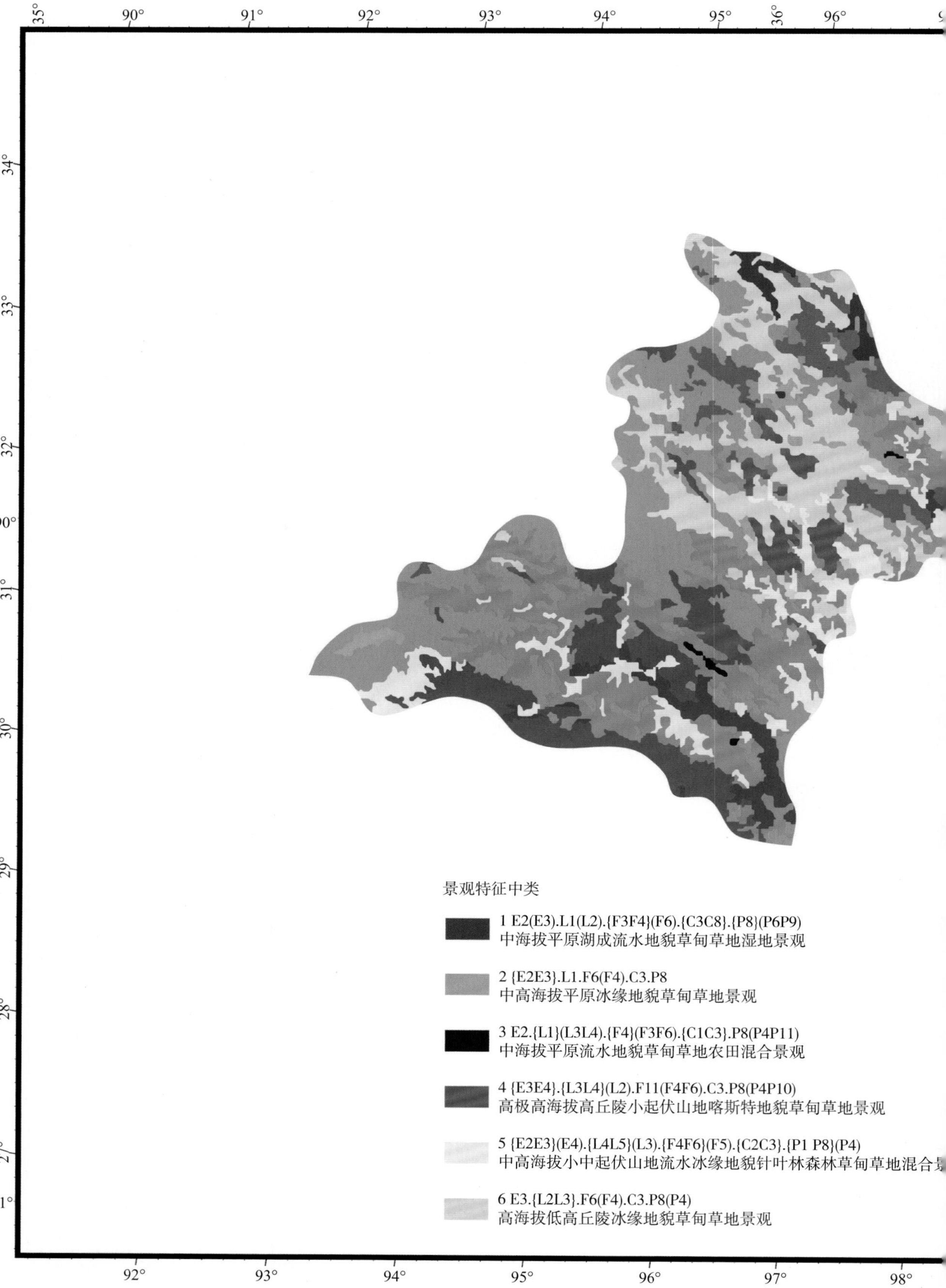
景观特征中类
1 E2(E3).L1(L2).{F3F4}(F6).{C3C8}.{P8}(P6P9)
中海拔平原湖成流水地貌草甸草地湿地景观
2 {E2E3}.L1.F6(F4).C3.P8
中高海拔平原冰缘地貌草甸草地景观
3 E2.{L1}(L3L4).{F4}(F3F6).{C1C3}.P8(P4P11)
中海拔平原流水地貌草甸草地农田混合景观
4 {E3E4}.{L3L4}(L2).F11(F4F6).C3.P8(P4P10)
高极高海拔高丘陵小起伏山地喀斯特地貌草甸草地景观
5 {E2E3}(E4).{L4L5}(L3).{F4F6}(F5).{C2C3}.{P1 P8}(P4)
中高海拔小中起伏山地流水冰缘地貌针叶林森林草甸草地混合
6 E3.{L2L3}.F6(F4).C3.P8(P4)
高海拔低高丘陵冰缘地貌草甸草地景观

图 12-25 高原亚寒带湿润江河上

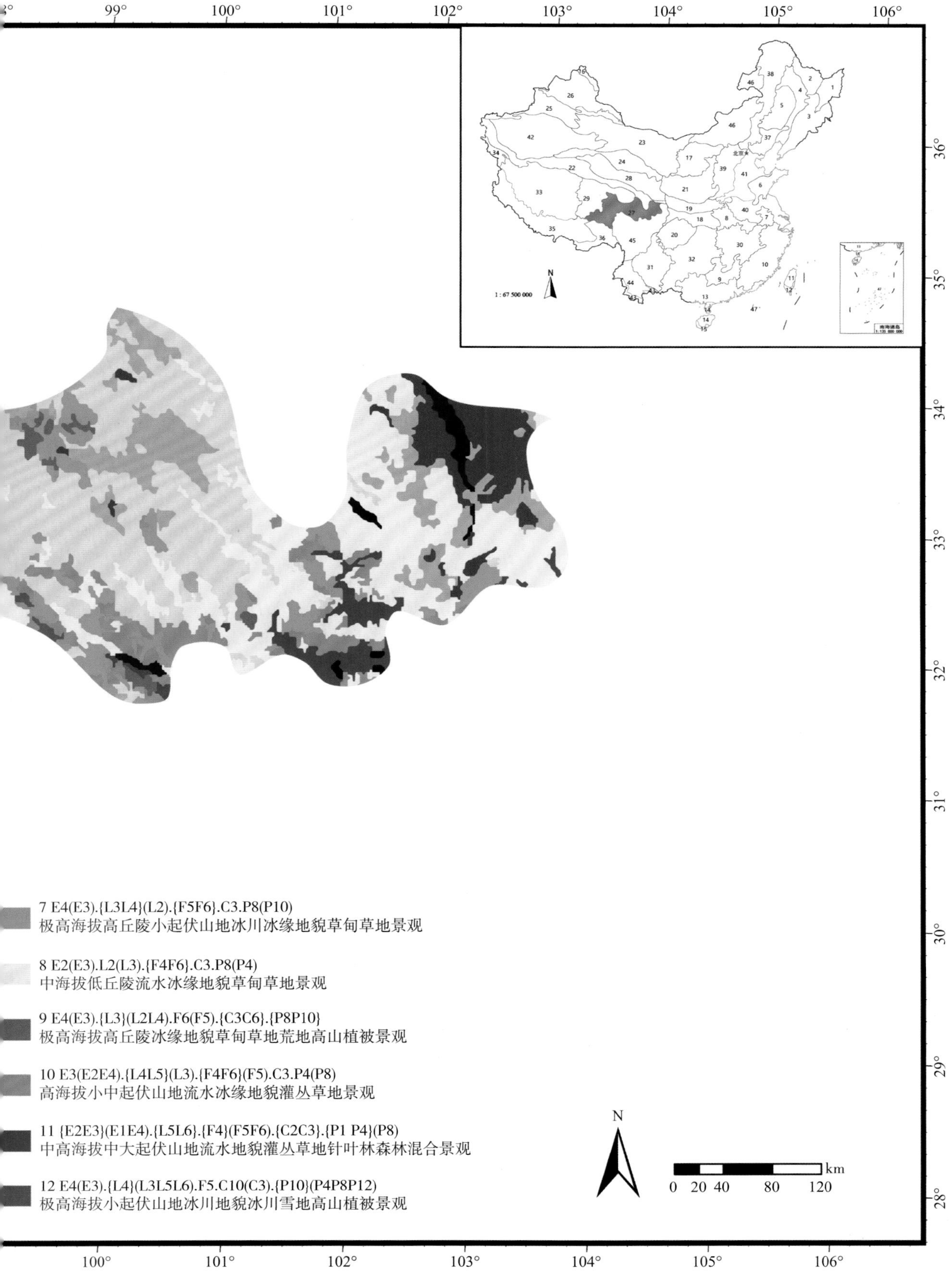
7 E4(E3).{L3L4}(L2).{F5F6}.C3.P8(P10)
极高海拔高丘陵小起伏山地冰川冰缘地貌草甸草地景观
8 E2(E3).L2(L3).{F4F6}.C3.P8(P4)
中海拔低丘陵流水冰缘地貌草甸草地景观
9 E4(E3).{L3}(L2L4).F6(F5).{C3C6}.{P8P10}
极高海拔高丘陵冰缘地貌草甸草地荒地高山植被景观
10 E3(E2E4).{L4L5}(L3).{F4F6}(F5).C3.P4(P8)
高海拔小中起伏山地流水冰缘地貌灌丛草地景观
11 {E2E3}(E1E4).{L5L6}.{F4}(F5F6).{C2C3}.{P1 P4}(P8)
中高海拔中大起伏山地流水地貌灌丛草地针叶林森林混合景观
12 E4(E3).{L4}(L3L5L6).F5.C10(C3).{P10}(P4P8P12)
极高海拔小起伏山地冰川地貌冰川雪地高山植被景观
N
km
0 20 40 80 120

状高山谷地区乡村生态景观资源特征分类

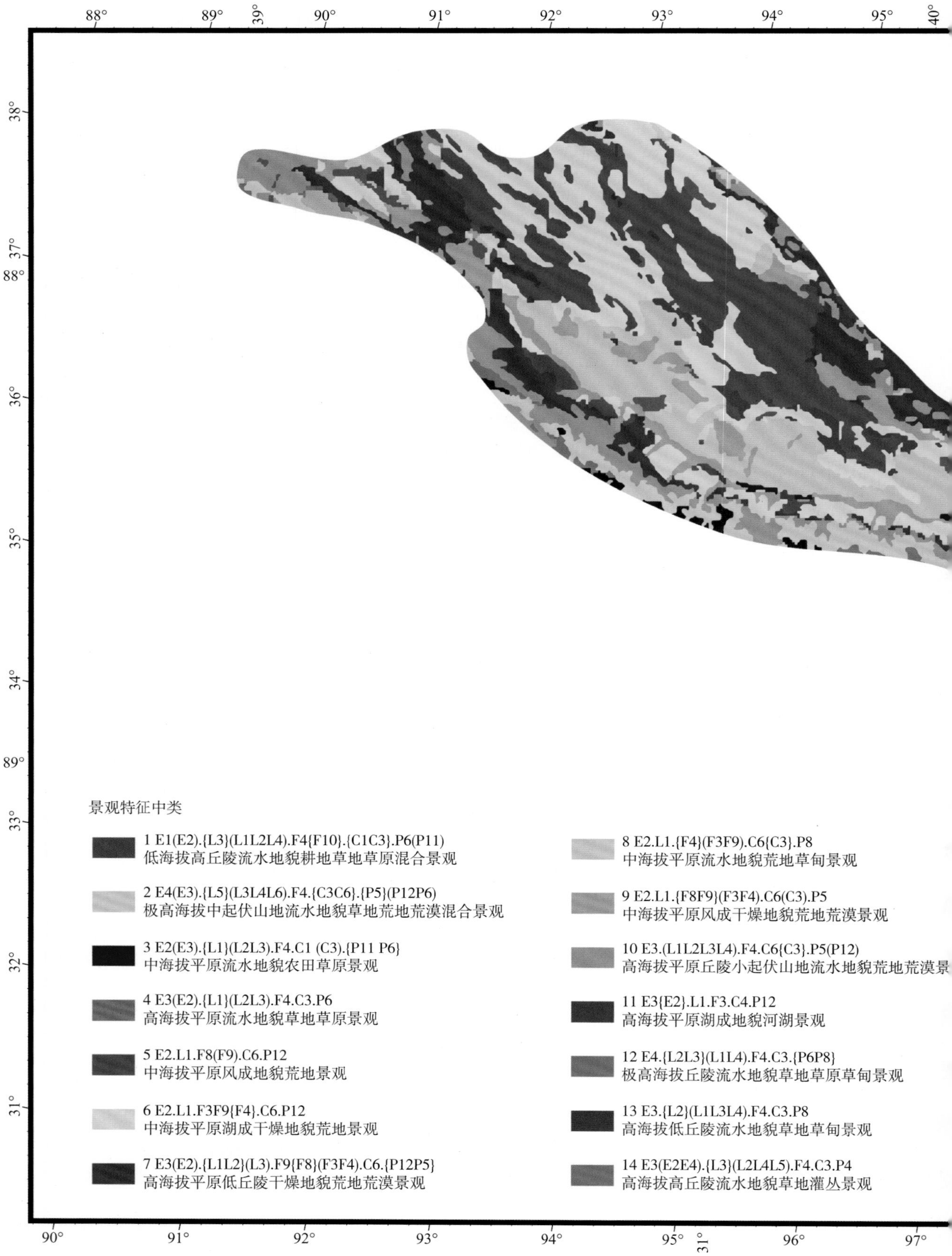
景观特征中类
1 E1(E2).{L3}(L1L2L4).F4{F10}.{C1C3}.P6(P11)
低海拔高丘陵流水地貌耕地草地草原混合景观
2 E4(E3).{L5}(L3L4L6).F4.{C3C6}.{P5}(P12P6)
极高海拔中起伏山地流水地貌草地荒地荒漠混合景观
3 E2(E3).{L1}(L2L3).F4.C1 (C3).{P11 P6}
中海拔平原流水地貌农田草原景观
4 E3(E2).{L1}(L2L3).F4.C3.P6
高海拔平原流水地貌草地草原景观
5 E2.L1.F8(F9).C6.P12
中海拔平原风成地貌荒地景观
6 E2.L1.F3F9{F4}.C6.P12
中海拔平原湖成干燥地貌荒地景观
7 E3(E2).{L1L2}(L3).F9{F8}(F3F4).C6.{P12P5}
高海拔平原低丘陵干燥地貌荒地荒漠景观
8 E2.L1.{F4}(F3F9).C6{C3}.P8
中海拔平原流水地貌荒地草甸景观
9 E2.L1.{F8F9}(F3F4).C6(C3).P5
中海拔平原风成干燥地貌荒地荒漠景观
10 E3.(L1L2L3L4).F4.C6{C3}.P5(P12)
高海拔平原丘陵小起伏山地流水地貌荒地荒漠景
11 E3{E2}.L1.F3.C4.P12
高海拔平原湖成地貌河湖景观
12 E4.{L2L3}(L1L4).F4.C3.{P6P8}
极高海拔丘陵流水地貌草地草原草甸景观
13 E3.{L2}(L1L3L4).F4.C3.P8
高海拔低丘陵流水地貌草地草甸景观
14 E3(E2E4).{L3}(L2L4L5).F4.C3.P4
高海拔高丘陵流水地貌草地灌丛景观

图 12-26　高原温带湿润柴达木-

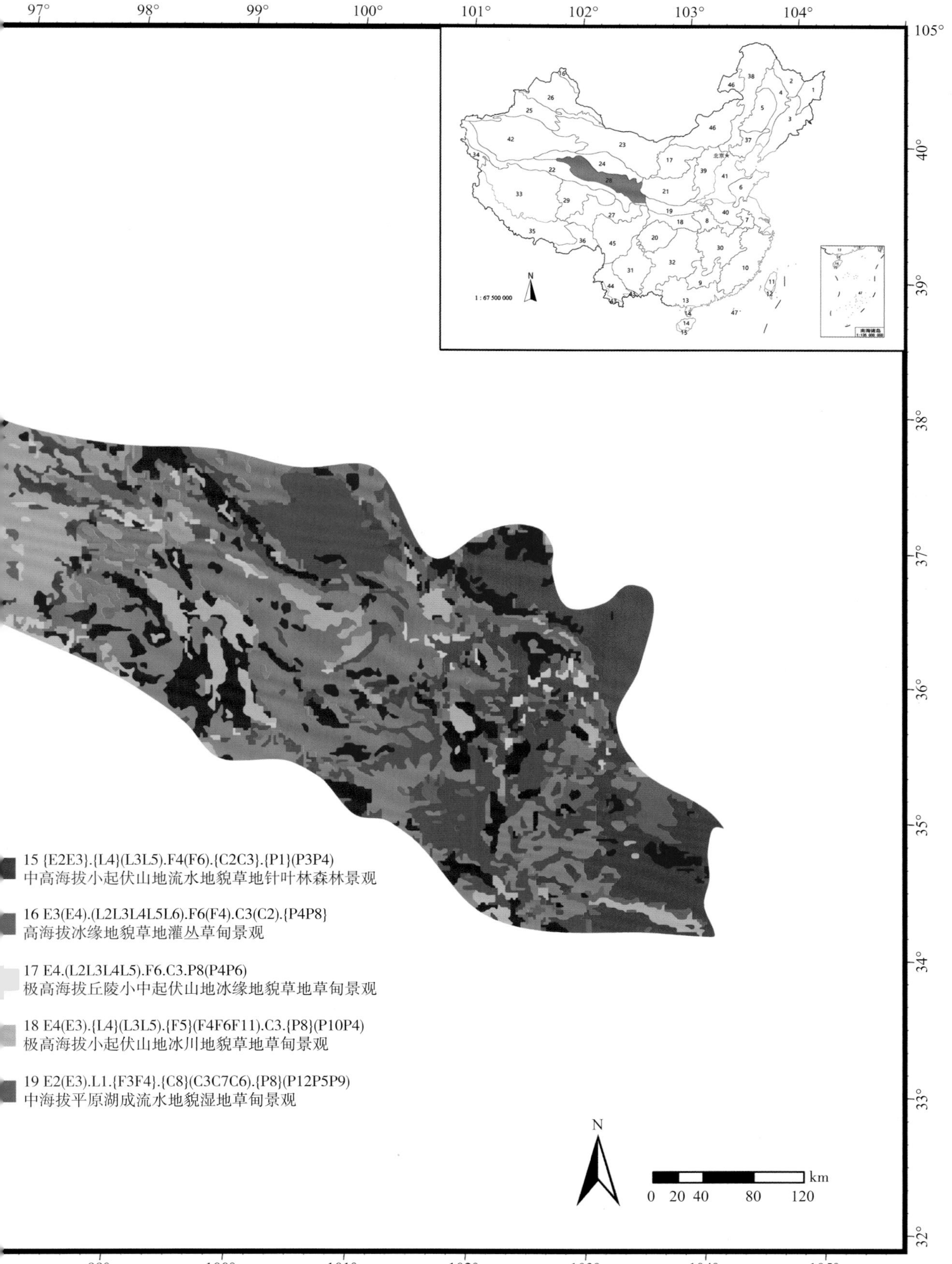
15 {E2E3}.{L4}(L3L5).F4(F6).{C2C3}.{P1}(P3P4)
中高海拔小起伏山地流水地貌草地针叶林森林景观
16 E3(E4).(L2L3L4L5L6).F6(F4).C3(C2).{P4P8}
高海拔冰缘地貌草地灌丛草甸景观
17 E4.(L2L3L4L5).F6.C3.P8(P4P6)
极高海拔丘陵小中起伏山地冰缘地貌草地草甸景观
18 E4(E3).{L4}(L3L5).{F5}(F4F6F11).C3.{P8}(P10P4)
极高海拔小起伏山地冰川地貌草地草甸景观
19 E2(E3).L1.{F3F4}.{C8}(C3C7C6).{P8}(P12P5P9)
中海拔平原湖成流水地貌湿地草甸景观
N
km
0 20 40 80 120

地区乡村生态景观资源特征分类

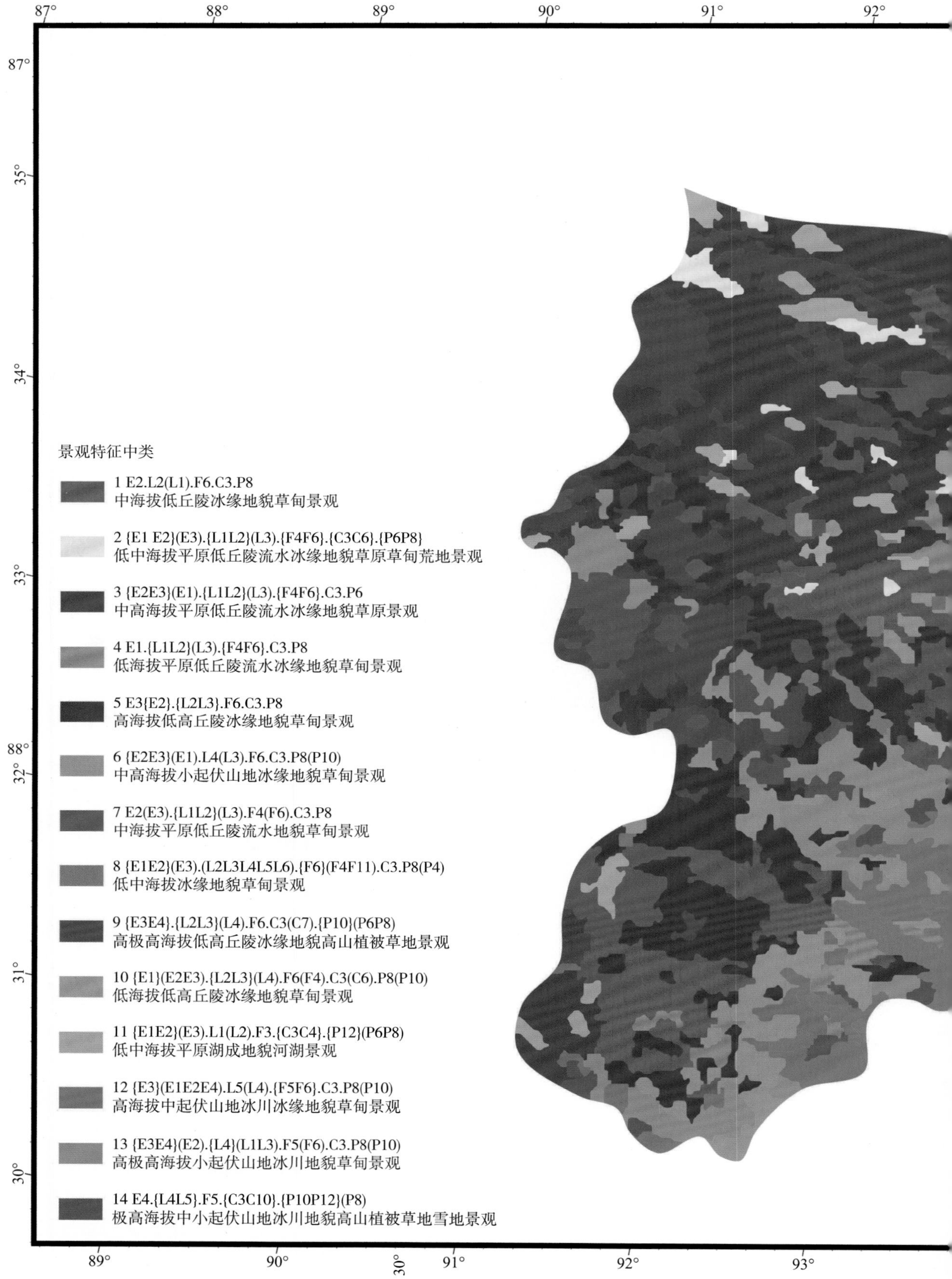
87°
88°
89°
90°
91°
92°
87°
35°
34°
33°
88°
32°
31°
30°
89°
90°
30°
91°
92°
93°
景观特征中类
1 E2.L2(L1).F6.C3.P8
中海拔低丘陵冰缘地貌草甸景观
2 {E1 E2}(E3).{L1L2}(L3).{F4F6}.{C3C6}.{P6P8}
低中海拔平原低丘陵流水冰缘地貌草原草甸荒地景观
3 {E2E3}(E1).{L1L2}(L3).{F4F6}.C3.P6
中高海拔平原低丘陵流水冰缘地貌草原景观
4 E1.{L1L2}(L3).{F4F6}.C3.P8
低海拔平原低丘陵流水冰缘地貌草甸景观
5 E3{E2}.{L2L3}.F6.C3.P8
高海拔低高丘陵冰缘地貌草甸景观
6 {E2E3}(E1).L4(L3).F6.C3.P8(P10)
中高海拔小起伏山地冰缘地貌草甸景观
7 E2(E3).{L1L2}(L3).F4(F6).C3.P8
中海拔平原低丘陵流水地貌草甸景观
8 {E1E2}(E3).(L2L3L4L5L6).{F6}(F4F11).C3.P8(P4)
低中海拔冰缘地貌草甸景观
9 {E3E4}.{L2L3}(L4).F6.C3(C7).{P10}(P6P8)
高极高海拔低高丘陵冰缘地貌高山植被草地景观
10 {E1}(E2E3).{L2L3}(L4).F6(F4).C3(C6).P8(P10)
低海拔低高丘陵冰缘地貌草甸景观
11 {E1E2}(E3).L1(L2).F3.{C3C4}.{P12}(P6P8)
低中海拔平原湖成地貌河湖景观
12 {E3}(E1E2E4).L5(L4).{F5F6}.C3.P8(P10)
高海拔中起伏山地冰川冰缘地貌草甸景观
13 {E3E4}(E2).{L4}(L1L3).F5(F6).C3.P8(P10)
高极高海拔小起伏山地冰川地貌草甸景观
14 E4.{L4L5}.F5.{C3C10}.{P10P12}(P8)
极高海拔中小起伏山地冰川地貌高山植被草地雪地景观

图 12-27　高原温带干旱江河

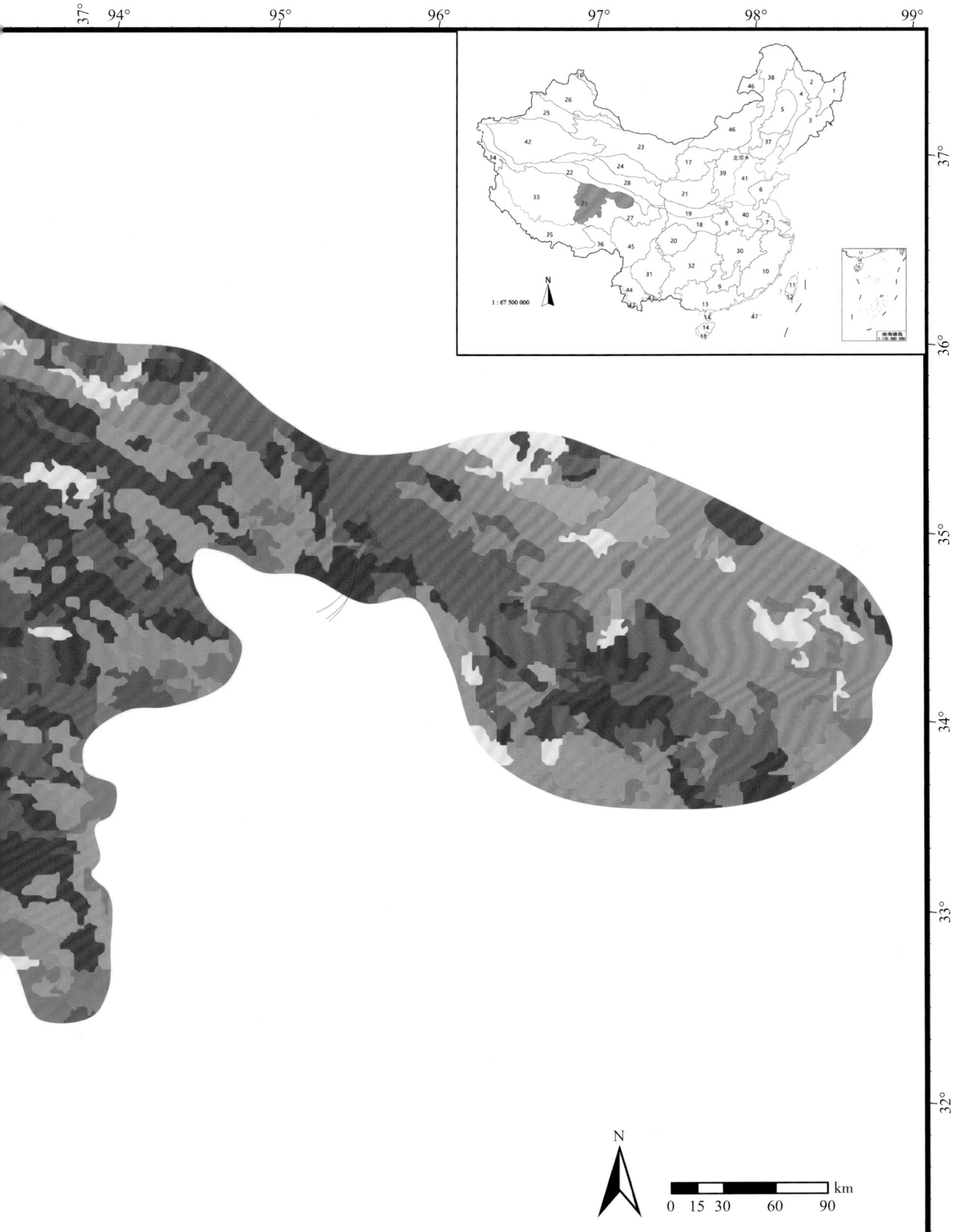

区乡村生态景观资源特征分类

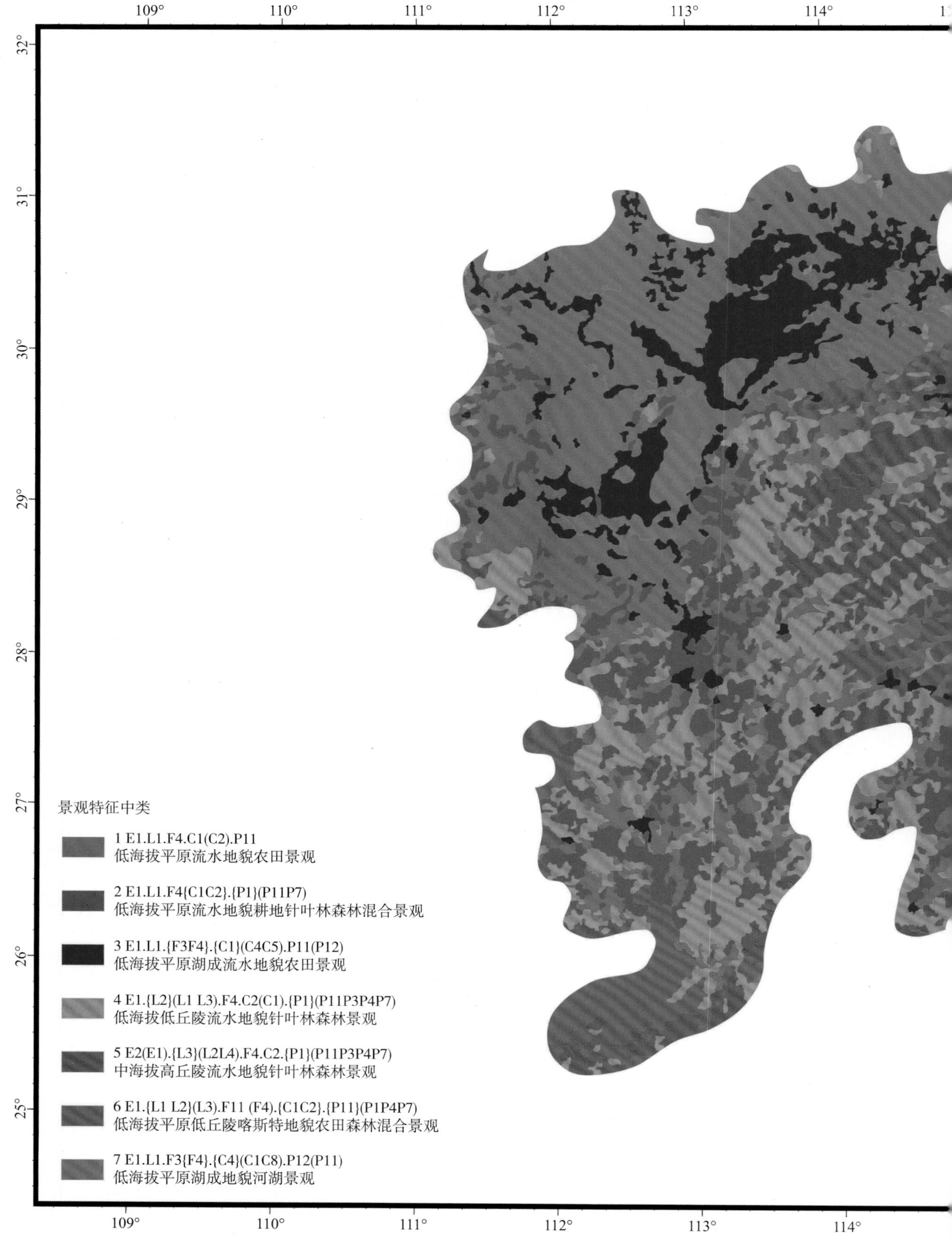
109°
110°
111°
112°
113°
114°
32°
31°
30°
29°
28°
27°
26°
25°
景观特征中类
1 E1.L1.F4.C1(C2).P11
低海拔平原流水地貌农田景观
2 E1.L1.F4{C1C2}.{P1}(P11P7)
低海拔平原流水地貌耕地针叶林森林混合景观
3 E1.L1.{F3F4}.{C1}(C4C5).P11(P12)
低海拔平原湖成流水地貌农田景观
4 E1.{L2}(L1 L3).F4.C2(C1).{P1}(P11P3P4P7)
低海拔低丘陵流水地貌针叶林森林景观
5 E2(E1).{L3}(L2L4).F4.C2.{P1}(P11P3P4P7)
中海拔高丘陵流水地貌针叶林森林景观
6 E1.{L1 L2}(L3).F11 (F4).{C1C2}.{P11}(P1P4P7)
低海拔平原低丘陵喀斯特地貌农田森林混合景观
7 E1.L1.F3{F4}.{C4}(C1C8).P12(P11)
低海拔平原湖成地貌河湖景观

图 12-28　亚热带湿润长江中游

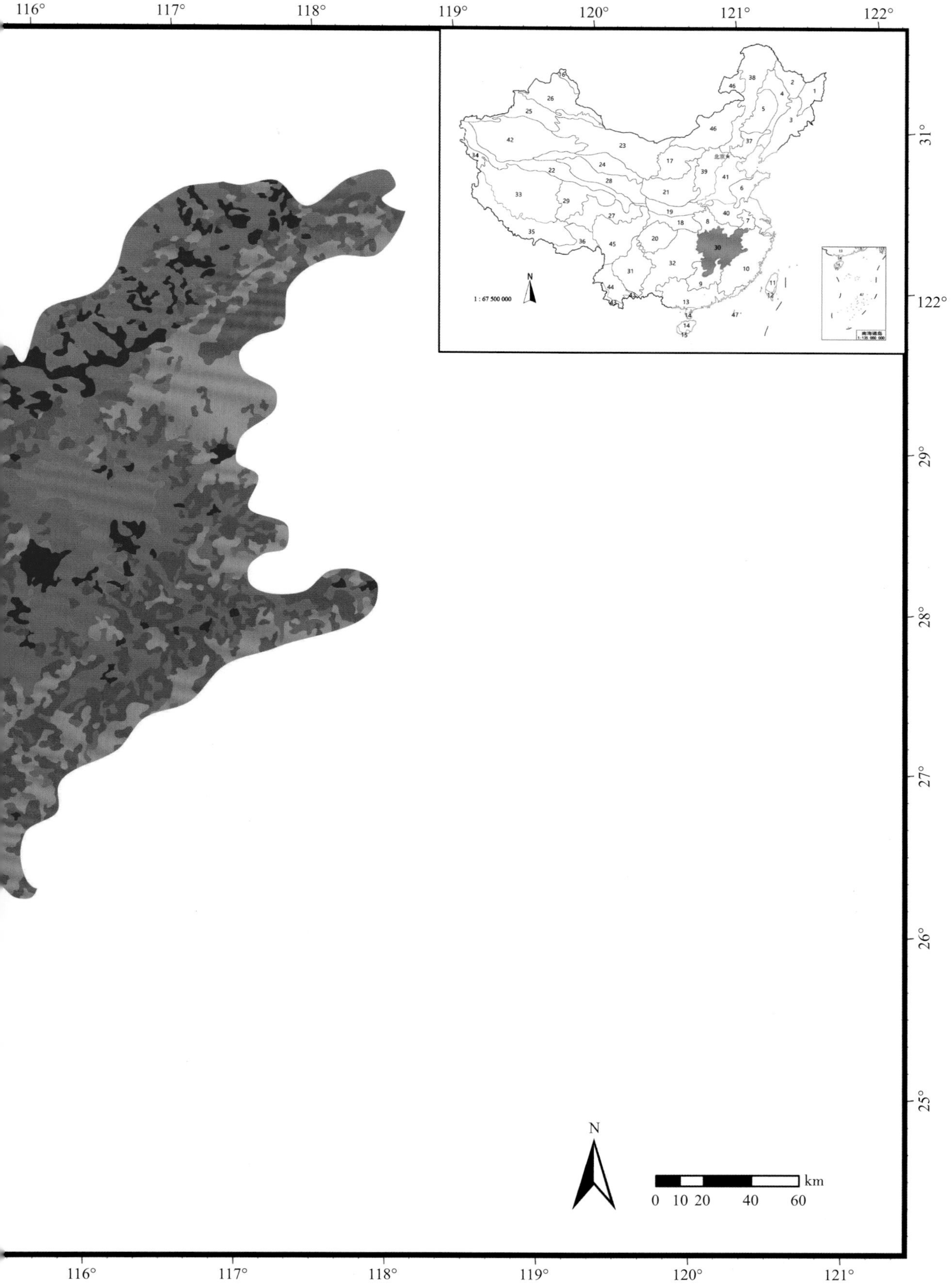

区乡村生态景观资源特征分类

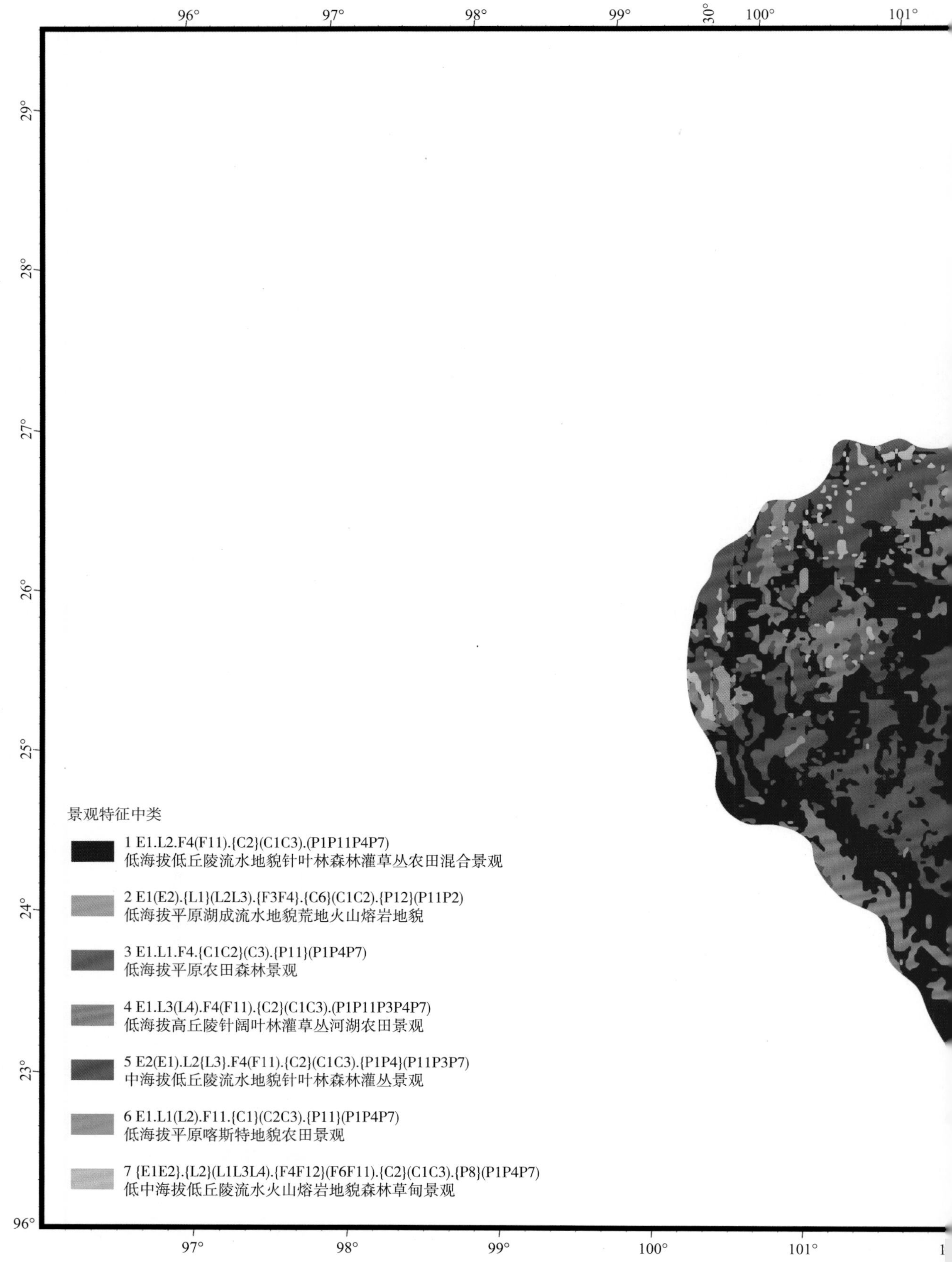

景观特征中类

1 E1.L2.F4(F11).{C2}(C1C3).(P1P11P4P7)
低海拔低丘陵流水地貌针叶林森林灌草丛农田混合景观

2 E1(E2).{L1}(L2L3).{F3F4}.{C6}(C1C2).{P12}(P11P2)
低海拔平原湖成流水地貌荒地火山熔岩地貌

3 E1.L1.F4.{C1C2}(C3).{P11}(P1P4P7)
低海拔平原农田森林景观

4 E1.L3(L4).F4(F11).{C2}(C1C3).(P1P11P3P4P7)
低海拔高丘陵针阔叶林灌草丛河湖农田景观

5 E2(E1).L2{L3}.F4(F11).{C2}(C1C3).{P1P4}(P11P3P7)
中海拔低丘陵流水地貌针叶林森林灌丛景观

6 E1.L1(L2).F11.{C1}(C2C3).{P11}(P1P4P7)
低海拔平原喀斯特地貌农田景观

7 {E1E2}.{L2}(L1L3L4).{F4F12}(F6F11).{C2}(C1C3).{P8}(P1P4P7)
低中海拔低丘陵流水火山熔岩地貌森林草甸景观

图 12-29 亚热带湿润川西南

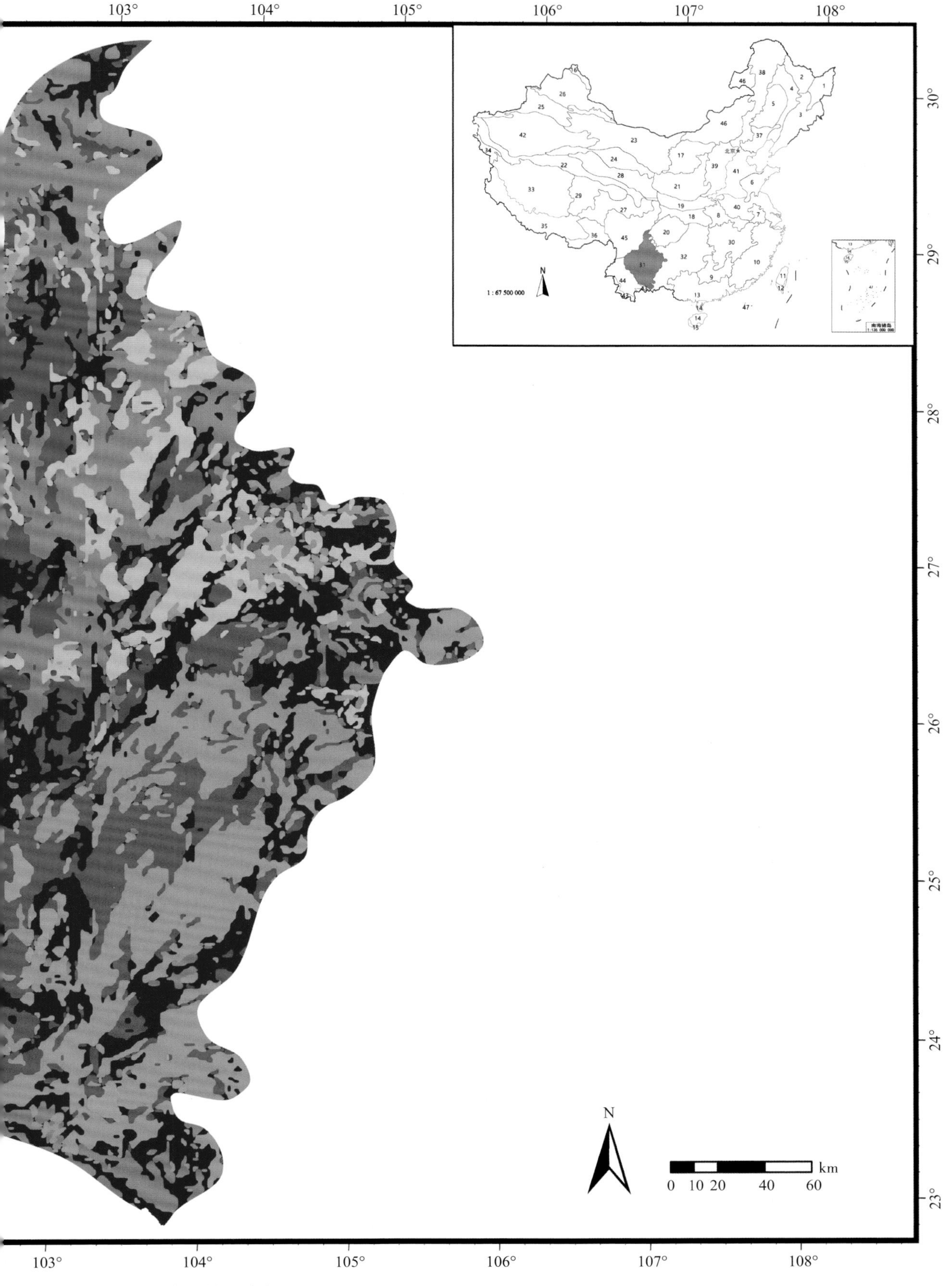

盆地区乡村生态景观资源特征分类

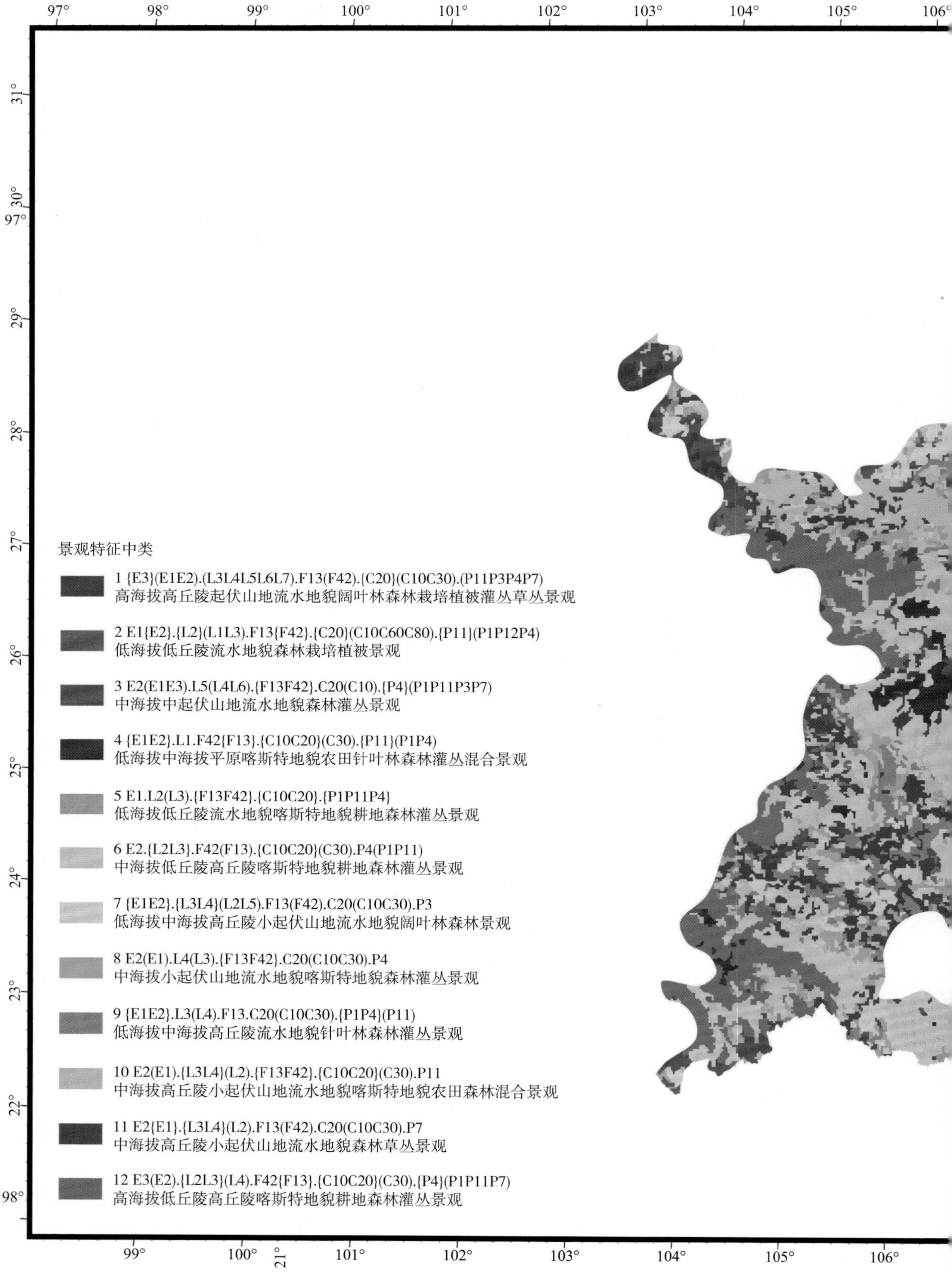
97° 98° 99° 100° 101° 102° 103° 104° 105° 106°
31° 30° 29° 28° 27° 26° 25° 24° 23° 22° 21°
景观特征中类
1 {E3}(E1E2).(L3L4L5L6L7).F13(F42).{C20}(C10C30).(P11P3P4P7)
高海拔高丘陵起伏山地流水地貌阔叶林森林栽培植被灌丛草丛景观
2 E1{E2}.{L2}(L1L3).F13{F42}.{C20}(C10C60C80).{P11}(P1P12P4)
低海拔低丘陵流水地貌森林栽培植被景观
3 E2(E1E3).L5(L4L6).{F13F42}.C20(C10).{P4}(P1P11P3P7)
中海拔中起伏山地流水地貌森林灌丛景观
4 {E1E2}.L1.F42{F13}.{C10C20}(C30).{P11}(P1P4)
低海拔中海拔平原喀斯特地貌农田针叶林森林灌丛混合景观
5 E1.L2(L3).{F13F42}.{C10C20}.{P1P11P4}
低海拔低丘陵流水地貌喀斯特地貌耕地森林灌丛景观
6 E2.{L2L3}.F42(F13).{C10C20}(C30).P4(P1P11)
中海拔低丘陵高丘陵喀斯特地貌耕地森林灌丛景观
7 {E1E2}.{L3L4}(L2L5).F13(F42).C20(C10C30).P3
低海拔中海拔高丘陵小起伏山地流水地貌阔叶林森林景观
8 E2(E1).L4(L3).{F13F42}.C20(C10C30).P4
中海拔小起伏山地流水地貌喀斯特地貌森林灌丛景观
9 {E1E2}.L3(L4).F13.C20(C10C30).{P1P4}(P11)
低海拔中海拔高丘陵流水地貌针叶林森林灌丛景观
10 E2(E1).{L3L4}(L2).{F13F42}.{C10C20}(C30).P11
中海拔高丘陵小起伏山地流水地貌喀斯特地貌农田森林混合景观
11 E2{E1}.{L3L4}(L2).F13(F42).C20(C10C30).P7
中海拔高丘陵小起伏山地流水地貌森林草丛景观
12 E3(E2).{L2L3}(L4).F42{F13}.{C10C20}(C30).{P4}(P1P11P7)
高海拔低丘陵高丘陵喀斯特地貌耕地森林灌丛景观
99° 100° 101° 102° 103° 104° 105° 106°

图 12-30　亚热带湿润鄂

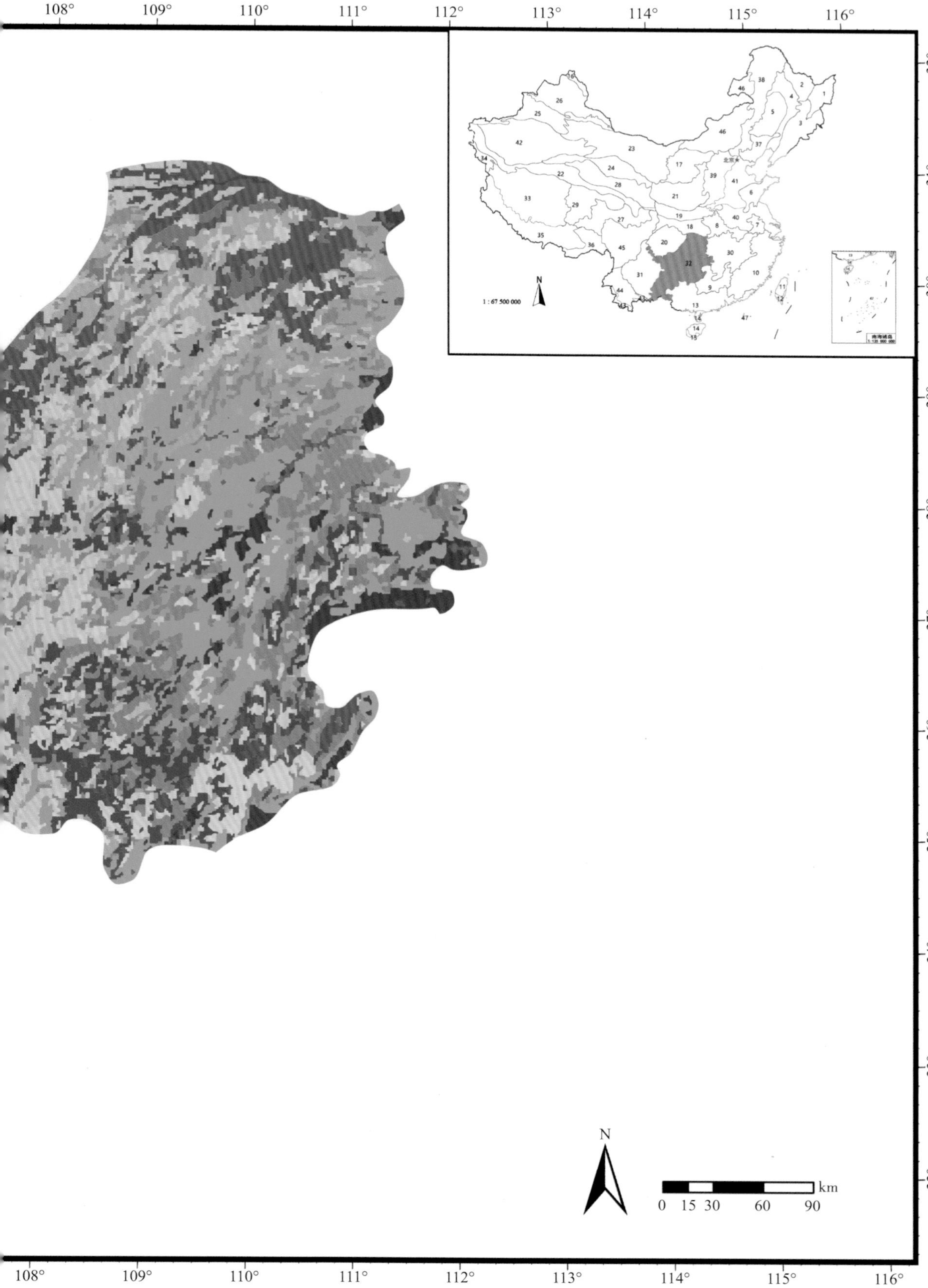

村生态景观资源特征分类

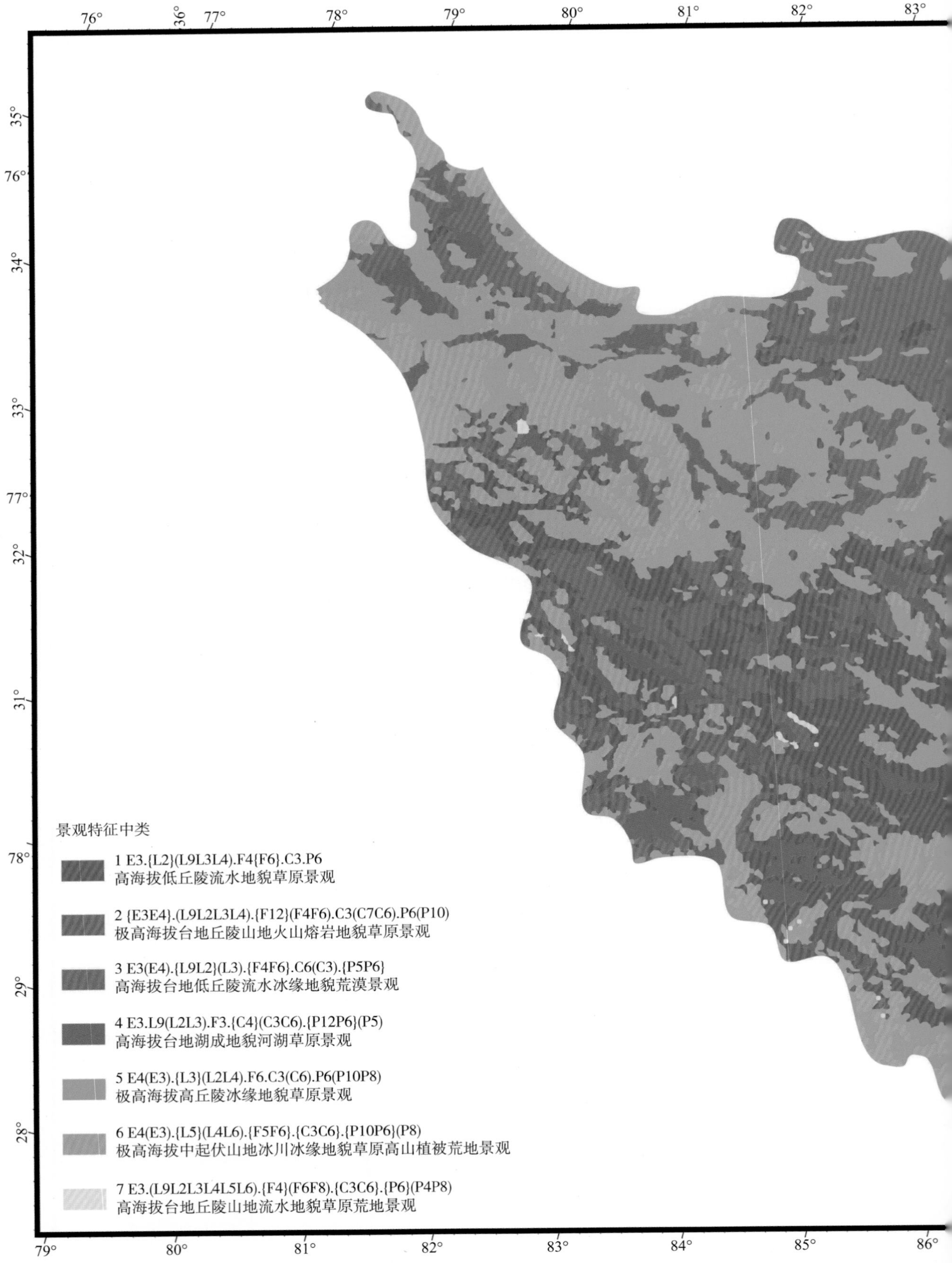
76°
36°
77°
78°
79°
80°
81°
82°
83°
35°
76°
34°
33°
77°
32°
31°
78°
29°
28°
79°
80°
81°
82°
83°
84°
85°
86°
景观特征中类
1 E3.{L2}(L9L3L4).F4{F6}.C3.P6
高海拔低丘陵流水地貌草原景观
2 {E3E4}.(L9L2L3L4).{F12}(F4F6).C3(C7C6).P6(P10)
极高海拔台地丘陵山地火山熔岩地貌草原景观
3 E3(E4).{L9L2}(L3).{F4F6}.C6(C3).{P5P6}
高海拔台地低丘陵流水冰缘地貌荒漠景观
4 E3.L9(L2L3).F3.{C4}(C3C6).{P12P6}(P5)
高海拔台地湖成地貌河湖草原景观
5 E4(E3).{L3}(L2L4).F6.C3(C6).P6(P10P8)
极高海拔高丘陵冰缘地貌草原景观
6 E4(E3).{L5}(L4L6).{F5F6}.{C3C6}.{P10P6}(P8)
极高海拔中起伏山地冰川冰缘地貌草原高山植被荒地景观
7 E3.(L9L2L3L4L5L6).{F4}(F6F8).{C3C6}.{P6}(P4P8)
高海拔台地丘陵山地流水地貌草原荒地景观

图 12-31 高原亚寒带干旱羌

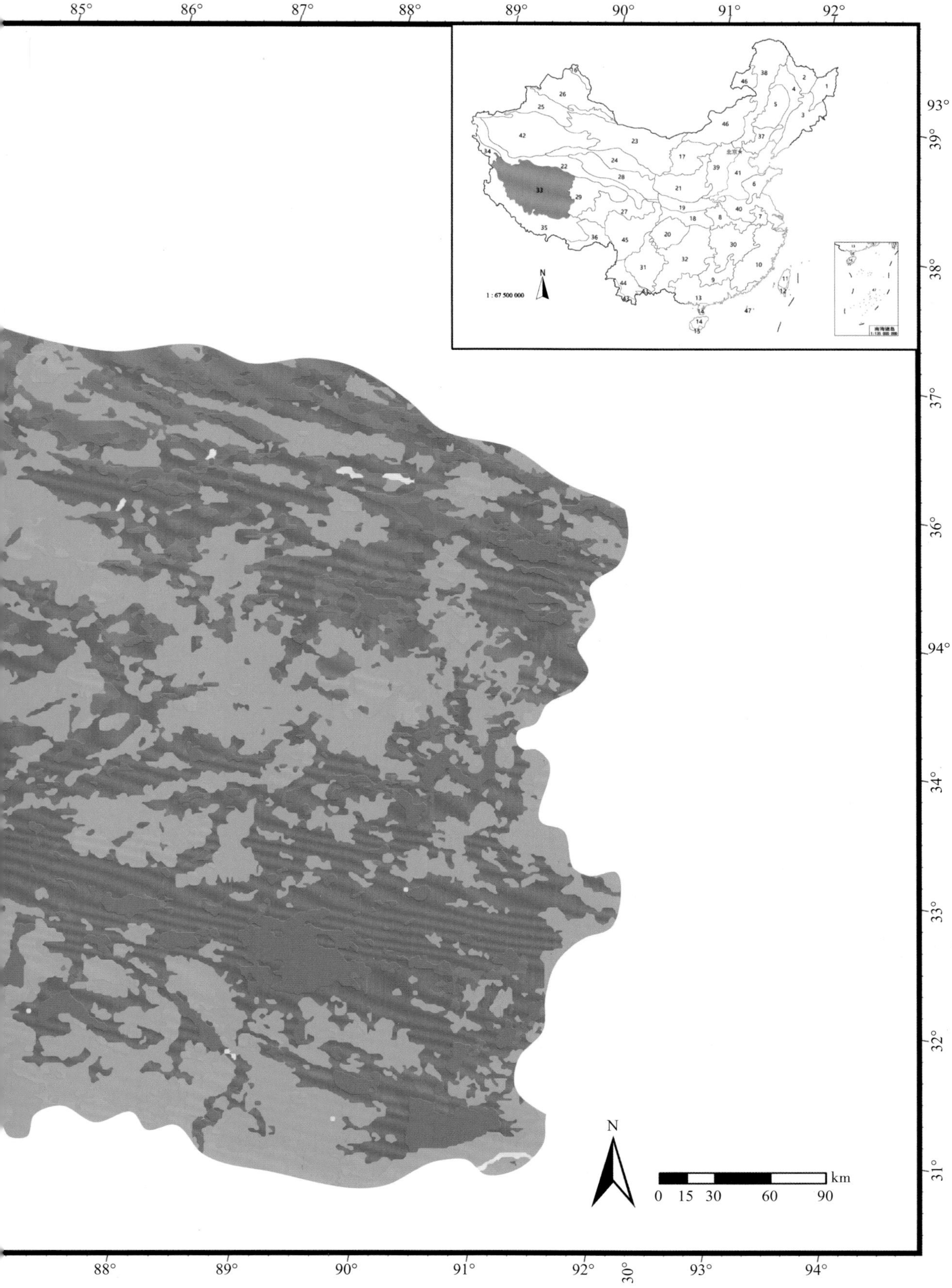

乡村生态景观资源特征分类

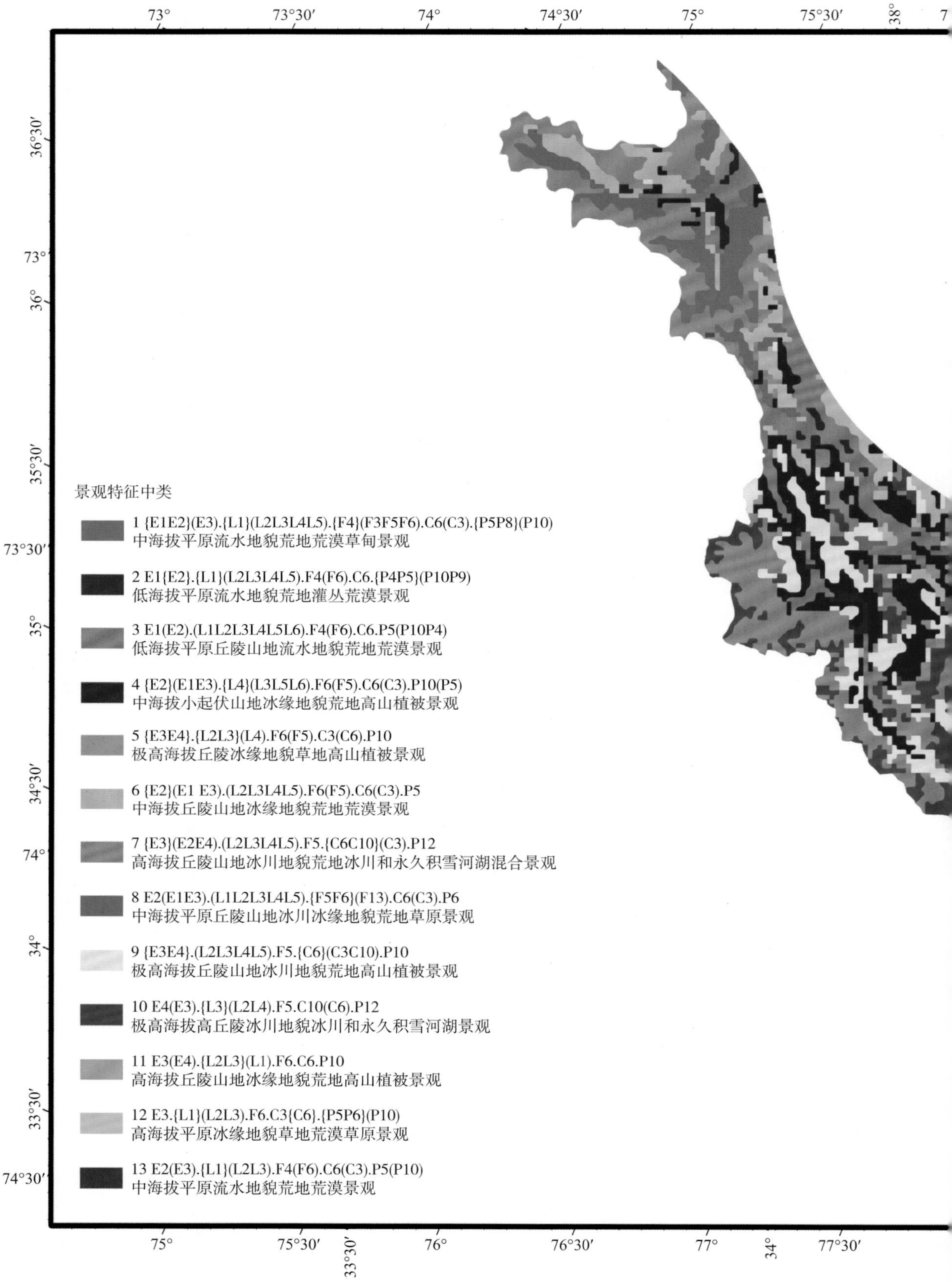
73°
73°30′
74°
74°30′
75°
75°30′
38°
36°30′
73°
36°
35°30′
73°30′
35°
34°30′
74°
34°
33°30′
74°30′
景观特征中类
1 {E1E2}(E3).{L1}(L2L3L4L5).{F4}(F3F5F6).C6(C3).{P5P8}(P10)
中海拔平原流水地貌荒地荒漠草甸景观
2 E1{E2}.{L1}(L2L3L4L5).F4(F6).C6.{P4P5}(P10P9)
低海拔平原流水地貌荒地灌丛荒漠景观
3 E1(E2).(L1L2L3L4L5L6).F4(F6).C6.P5(P10P4)
低海拔平原丘陵山地流水地貌荒地荒漠景观
4 {E2}(E1E3).{L4}(L3L5L6).F6(F5).C6(C3).P10(P5)
中海拔小起伏山地冰缘地貌荒地高山植被景观
5 {E3E4}.{L2L3}(L4).F6(F5).C3(C6).P10
极高海拔丘陵冰缘地貌草地高山植被景观
6 {E2}(E1 E3).(L2L3L4L5).F6(F5).C6(C3).P5
中海拔丘陵山地冰缘地貌荒地荒漠景观
7 {E3}(E2E4).(L2L3L4L5).F5.{C6C10}(C3).P12
高海拔丘陵山地冰川地貌荒地冰川和永久积雪河湖混合景观
8 E2(E1E3).(L1L2L3L4L5).{F5F6}(F13).C6(C3).P6
中海拔平原丘陵山地冰川冰缘地貌荒地草原景观
9 {E3E4}.(L2L3L4L5).F5.{C6}(C3C10).P10
极高海拔丘陵山地冰川地貌荒地高山植被景观
10 E4(E3).{L3}(L2L4).F5.C10(C6).P12
极高海拔高丘陵冰川地貌冰川和永久积雪河湖景观
11 E3(E4).{L2L3}(L1).F6.C6.P10
高海拔丘陵山地冰缘地貌荒地高山植被景观
12 E3.{L1}(L2L3).F6.C3{C6}.{P5P6}(P10)
高海拔平原冰缘地貌草地荒漠草原景观
13 E2(E3).{L1}(L2L3).F4(F6).C6(C3).P5(P10)
中海拔平原流水地貌荒地荒漠景观
75°
75°30′
33°30′
76°
76°30′
77°
34°
77°30′

图 12-32　高原亚寒带干旱喀喇昆仑

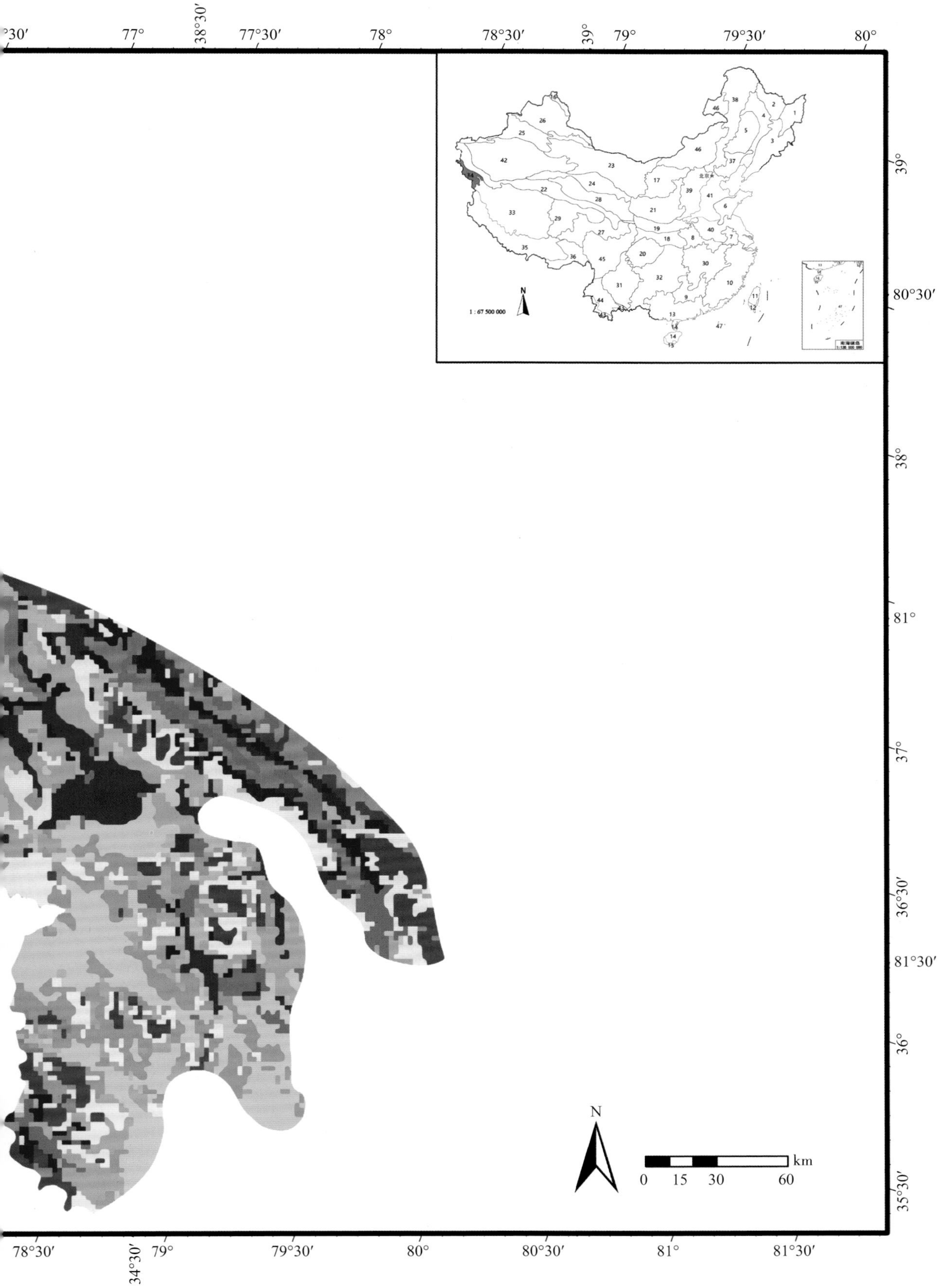

伏极高山区乡村生态景观资源特征分类

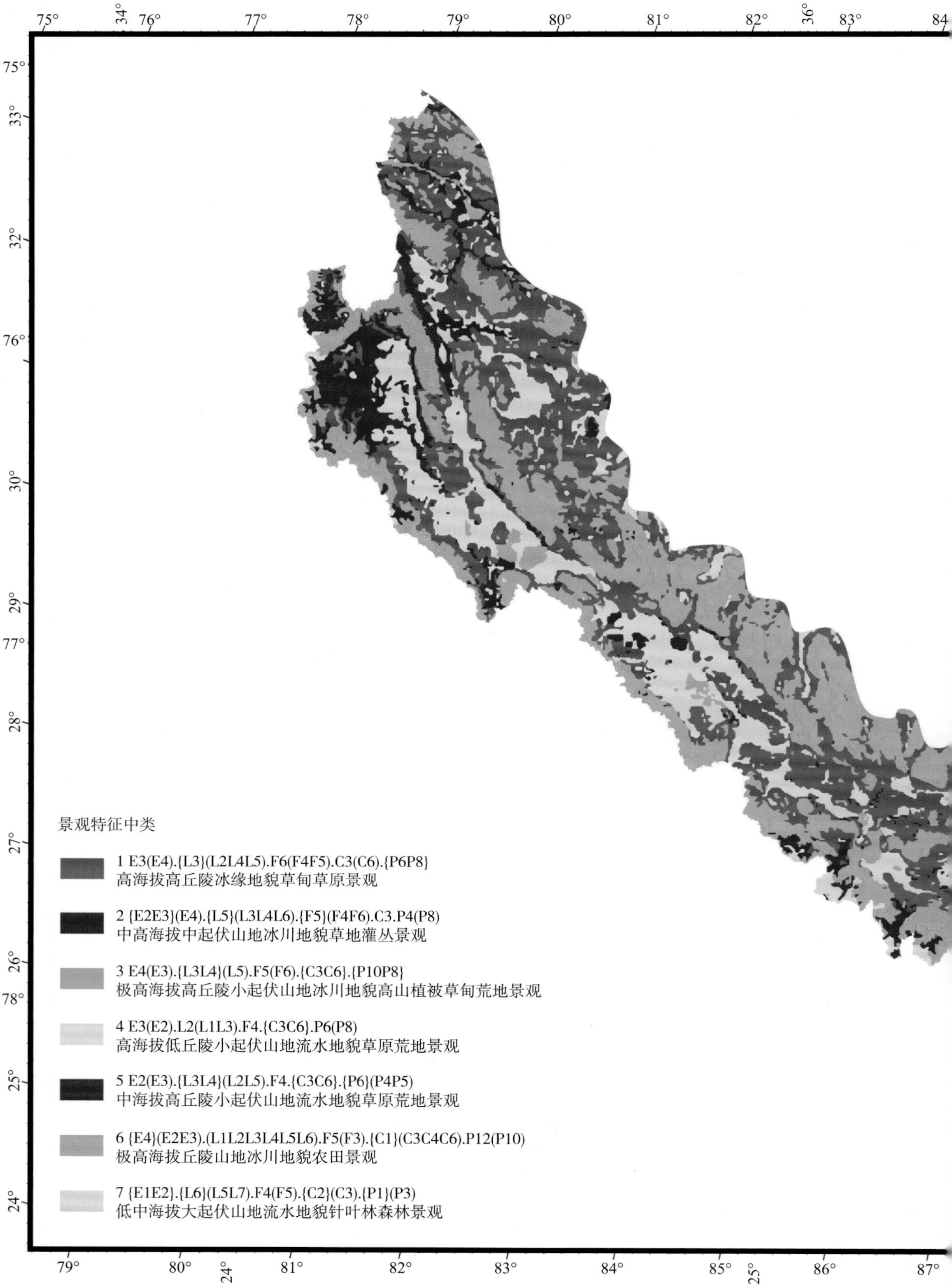
景观特征中类
1 E3(E4).{L3}(L2L4L5).F6(F4F5).C3(C6).{P6P8}
高海拔高丘陵冰缘地貌草甸草原景观
2 {E2E3}(E4).{L5}(L3L4L6).{F5}(F4F6).C3.P4(P8)
中高海拔中起伏山地冰川地貌草地灌丛景观
3 E4(E3).{L3L4}(L5).F5(F6).{C3C6}.{P10P8}
极高海拔高丘陵小起伏山地冰川地貌高山植被草甸荒地景观
4 E3(E2).L2(L1L3).F4.{C3C6}.P6(P8)
高海拔低丘陵小起伏山地流水地貌草原荒地景观
5 E2(E3).{L3L4}(L2L5).F4.{C3C6}.{P6}(P4P5)
中海拔高丘陵小起伏山地流水地貌草原荒地景观
6 {E4}(E2E3).(L1L2L3L4L5L6).F5(F3).{C1}(C3C4C6).P12(P10)
极高海拔丘陵山地冰川地貌农田景观
7 {E1E2}.{L6}(L5L7).F4(F5).{C2}(C3).{P1}(P3)
低中海拔大起伏山地流水地貌针叶林森林景观

图 12-33　高原温带干旱喜马拉雅

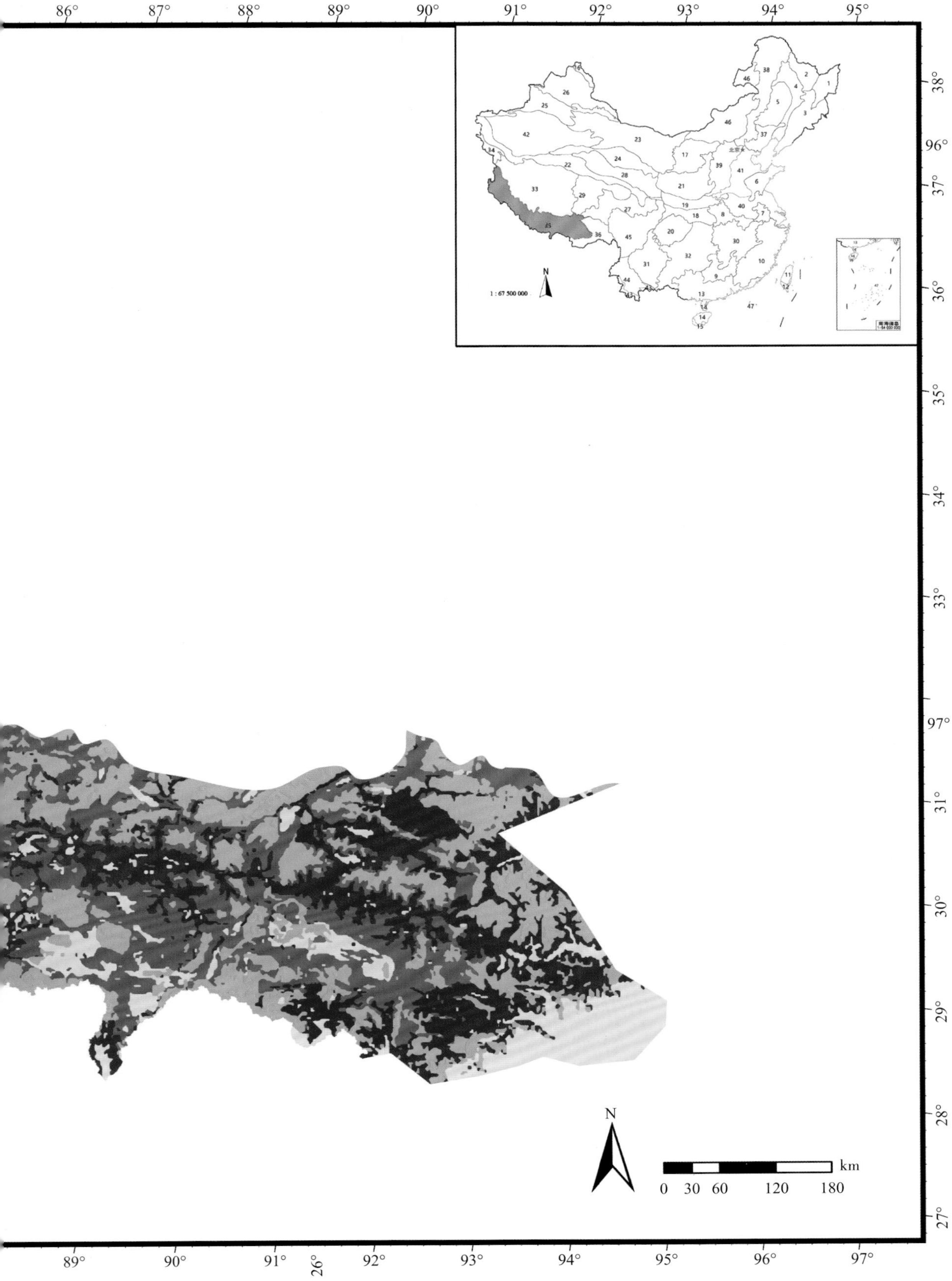

状高山极高山区乡村生态景观资源特征分类

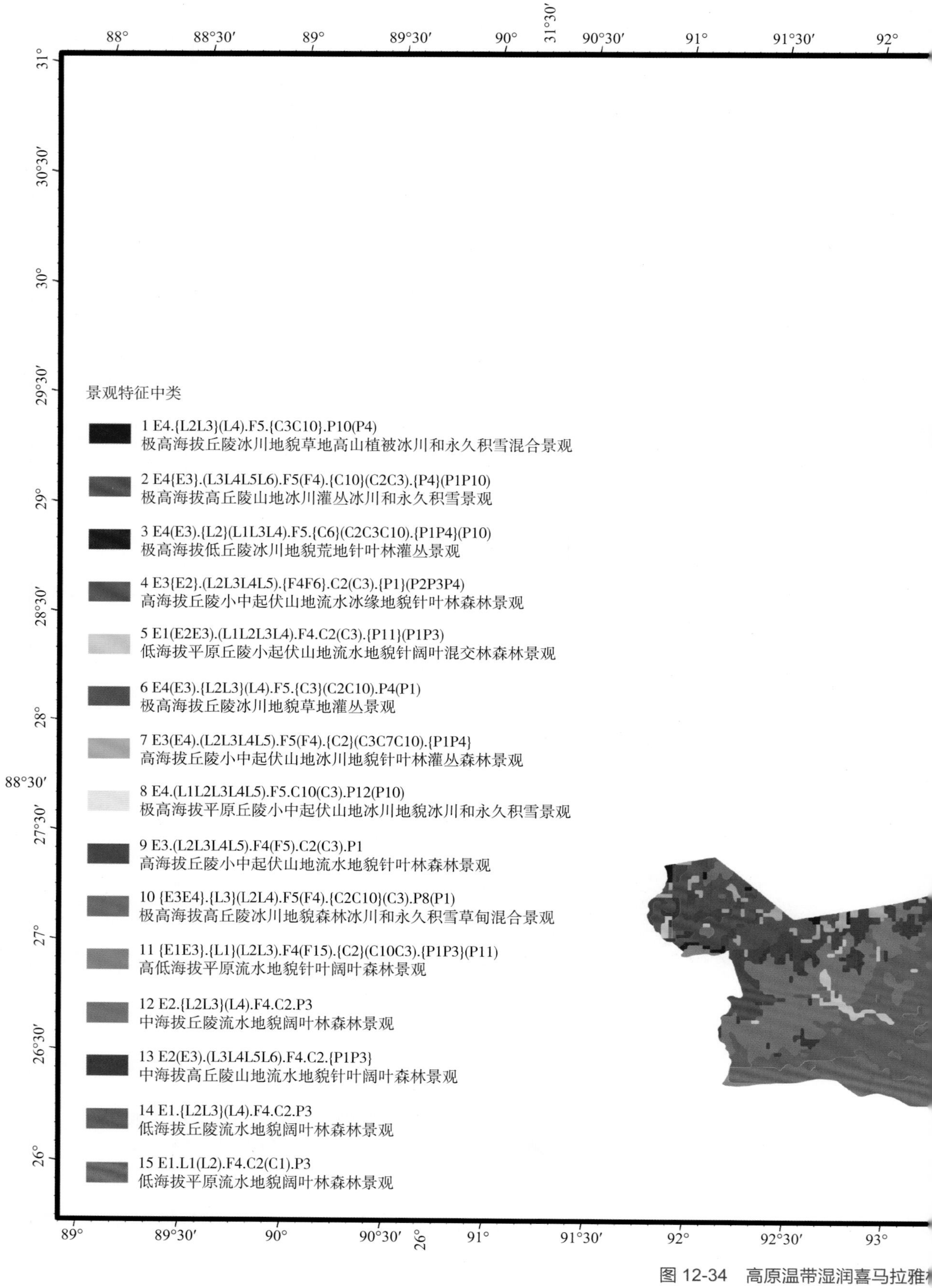
景观特征中类
1 E4.{L2L3}(L4).F5.{C3C10}.P10(P4)
极高海拔丘陵冰川地貌草地高山植被冰川和永久积雪混合景观
2 E4{E3}.(L3L4L5L6).F5(F4).{C10}(C2C3).{P4}(P1P10)
极高海拔高丘陵山地冰川灌丛冰川和永久积雪景观
3 E4(E3).{L2}(L1L3L4).F5.{C6}(C2C3C10).{P1P4}(P10)
极高海拔低丘陵冰川地貌荒地针叶林灌丛景观
4 E3{E2}.(L2L3L4L5).{F4F6}.C2(C3).{P1}(P2P3P4)
高海拔丘陵小中起伏山地流水冰缘地貌针叶林森林景观
5 E1(E2E3).(L1L2L3L4).F4.C2(C3).{P11}(P1P3)
低海拔平原丘陵小起伏山地流水地貌针阔叶混交林森林景观
6 E4(E3).{L2L3}(L4).F5.{C3}(C2C10).P4(P1)
极高海拔丘陵冰川地貌草地灌丛景观
7 E3(E4).(L2L3L4L5).F5(F4).{C2}(C3C7C10).{P1P4}
高海拔丘陵小中起伏山地冰川地貌针叶林灌丛森林景观
8 E4.(L1L2L3L4L5).F5.C10(C3).P12(P10)
极高海拔平原丘陵小中起伏山地冰川地貌冰川和永久积雪景观
9 E3.(L2L3L4L5).F4(F5).C2(C3).P1
高海拔丘陵小中起伏山地流水地貌针叶林森林景观
10 {E3E4}.{L3}(L2L4).F5(F4).{C2C10}(C3).P8(P1)
极高海拔高丘陵冰川地貌森林冰川和永久积雪草甸混合景观
11 {E1E3}.{L1}(L2L3).F4(F15).{C2}(C10C3).{P1P3}(P11)
高低海拔平原流水地貌针叶阔叶森林景观
12 E2.{L2L3}(L4).F4.C2.P3
中海拔丘陵流水地貌阔叶林森林景观
13 E2(E3).(L3L4L5L6).F4.C2.{P1P3}
中海拔高丘陵山地流水地貌针叶阔叶森林景观
14 E1.{L2L3}(L4).F4.C2.P3
低海拔丘陵流水地貌阔叶林森林景观
15 E1.L1(L2).F4.C2(C1).P3
低海拔平原流水地貌阔叶林森林景观

图 12-34　高原温带湿润喜马拉雅

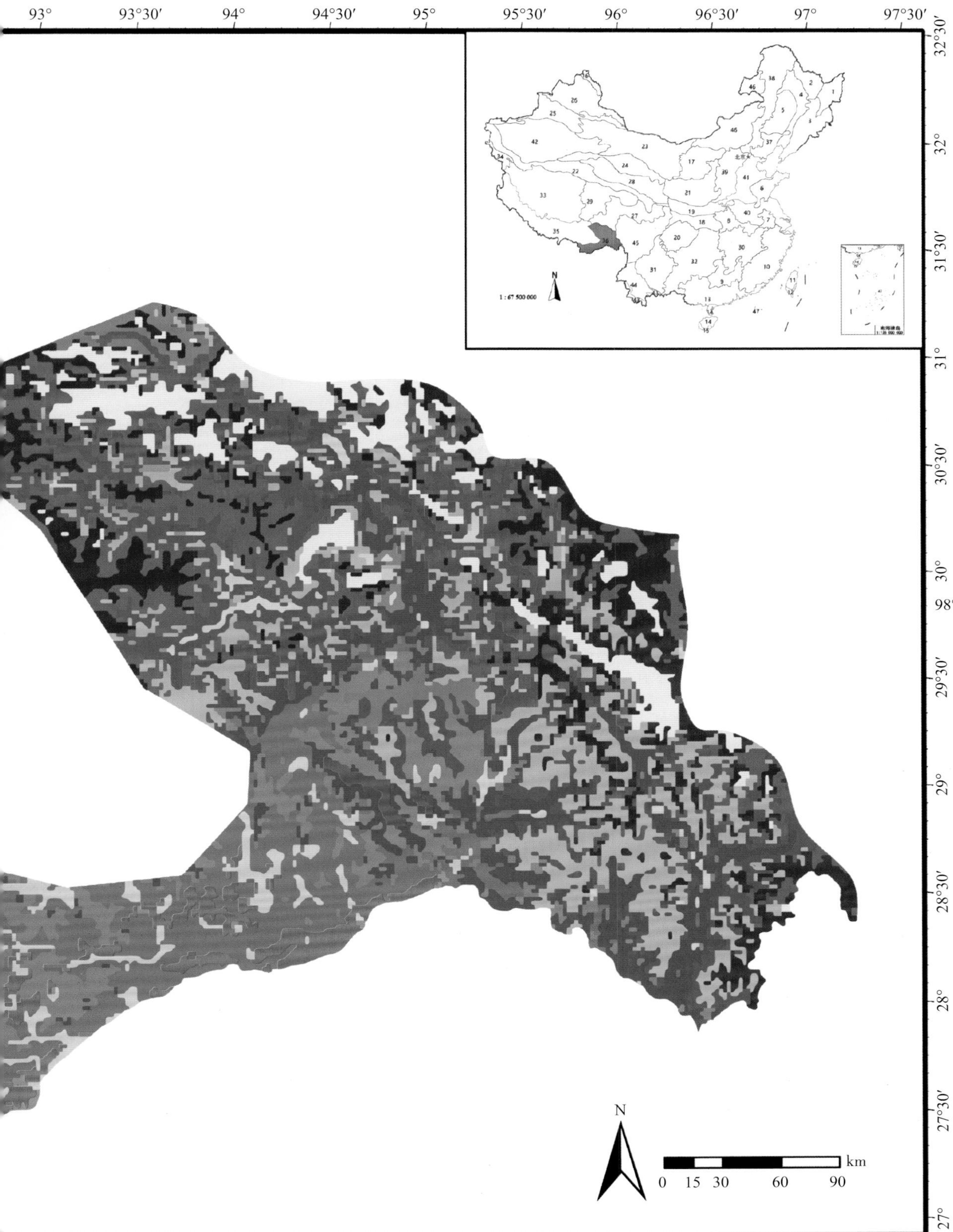

犬高山极高山区乡村生态景观资源特征分类

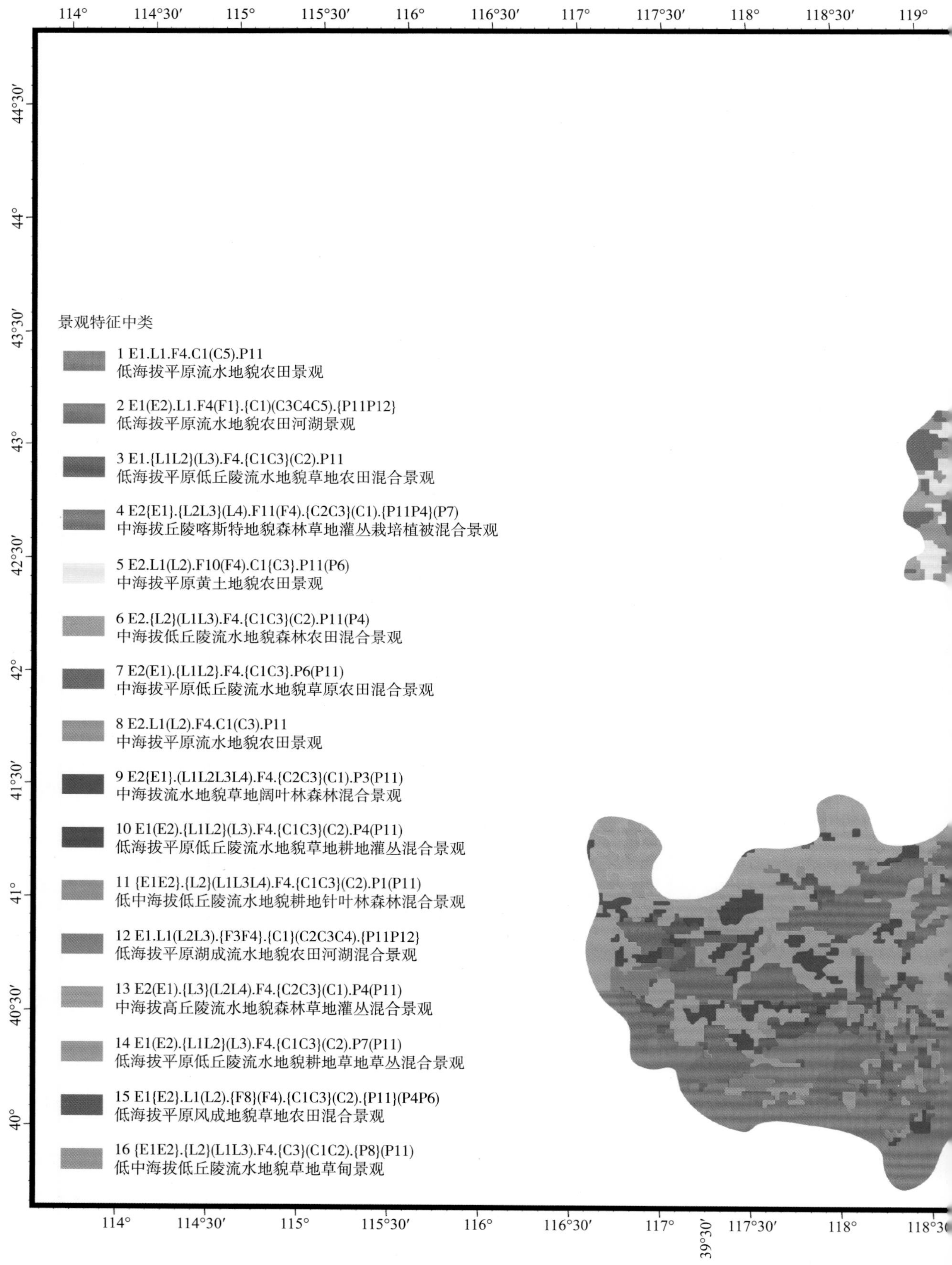
114° 114°30′ 115° 115°30′ 116° 116°30′ 117° 117°30′ 118° 118°30′ 119°
44°30′ 44° 43°30′ 43° 42°30′ 42° 41°30′ 41° 40°30′ 40° 39°30′
景观特征中类
1 E1.L1.F4.C1(C5).P11
低海拔平原流水地貌农田景观
2 E1(E2).L1.F4(F1}.{C1)(C3C4C5).{P11P12}
低海拔平原流水地貌农田河湖景观
3 E1.{L1L2}(L3).F4.{C1C3}(C2).P11
低海拔平原低丘陵流水地貌草地农田混合景观
4 E2{E1}.{L2L3}(L4).F11(F4).{C2C3}(C1).{P11P4}(P7)
中海拔丘陵喀斯特地貌森林草地灌丛栽培植被混合景观
5 E2.L1(L2).F10(F4).C1{C3}.P11(P6)
中海拔平原黄土地貌农田景观
6 E2.{L2}(L1L3).F4.{C1C3}(C2).P11(P4)
中海拔低丘陵流水地貌森林农田混合景观
7 E2(E1).{L1L2}.F4.{C1C3}.P6(P11)
中海拔平原低丘陵流水地貌草原农田混合景观
8 E2.L1(L2).F4.C1(C3).P11
中海拔平原流水地貌农田景观
9 E2{E1}.(L1L2L3L4).F4.{C2C3}(C1).P3(P11)
中海拔流水地貌草地阔叶林森林混合景观
10 E1(E2).{L1L2}(L3).F4.{C1C3}(C2).P4(P11)
低海拔平原低丘陵流水地貌草地耕地灌丛混合景观
11 {E1E2}.{L2}(L1L3L4).F4.{C1C3}(C2).P1(P11)
低中海拔低丘陵流水地貌耕地针叶林森林混合景观
12 E1.L1(L2L3).{F3F4}.{C1}(C2C3C4).{P11P12}
低海拔平原湖成流水地貌农田河湖混合景观
13 E2(E1).{L3}(L2L4).F4.{C2C3}(C1).P4(P11)
中海拔高丘陵流水地貌森林草地灌丛混合景观
14 E1(E2).{L1L2}(L3).F4.{C1C3}(C2).P7(P11)
低海拔平原低丘陵流水地貌耕地草地草丛混合景观
15 E1{E2}.L1(L2).{F8}(F4).{C1C3}(C2).{P11}(P4P6)
低海拔平原风成地貌草地农田混合景观
16 {E1E2}.{L2}(L1L3).F4.{C3}(C1C2).{P8}(P11)
低中海拔低丘陵流水地貌草地草甸景观
114° 114°30′ 115° 115°30′ 116° 116°30′ 117° 117°30′ 118° 118°3

图 12-35 温带湿润燕山—辽西

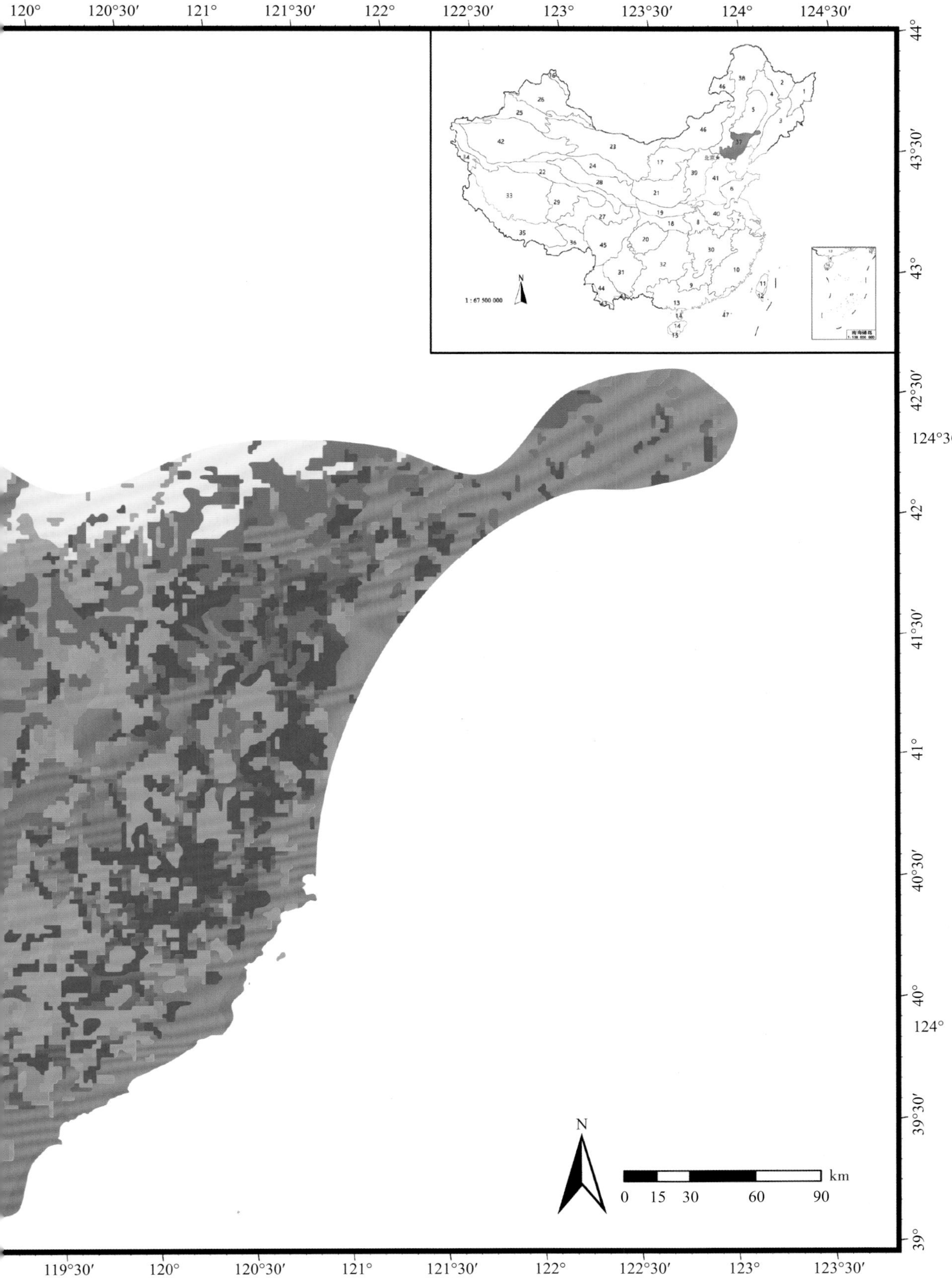

区乡村生态景观资源特征分类

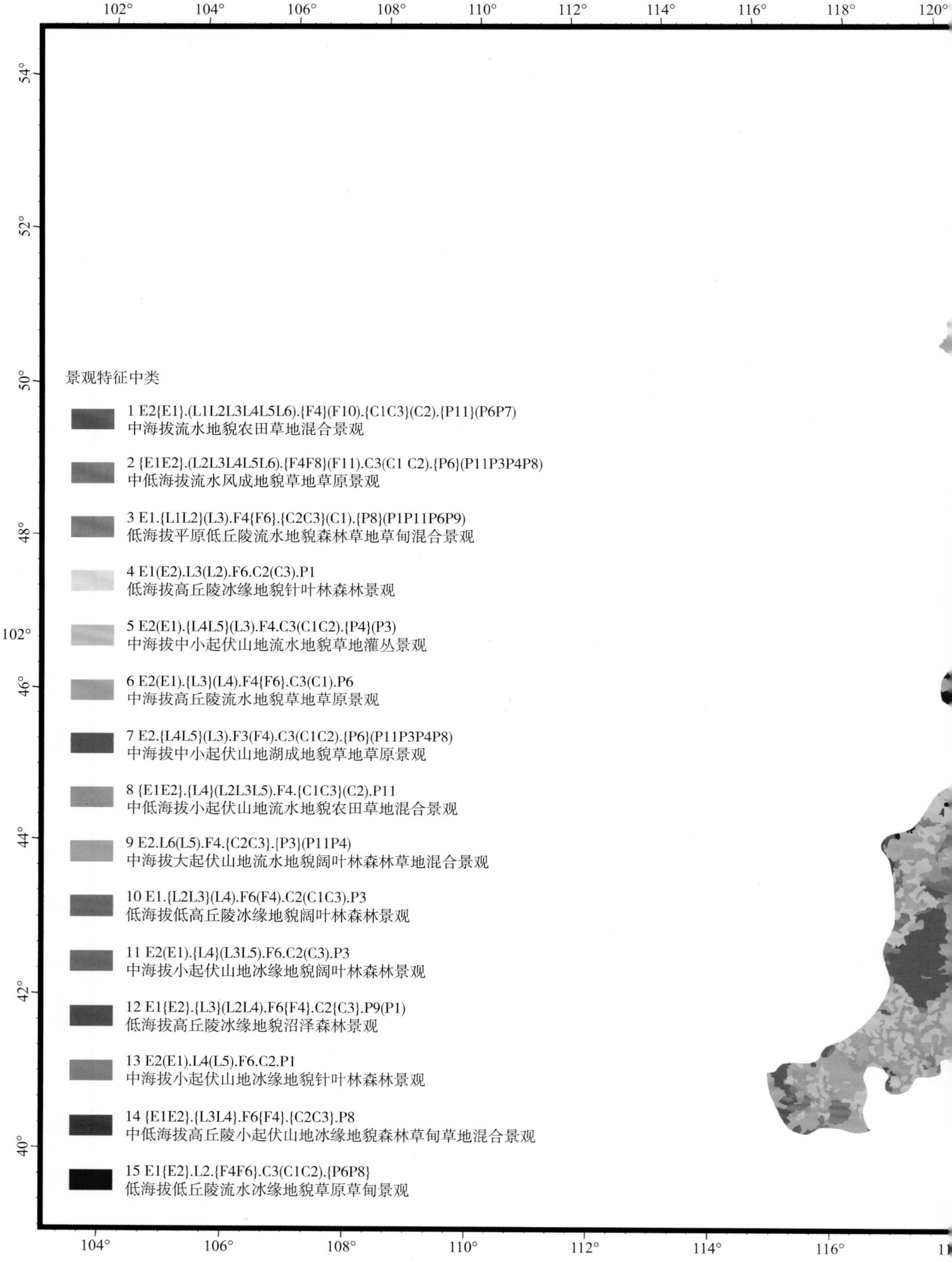
102°
104°
106°
108°
110°
112°
114°
116°
118°
120°
54°
52°
50°
48°
46°
44°
42°
40°
102°
景观特征中类
1 E2{E1}.(L1L2L3L4L5L6).{F4}(F10).{C1C3}(C2).{P11}(P6P7)
中海拔流水地貌农田草地混合景观
2 {E1E2}.(L2L3L4L5L6).{F4F8}(F11).C3(C1 C2).{P6}(P11P3P4P8)
中低海拔流水风成地貌草地草原景观
3 E1.{L1L2}(L3).F4{F6}.{C2C3}(C1).{P8}(P1P11P6P9)
低海拔平原低丘陵流水地貌森林草地草甸混合景观
4 E1(E2).L3(L2).F6.C2(C3).P1
低海拔高丘陵冰缘地貌针叶林森林景观
5 E2(E1).{L4L5}(L3).F4.C3(C1C2).{P4}(P3)
中海拔中小起伏山地流水地貌草地灌丛景观
6 E2(E1).{L3}(L4).F4{F6}.C3(C1).P6
中海拔高丘陵流水地貌草地草原景观
7 E2.{L4L5}(L3).F3(F4).C3(C1C2).{P6}(P11P3P4P8)
中海拔中小起伏山地湖成地貌草地草原景观
8 {E1E2}.{L4}(L2L3L5).F4.{C1C3}(C2).P11
中低海拔小起伏山地流水地貌农田草地混合景观
9 E2.L6(L5).F4.{C2C3}.{P3}(P11P4)
中海拔大起伏山地流水地貌阔叶林森林草地混合景观
10 E1.{L2L3}(L4).F6(F4).C2(C1C3).P3
低海拔低高丘陵冰缘地貌阔叶林森林景观
11 E2(E1).{L4}(L3L5).F6.C2(C3).P3
中海拔小起伏山地冰缘地貌阔叶林森林景观
12 E1{E2}.{L3}(L2L4).F6{F4}.C2{C3}.P9(P1)
低海拔高丘陵冰缘地貌沼泽森林景观
13 E2(E1).L4(L5).F6.C2.P1
中海拔小起伏山地冰缘地貌针叶林森林景观
14 {E1E2}.{L3L4}.F6{F4}.{C2C3}.P8
中低海拔高丘陵小起伏山地冰缘地貌森林草甸草地混合景观
15 E1{E2}.L2.{F4F6}.C3(C1C2).{P6P8}
低海拔低丘陵流水冰缘地貌草原草甸景观
104°
106°
108°
110°
112°
114°
116°

图 12-36 温带湿润大

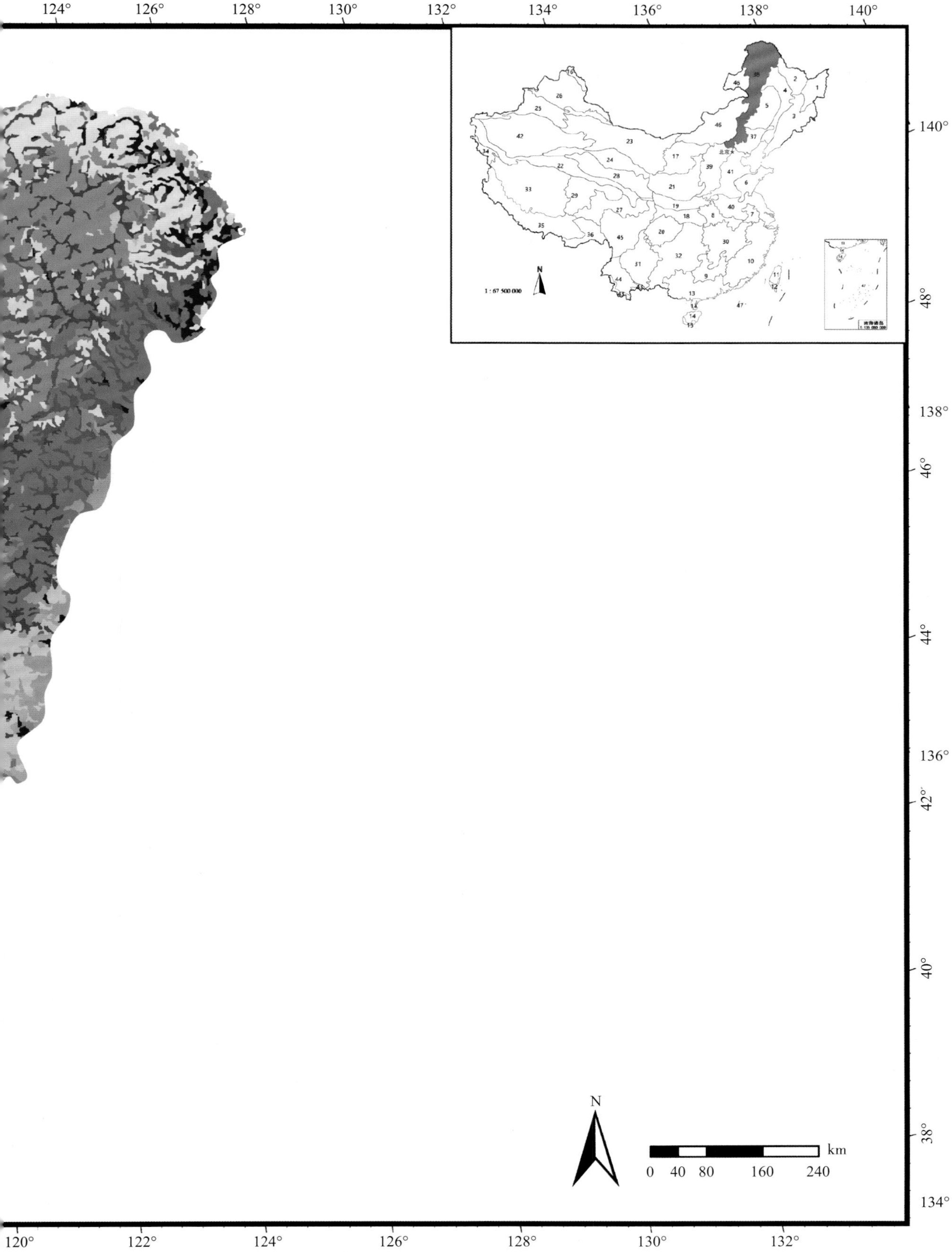

乡村生态景观资源特征分类

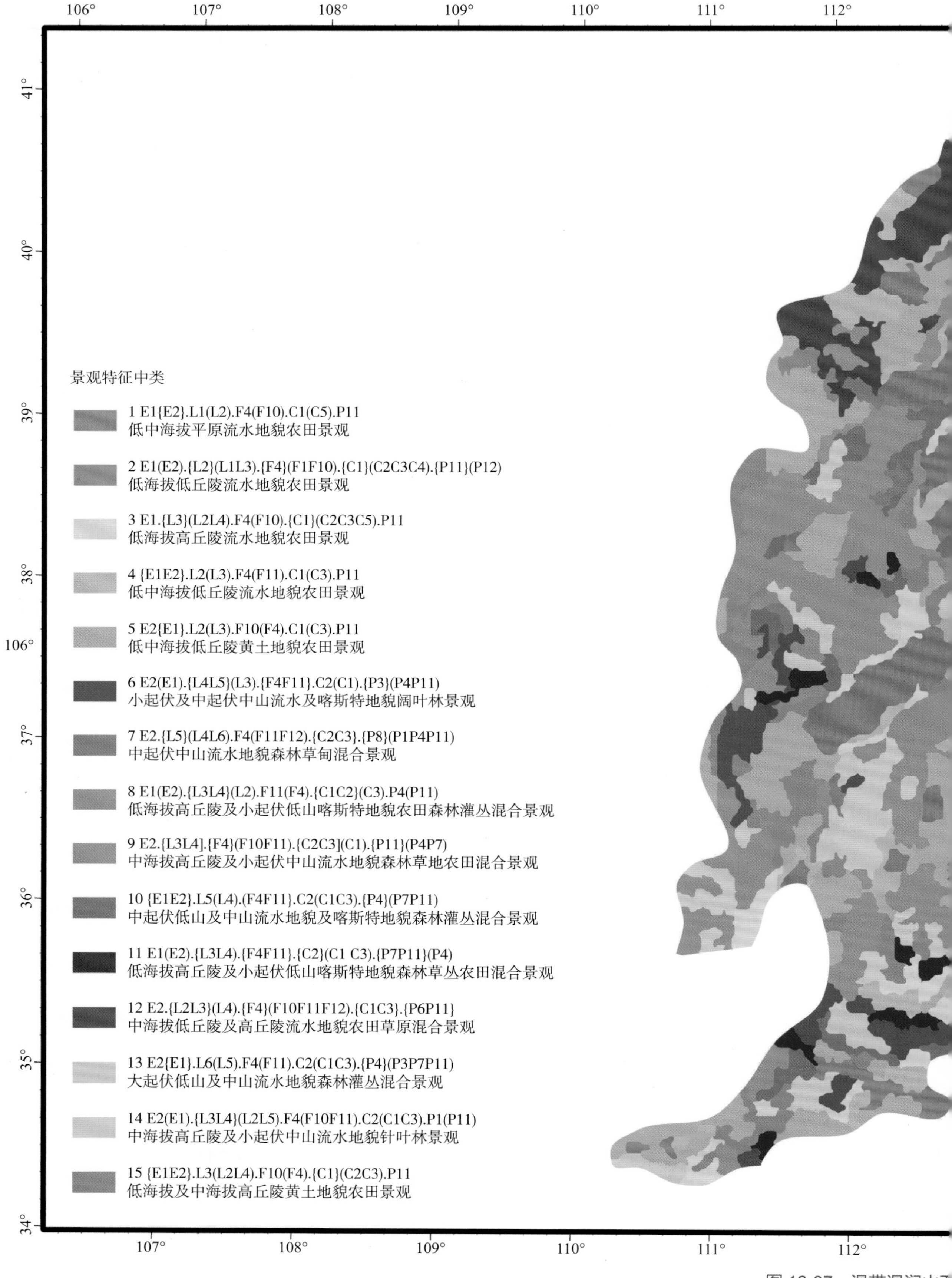
106°
107°
108°
109°
110°
111°
112°
41°
40°
39°
38°
37°
36°
35°
34°
106°
景观特征中类
1 E1{E2}.L1(L2).F4(F10).C1(C5).P11
低中海拔平原流水地貌农田景观
2 E1(E2).{L2}(L1L3).{F4}(F1F10).{C1}(C2C3C4).{P11}(P12)
低海拔低丘陵流水地貌农田景观
3 E1.{L3}(L2L4).F4(F10).{C1}(C2C3C5).P11
低海拔高丘陵流水地貌农田景观
4 {E1E2}.L2(L3).F4(F11).C1(C3).P11
低中海拔低丘陵流水地貌农田景观
5 E2{E1}.L2(L3).F10(F4).C1(C3).P11
低中海拔低丘陵黄土地貌农田景观
6 E2(E1).{L4L5}(L3).{F4F11}.C2(C1).{P3}(P4P11)
小起伏及中起伏中山流水及喀斯特地貌阔叶林景观
7 E2.{L5}(L4L6).F4(F11F12).{C2C3}.{P8}(P1P4P11)
中起伏中山流水地貌森林草甸混合景观
8 E1(E2).{L3L4}(L2).F11(F4).{C1C2}(C3).P4(P11)
低海拔高丘陵及小起伏低山喀斯特地貌农田森林灌丛混合景观
9 E2.{L3L4].{F4}(F10F11).{C2C3](C1).{P11}(P4P7)
中海拔高丘陵及小起伏中山流水地貌森林草地农田混合景观
10 {E1E2}.L5(L4).(F4F11}.C2(C1C3).{P4}(P7P11)
中起伏低山及中山流水地貌及喀斯特地貌森林灌丛混合景观
11 E1(E2).{L3L4).{F4F11}.{C2}(C1 C3).{P7P11}(P4)
低海拔高丘陵及小起伏低山喀斯特地貌森林草丛农田混合景观
12 E2.{L2L3}(L4).{F4}(F10F11F12).{C1C3}.{P6P11}
中海拔低丘陵及高丘陵流水地貌农田草原混合景观
13 E2{E1}.L6(L5).F4(F11).C2(C1C3).{P4}(P3P7P11)
大起伏低山及中山流水地貌森林灌丛混合景观
14 E2(E1).{L3L4}(L2L5).F4(F10F11).C2(C1C3).P1(P11)
中海拔高丘陵及小起伏中山流水地貌针叶林景观
15 {E1E2}.L3(L2L4).F10(F4).{C1}(C2C3).P11
低海拔及中海拔高丘陵黄土地貌农田景观
107°
108°
109°
110°
111°
112°

图 12-37　温带湿润山

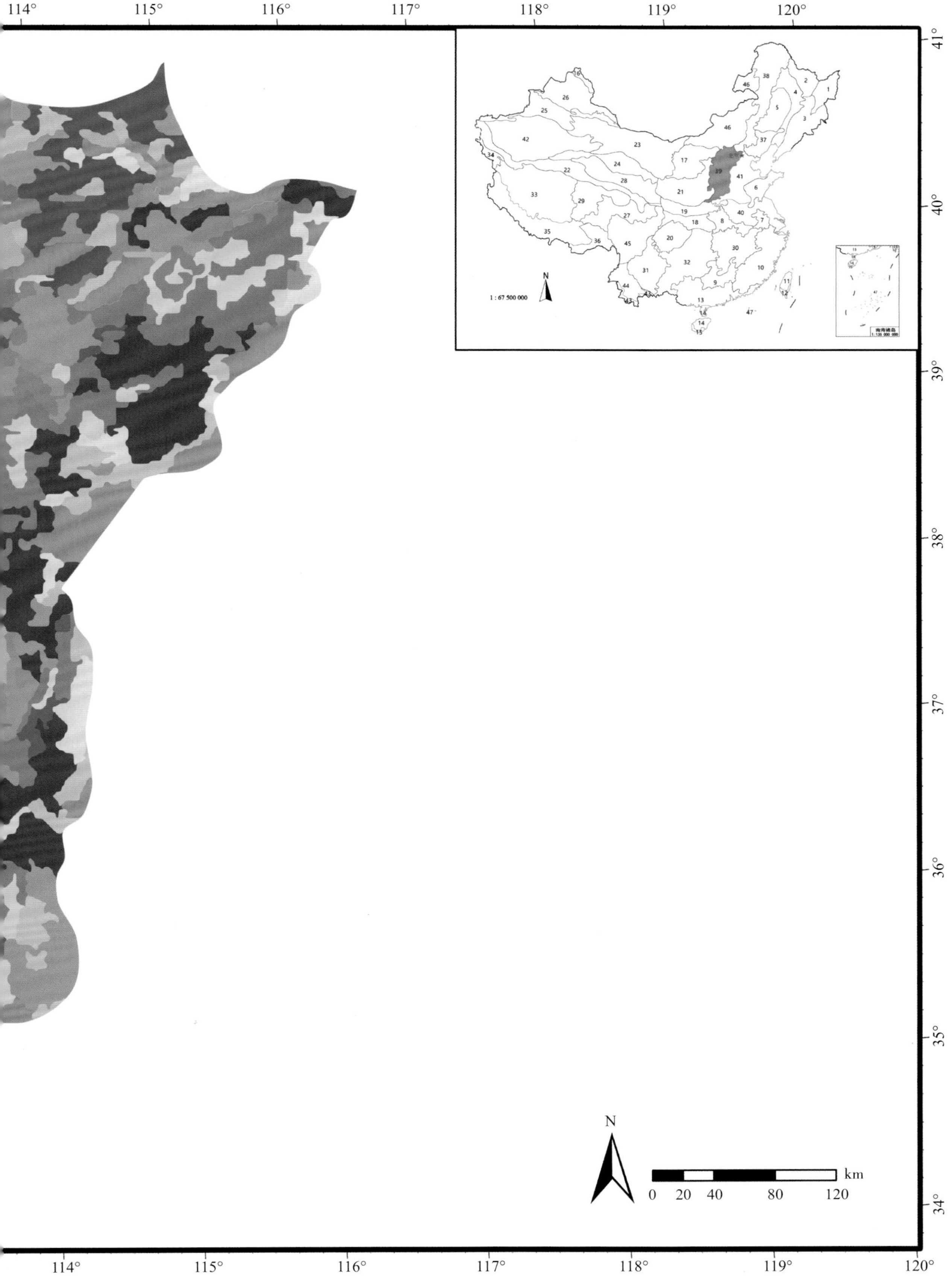

村生态景观资源特征分类

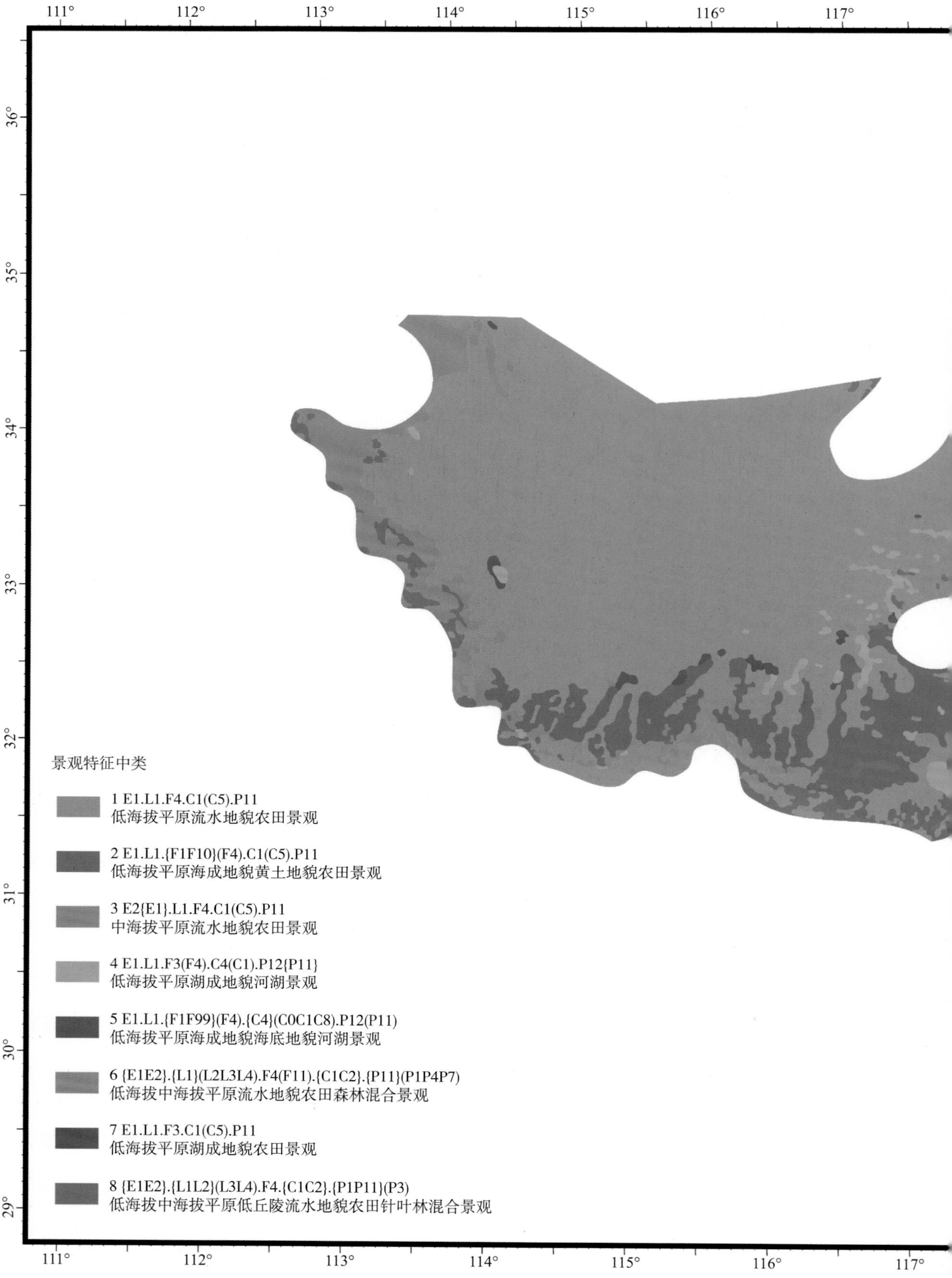
111°
112°
113°
114°
115°
116°
117°
36°
35°
34°
33°
32°
31°
30°
29°
景观特征中类
1 E1.L1.F4.C1(C5).P11
低海拔平原流水地貌农田景观
2 E1.L1.{F1F10}(F4).C1(C5).P11
低海拔平原海成地貌黄土地貌农田景观
3 E2{E1}.L1.F4.C1(C5).P11
中海拔平原流水地貌农田景观
4 E1.L1.F3(F4).C4(C1).P12{P11}
低海拔平原湖成地貌河湖景观
5 E1.L1.{F1F99}(F4).{C4}(C0C1C8).P12(P11)
低海拔平原海成地貌海底地貌河湖景观
6 {E1E2}.{L1}(L2L3L4).F4(F11).{C1C2}.{P11}(P1P4P7)
低海拔中海拔平原流水地貌农田森林混合景观
7 E1.L1.F3.C1(C5).P11
低海拔平原湖成地貌农田景观
8 {E1E2}.{L1L2}(L3L4).F4.{C1C2}.{P1P11}(P3)
低海拔中海拔平原低丘陵流水地貌农田针叶林混合景观

图 12-38　亚热带湿润华北、

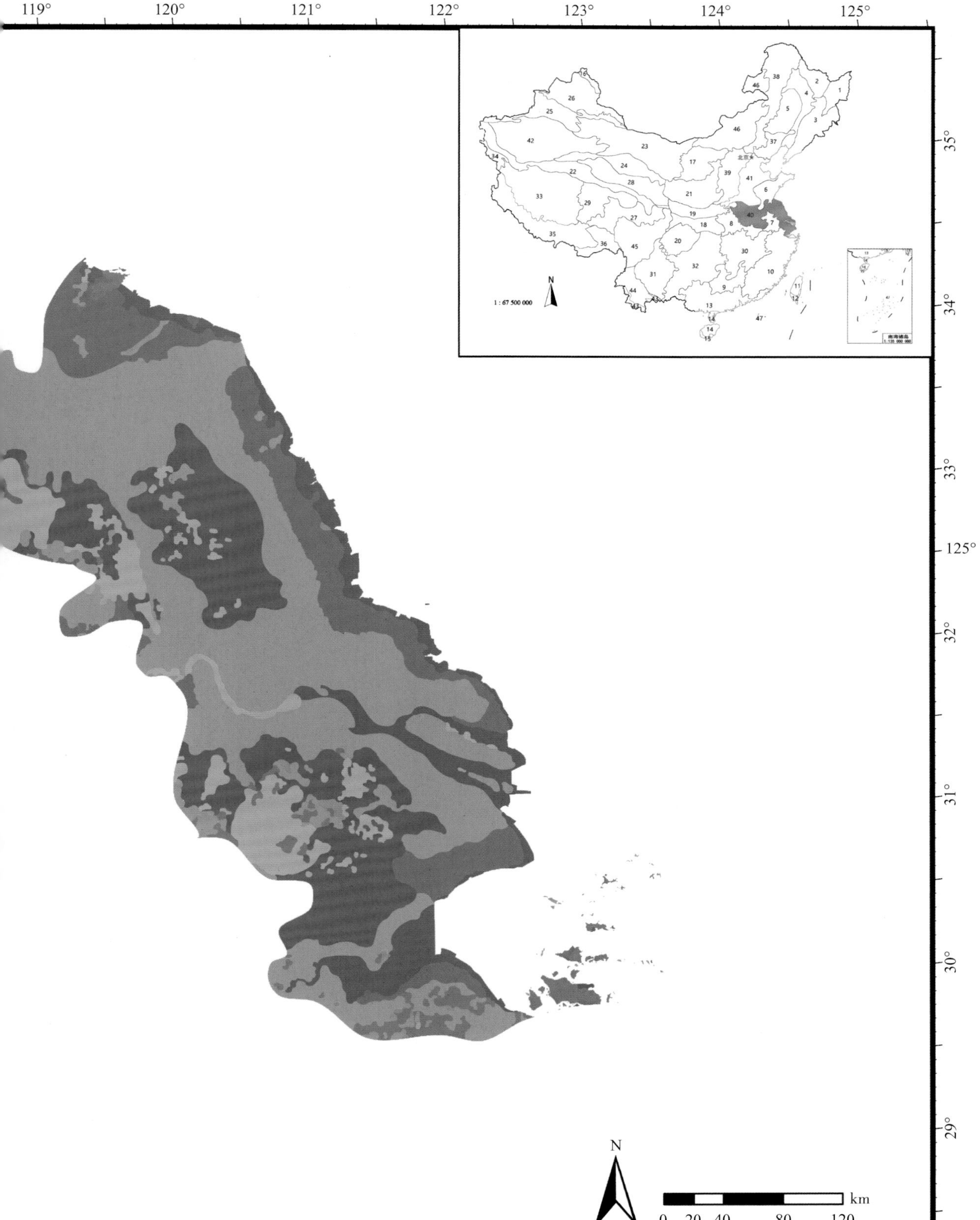

区乡村生态景观资源特征分类

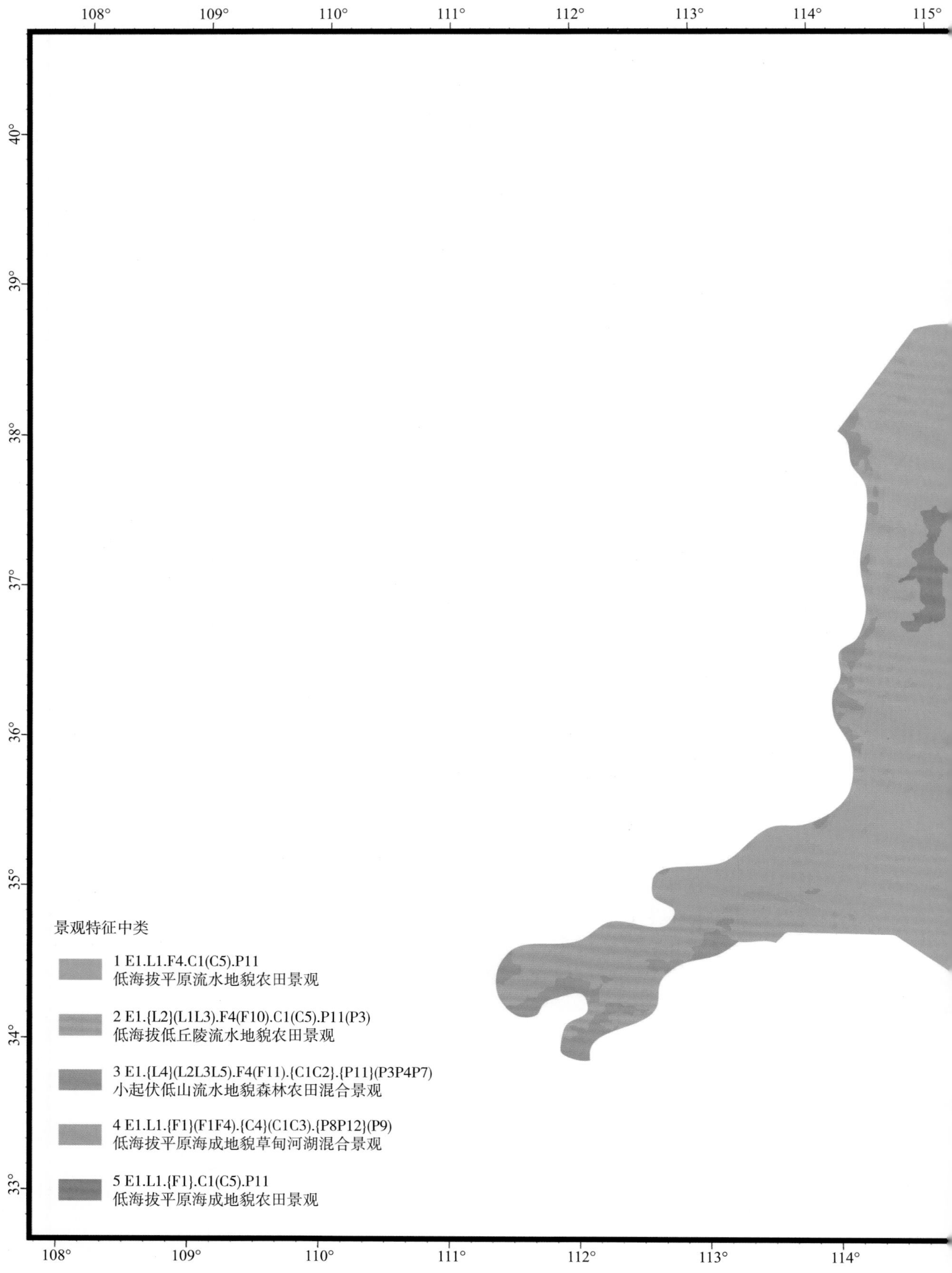
108°
109°
110°
111°
112°
113°
114°
115°
40°
39°
38°
37°
36°
35°
34°
33°
景观特征中类
1 E1.L1.F4.C1(C5).P11
低海拔平原流水地貌农田景观
2 E1.{L2}(L1L3).F4(F10).C1(C5).P11(P3)
低海拔低丘陵流水地貌农田景观
3 E1.{L4}(L2L3L5).F4(F11).{C1C2}.{P11}(P3P4P7)
小起伏低山流水地貌森林农田混合景观
4 E1.L1.{F1}(F1F4).{C4}(C1C3).{P8P12}(P9)
低海拔平原海成地貌草甸河湖混合景观
5 E1.L1.{F1}.C1(C5).P11
低海拔平原海成地貌农田景观

图 12-39 温带湿润华北、

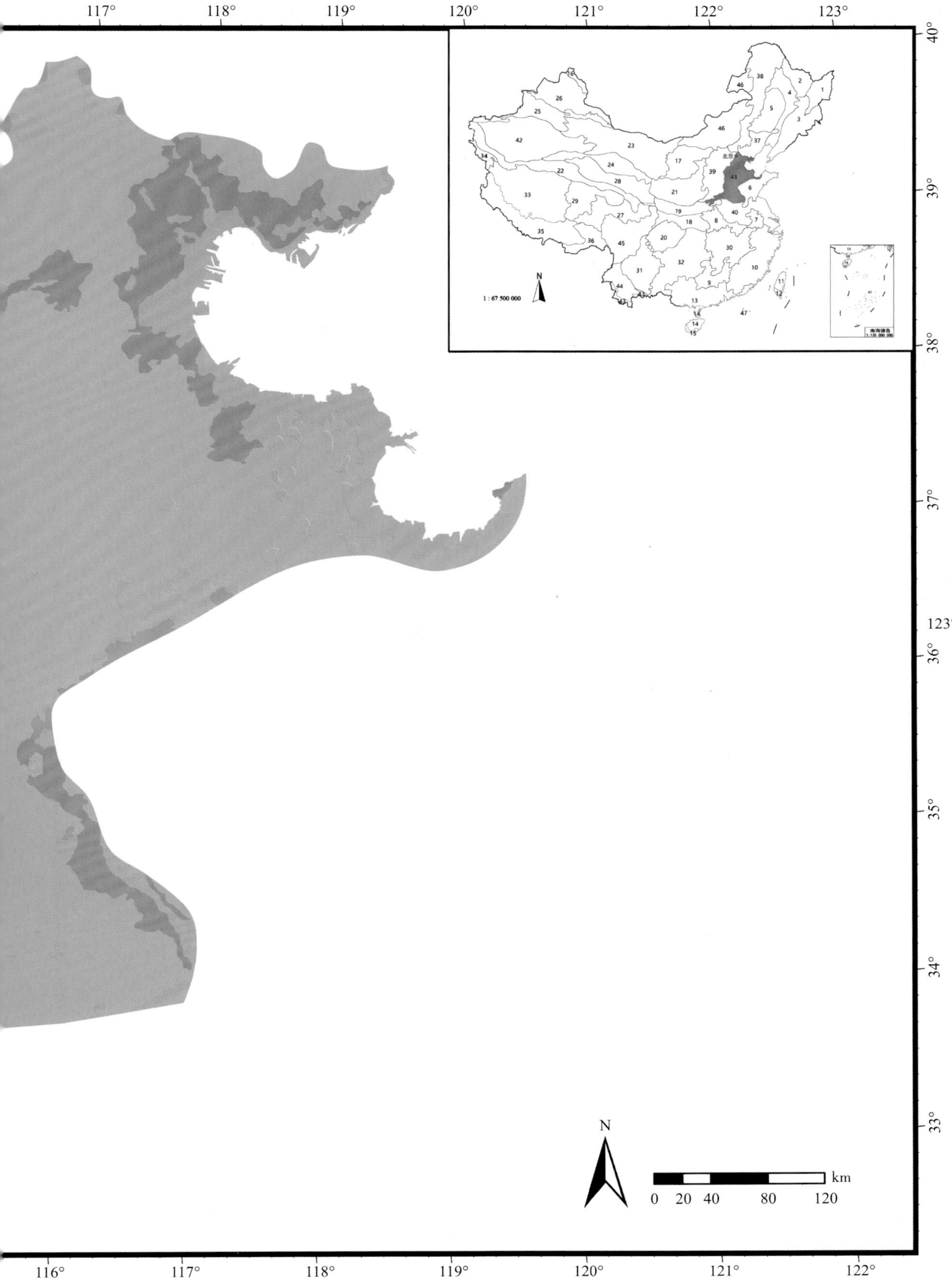

乡村生态景观资源特征分类

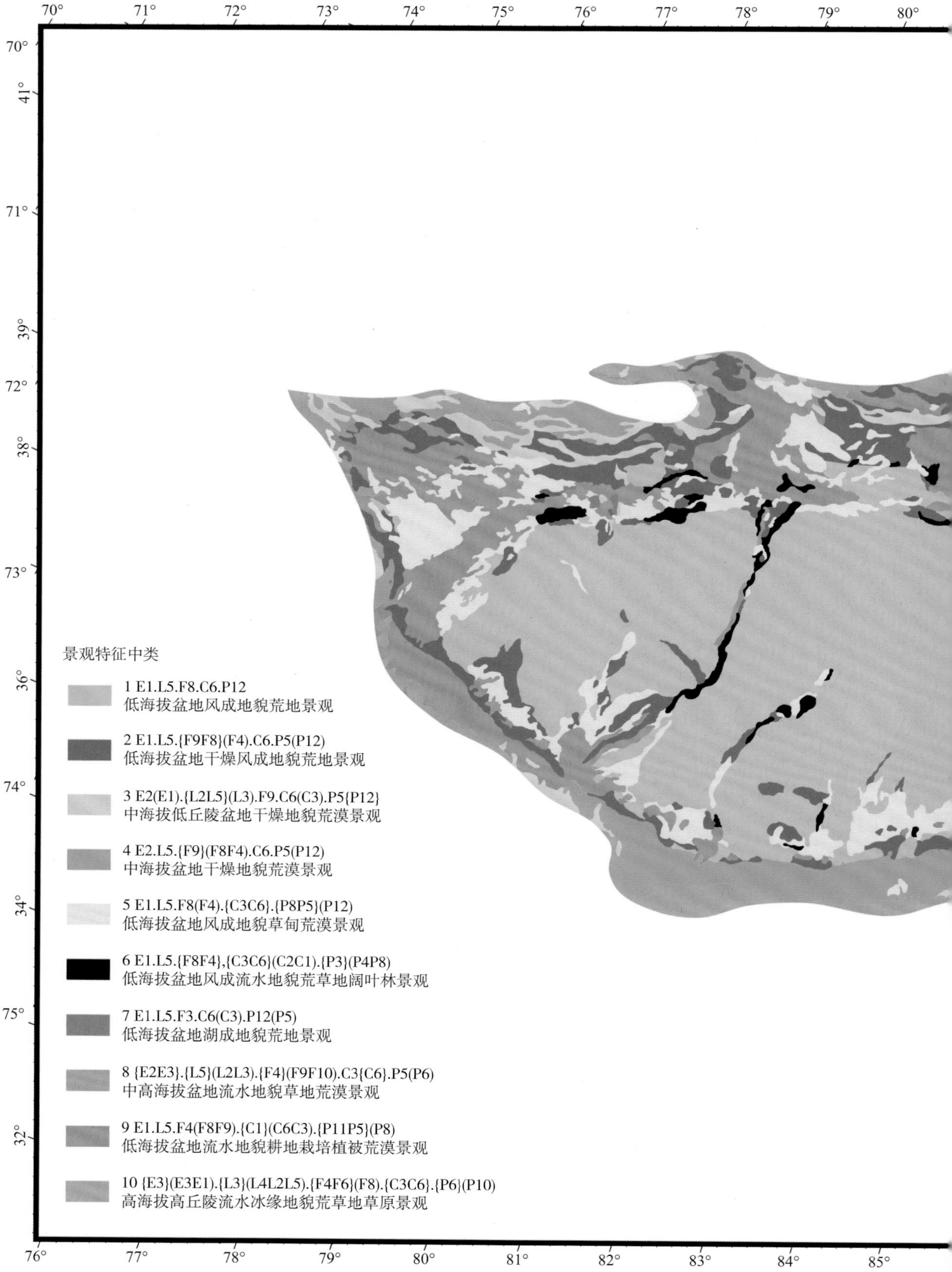
景观特征中类
1 E1.L5.F8.C6.P12
低海拔盆地风成地貌荒地景观
2 E1.L5.{F9F8}(F4).C6.P5(P12)
低海拔盆地干燥风成地貌荒地景观
3 E2(E1).{L2L5}(L3).F9.C6(C3).P5{P12}
中海拔低丘陵盆地干燥地貌荒漠景观
4 E2.L5.{F9}(F8F4).C6.P5(P12)
中海拔盆地干燥地貌荒漠景观
5 E1.L5.F8(F4).{C3C6}.{P8P5}(P12)
低海拔盆地风成地貌草甸荒漠景观
6 E1.L5.{F8F4},{C3C6}(C2C1).{P3}(P4P8)
低海拔盆地风成流水地貌荒草地阔叶林景观
7 E1.L5.F3.C6(C3).P12(P5)
低海拔盆地湖成地貌荒地景观
8 {E2E3}.{L5}(L2L3).{F4}(F9F10).C3{C6}.P5(P6)
中高海拔盆地流水地貌草地荒漠景观
9 E1.L5.F4(F8F9).{C1}(C6C3).{P11P5}(P8)
低海拔盆地流水地貌耕地栽培植被荒漠景观
10 {E3}(E3E1).{L3}(L4L2L5).{F4F6}(F8).{C3C6}.{P6}(P10)
高海拔高丘陵流水冰缘地貌荒草地草原景观

图 12-40 温带干旱塔

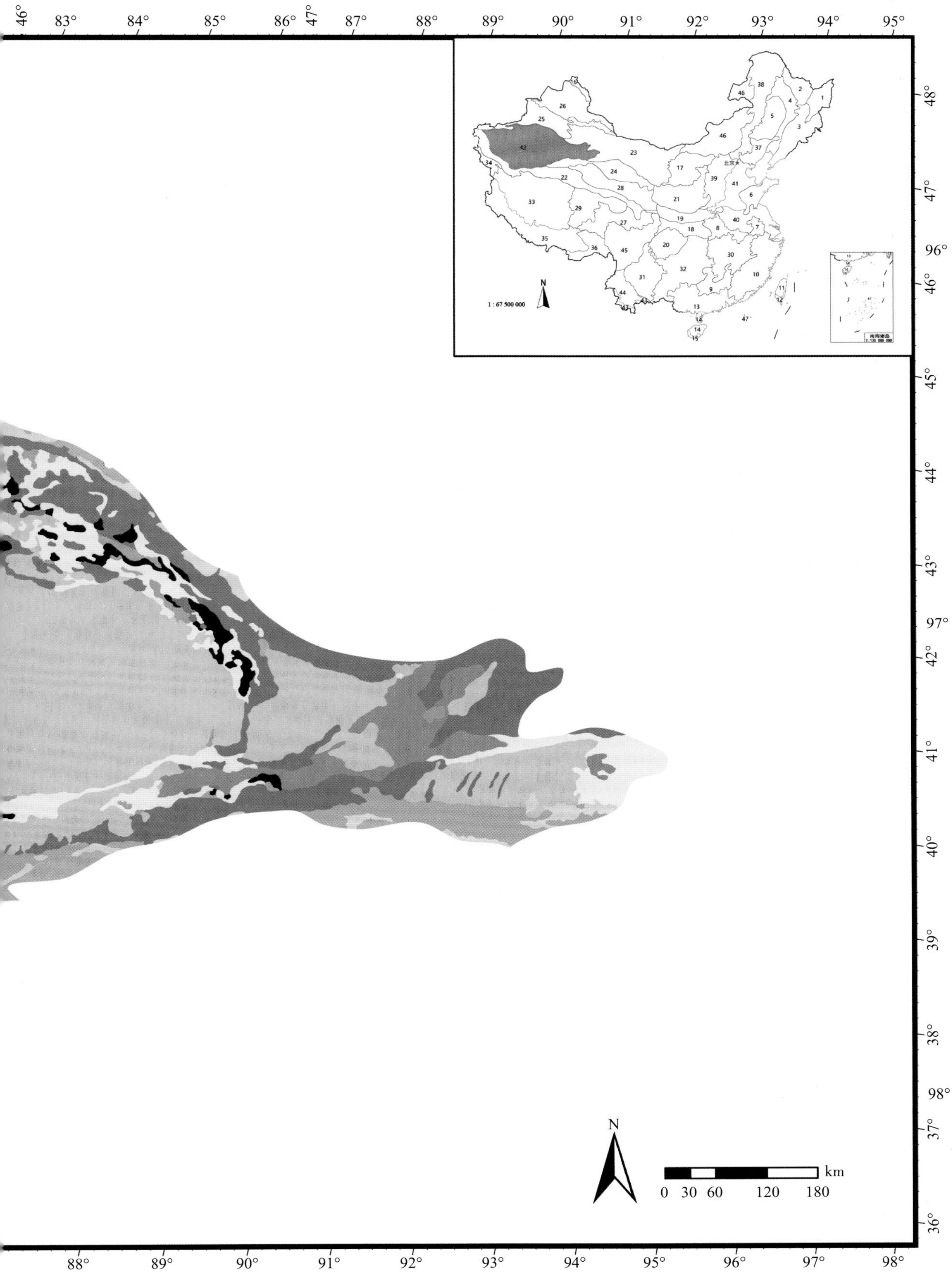

村生态景观资源特征分类

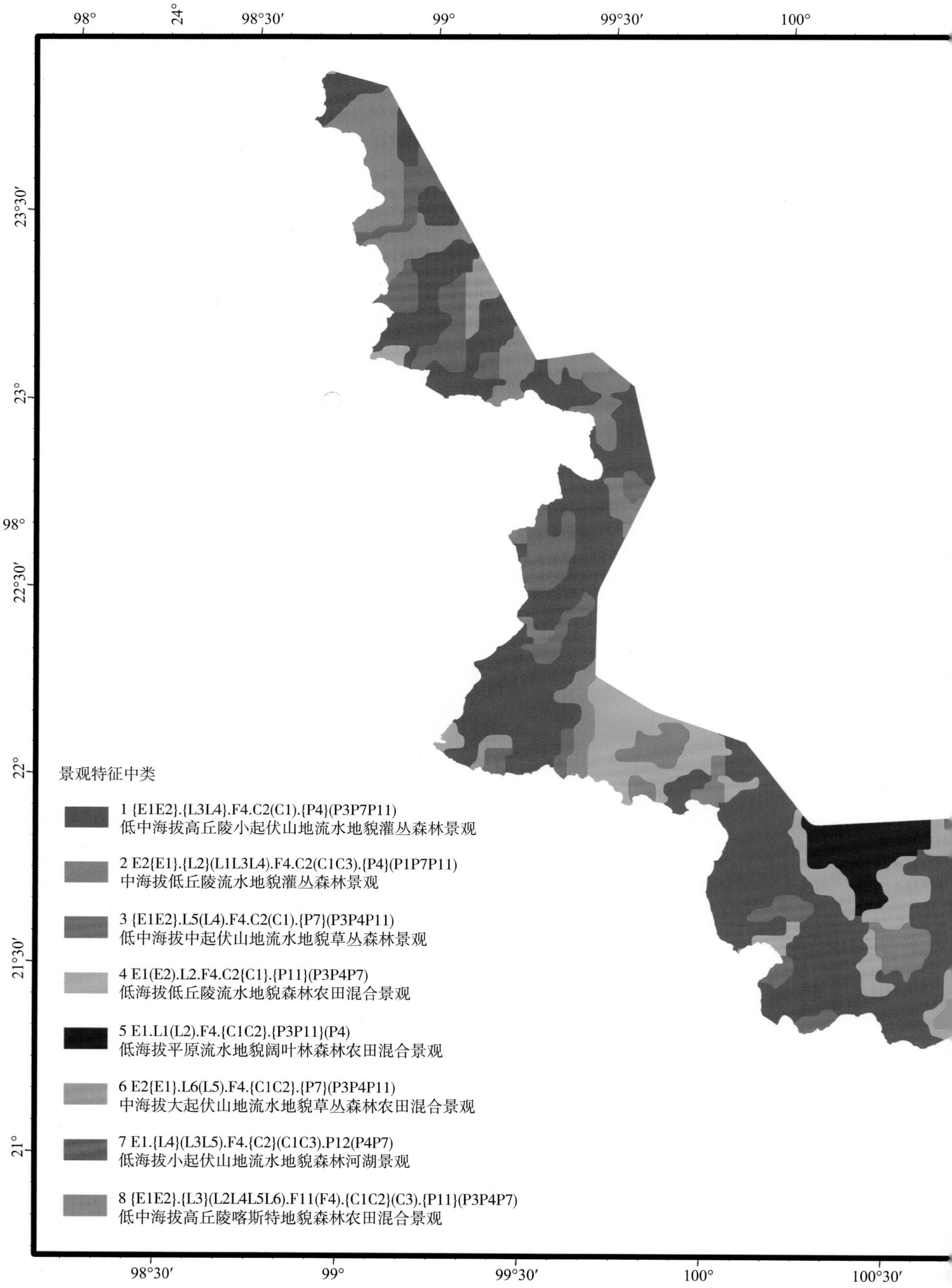
98°
24°
98°30′
99°
99°30′
100°
23°30′
23°
98°
22°30′
22°
21°30′
21°
98°30′
99°
99°30′
100°
100°30′
景观特征中类
1 {E1E2}.{L3L4}.F4.C2(C1).{P4}(P3P7P11)
低中海拔高丘陵小起伏山地流水地貌灌丛森林景观
2 E2{E1}.{L2}(L1L3L4).F4.C2(C1C3).{P4}(P1P7P11)
中海拔低丘陵流水地貌灌丛森林景观
3 {E1E2}.L5(L4).F4.C2(C1).{P7}(P3P4P11)
低中海拔中起伏山地流水地貌草丛森林景观
4 E1(E2).L2.F4.C2{C1}.{P11}(P3P4P7)
低海拔低丘陵流水地貌森林农田混合景观
5 E1.L1(L2).F4.{C1C2}.{P3P11}(P4)
低海拔平原流水地貌阔叶林森林农田混合景观
6 E2{E1}.L6(L5).F4.{C1C2}.{P7}(P3P4P11)
中海拔大起伏山地流水地貌草丛森林农田混合景观
7 E1.{L4}(L3L5).F4.{C2}(C1C3).P12(P4P7)
低海拔小起伏山地流水地貌森林河湖景观
8 {E1E2}.{L3}(L2L4L5L6).F11(F4).{C1C2}(C3).{P11}(P3P4P7)
低中海拔高丘陵喀斯特地貌森林农田混合景观

图 12-41　边缘热带湿润滇

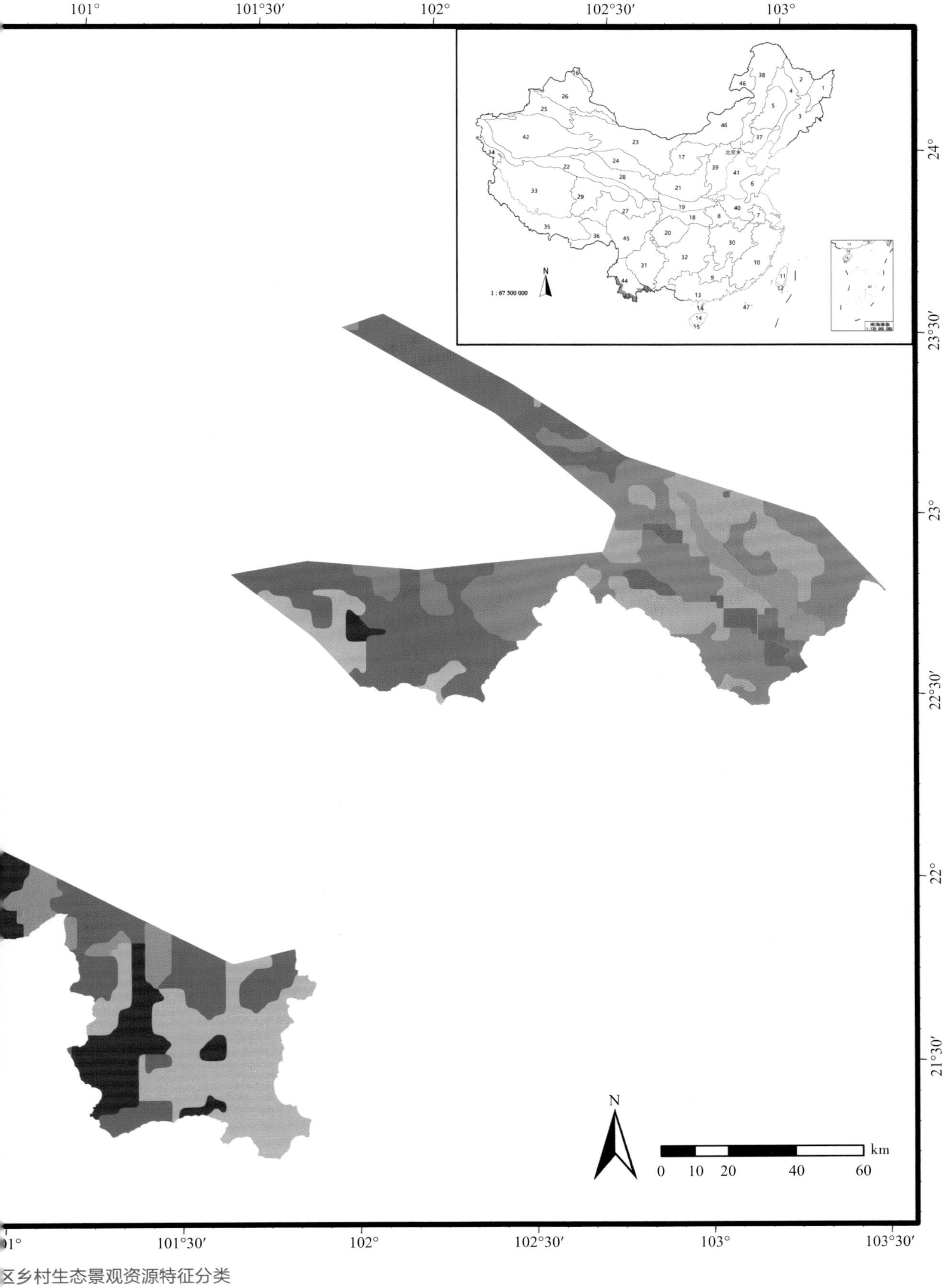

区乡村生态景观资源特征分类

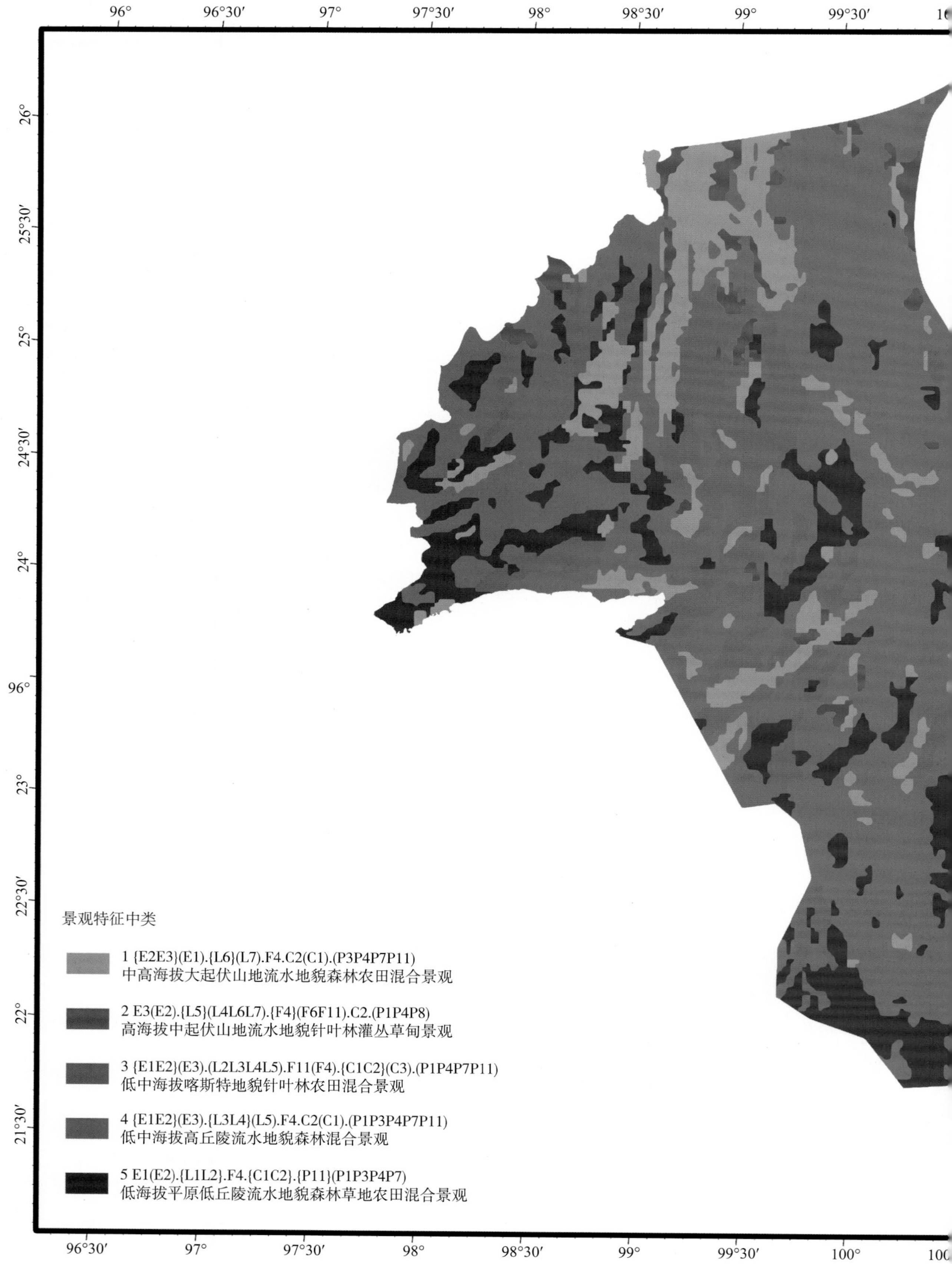
96°
96°30′
97°
97°30′
98°
98°30′
99°
99°30′
26°
25°30′
25°
24°30′
24°
96°
23°
22°30′
22°
21°30′
景观特征中类
1 {E2E3}(E1).{L6}(L7).F4.C2(C1).(P3P4P7P11)
中高海拔大起伏山地流水地貌森林农田混合景观
2 E3(E2).{L5}(L4L6L7).{F4}(F6F11).C2.(P1P4P8)
高海拔中起伏山地流水地貌针叶林灌丛草甸景观
3 {E1E2}(E3).(L2L3L4L5).F11(F4).{C1C2}(C3).(P1P4P7P11)
低中海拔喀斯特地貌针叶林农田混合景观
4 {E1E2}(E3).{L3L4}(L5).F4.C2(C1).(P1P3P4P7P11)
低中海拔高丘陵流水地貌森林混合景观
5 E1(E2).{L1L2}.F4.{C1C2}.{P11}(P1P3P4P7)
低海拔平原低丘陵流水地貌森林草地农田混合景观
96°30′
97°
97°30′
98°
98°30′
99°
99°30′
100°

图 12-42　亚热带湿润滇西

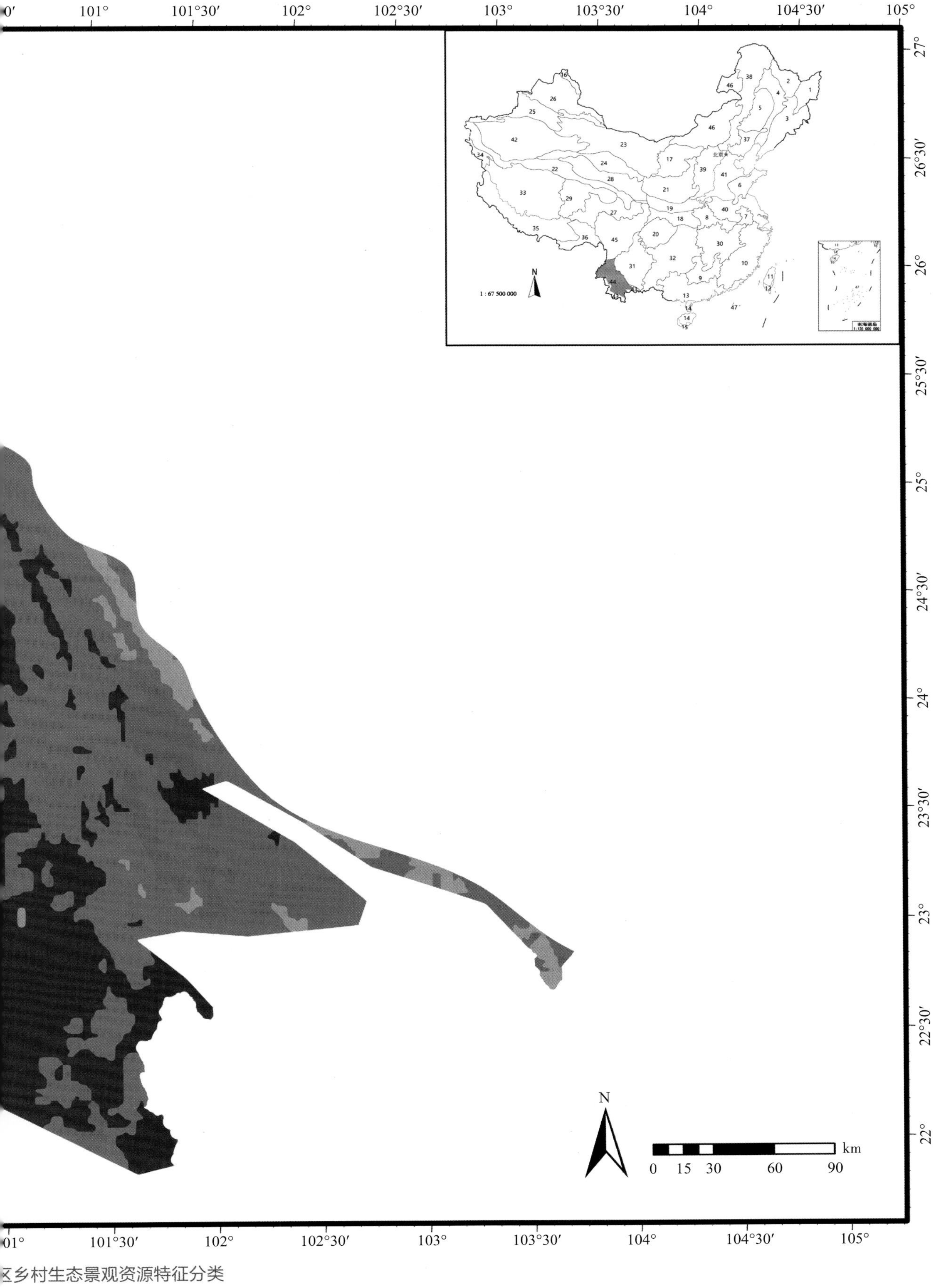

区乡村生态景观资源特征分类

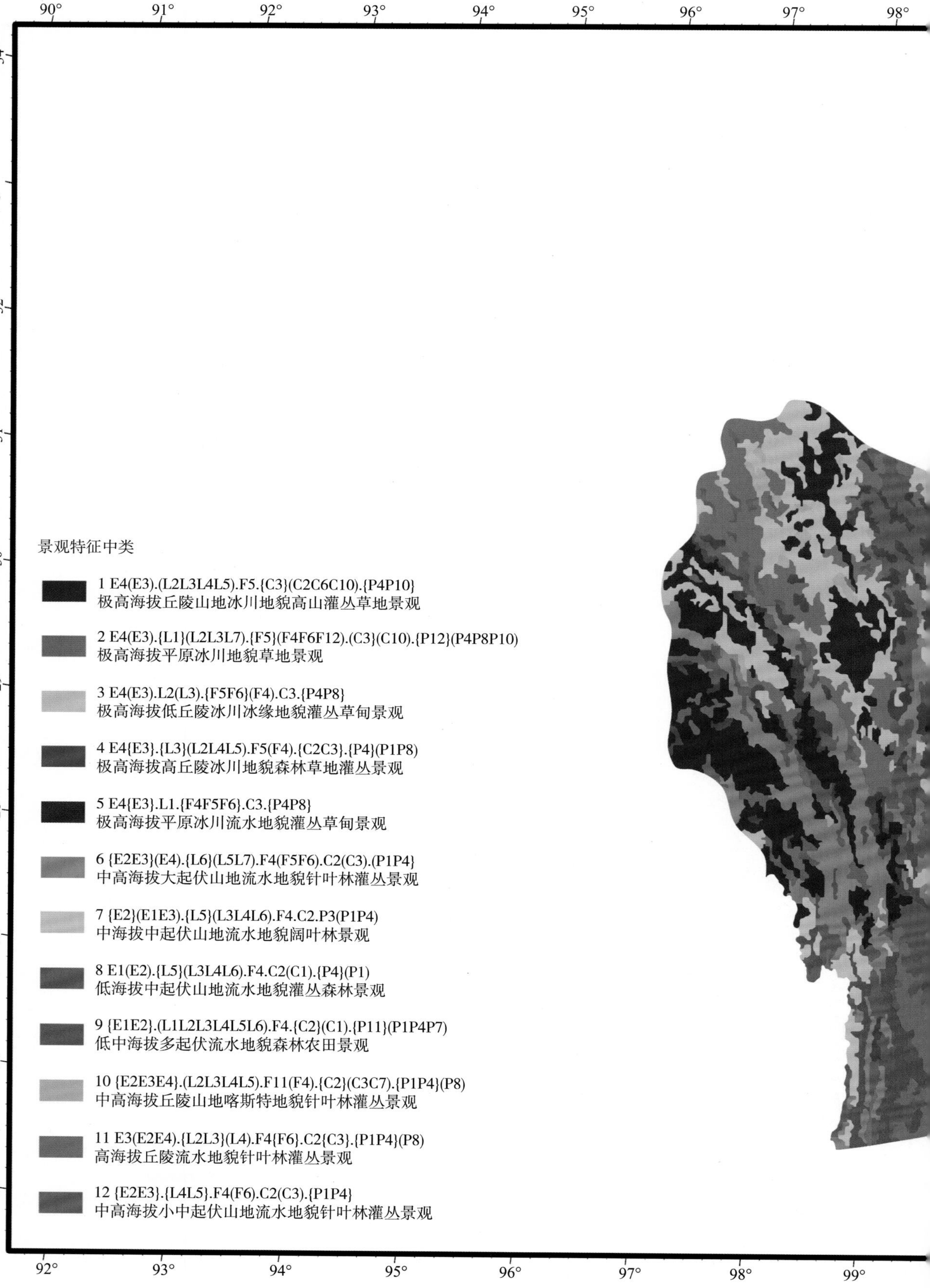
景观特征中类
1 E4(E3).(L2L3L4L5).F5.{C3}(C2C6C10).{P4P10}
极高海拔丘陵山地冰川地貌高山灌丛草地景观
2 E4(E3).{L1}(L2L3L7).{F5}(F4F6F12).(C3}(C10).{P12}(P4P8P10)
极高海拔平原冰川地貌草地景观
3 E4(E3).L2(L3).{F5F6}(F4).C3.{P4P8}
极高海拔低丘陵冰川冰缘地貌灌丛草甸景观
4 E4{E3}.{L3}(L2L4L5).F5(F4).{C2C3}.{P4}(P1P8)
极高海拔高丘陵冰川地貌森林草地灌丛景观
5 E4{E3}.L1.{F4F5F6}.C3.{P4P8}
极高海拔平原冰川流水地貌灌丛草甸景观
6 {E2E3}(E4).{L6}(L5L7).F4(F5F6).C2(C3).(P1P4}
中高海拔大起伏山地流水地貌针叶林灌丛景观
7 {E2}(E1E3).{L5}(L3L4L6).F4.C2.P3(P1P4)
中海拔中起伏山地流水地貌阔叶林景观
8 E1(E2).{L5}(L3L4L6).F4.C2(C1).{P4}(P1)
低海拔中起伏山地流水地貌灌丛森林景观
9 {E1E2}.(L1L2L3L4L5L6).F4.{C2}(C1).{P11}(P1P4P7)
低中海拔多起伏流水地貌森林农田景观
10 {E2E3E4}.(L2L3L4L5).F11(F4).{C2}(C3C7).{P1P4}(P8)
中高海拔丘陵山地喀斯特地貌针叶林灌丛景观
11 E3(E2E4).{L2L3}(L4).F4{F6}.C2{C3}.{P1P4}(P8)
高海拔丘陵流水地貌针叶林灌丛景观
12 {E2E3}.{L4L5}.F4(F6).C2(C3).{P1P4}
中高海拔小中起伏山地流水地貌针叶林灌丛景观

图 12-43　亚热带湿润横断山

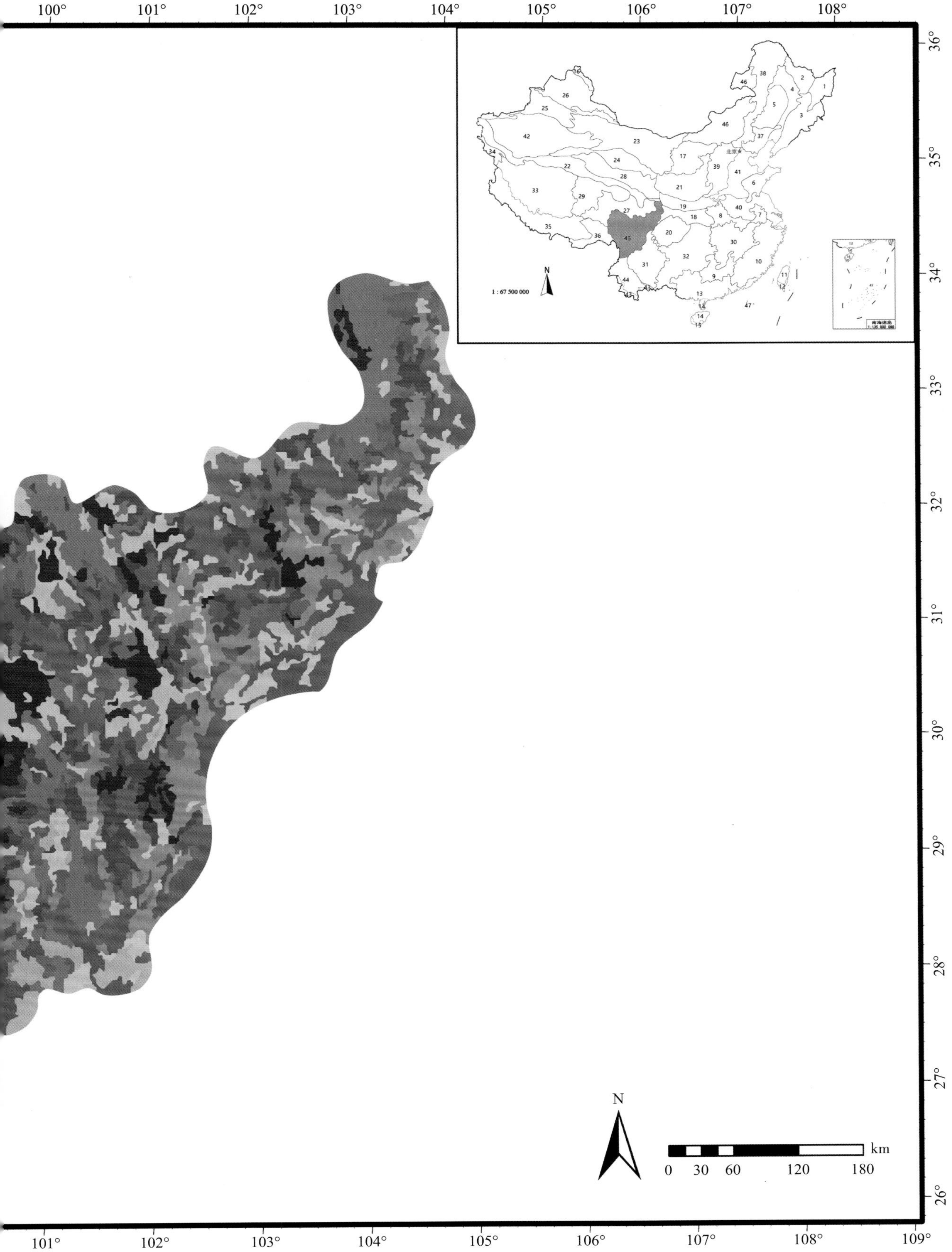

犬高山区乡村生态景观资源特征分类

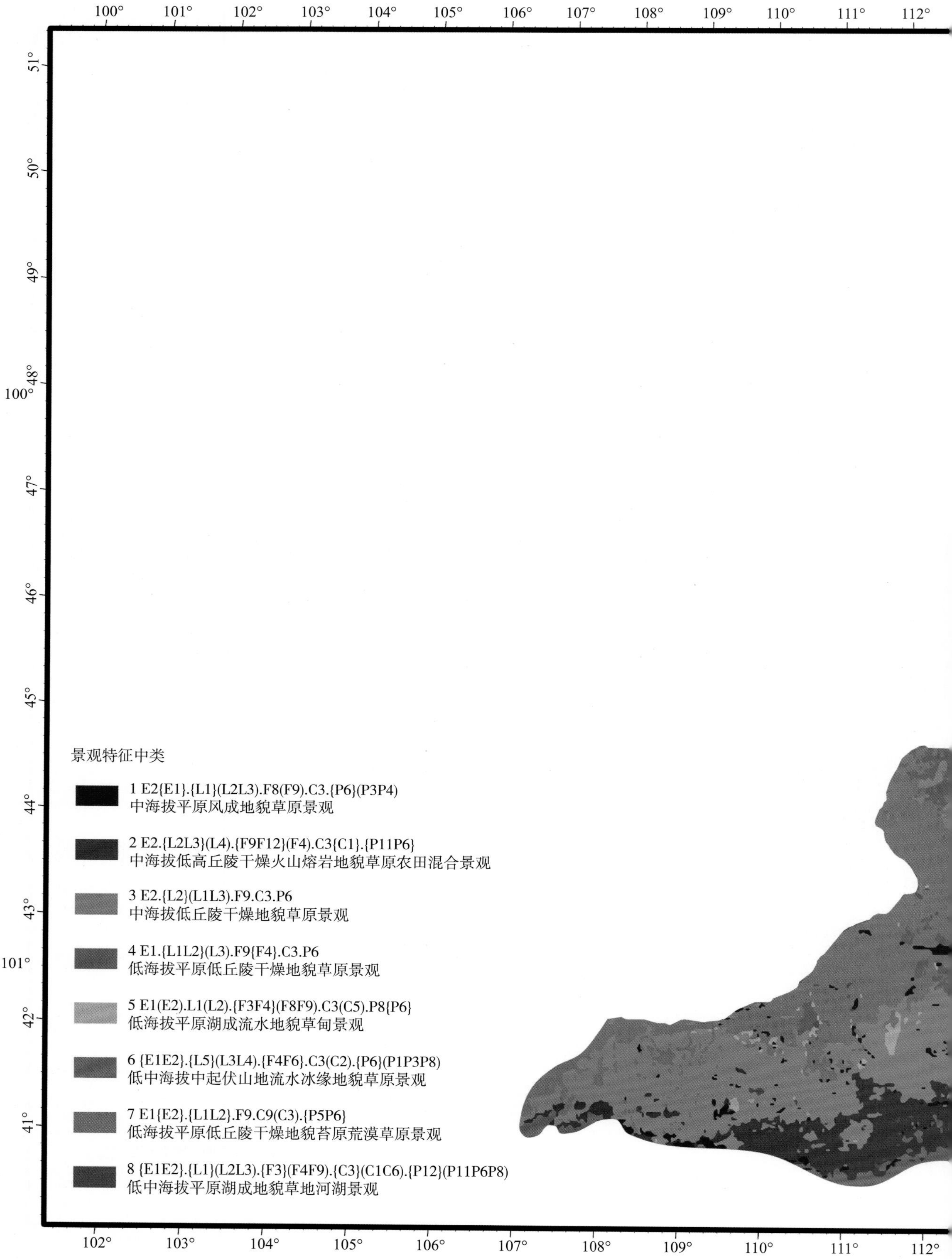
景观特征中类
1 E2{E1}.{L1}(L2L3).F8(F9).C3.{P6}(P3P4)
中海拔平原风成地貌草原景观
2 E2.{L2L3}(L4).{F9F12}(F4).C3{C1}.{P11P6}
中海拔低高丘陵干燥火山熔岩地貌草原农田混合景观
3 E2.{L2}(L1L3).F9.C3.P6
中海拔低丘陵干燥地貌草原景观
4 E1.{L1L2}(L3).F9{F4}.C3.P6
低海拔平原低丘陵干燥地貌草原景观
5 E1(E2).L1(L2).{F3F4}(F8F9).C3(C5).P8{P6}
低海拔平原湖成流水地貌草甸景观
6 {E1E2}.{L5}(L3L4).{F4F6}.C3(C2).{P6}(P1P3P8)
低中海拔中起伏山地流水冰缘地貌草原景观
7 E1{E2}.{L1L2}.F9.C9(C3).{P5P6}
低海拔平原低丘陵干燥地貌苔原荒漠草原景观
8 {E1E2}.{L1}(L2L3).{F3}(F4F9).{C3}(C1C6).{P12}(P11P6P8)
低中海拔平原湖成地貌草地河湖景观

图 12-44 温带干旱内蒙

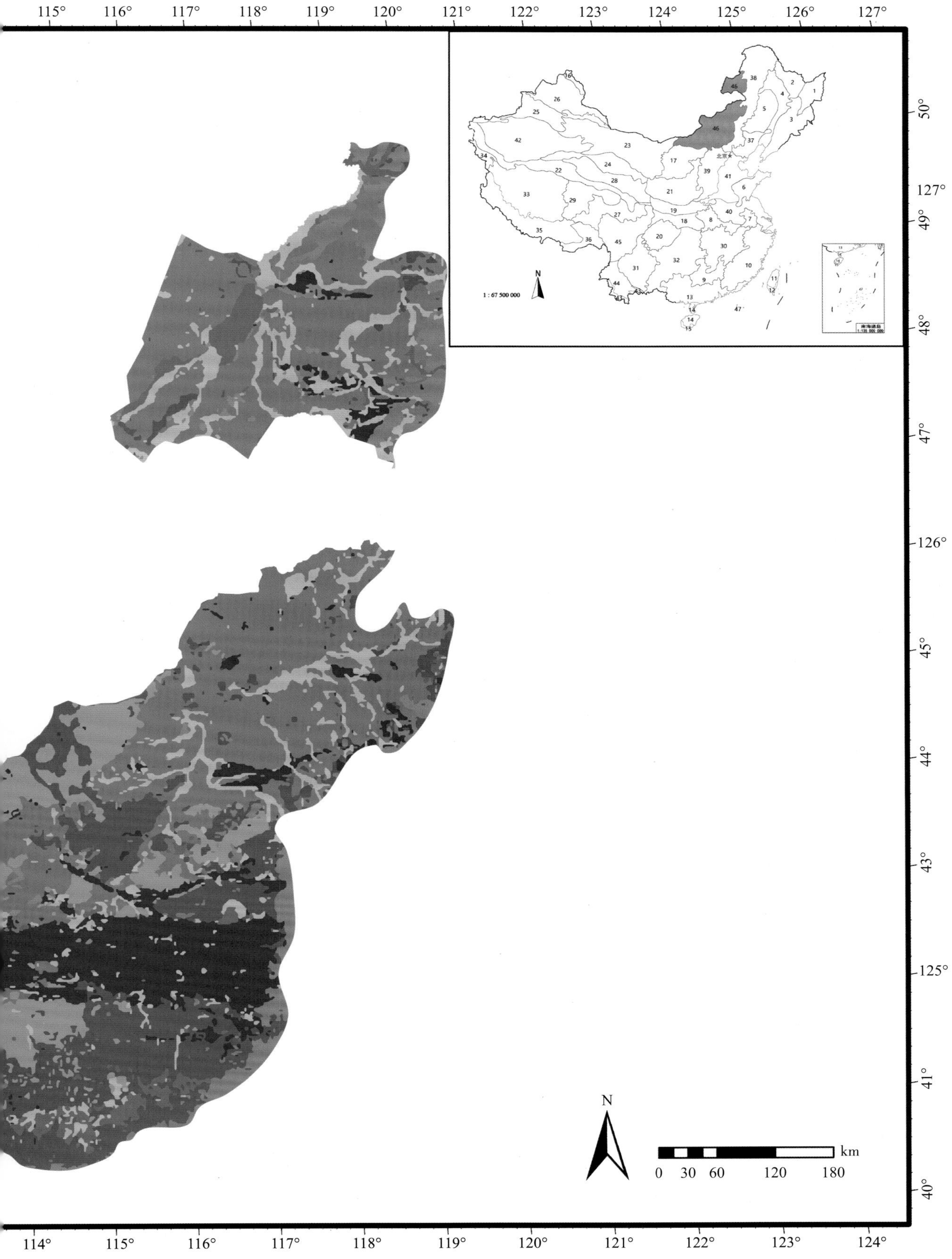

乡村生态景观资源特征分类

第 13 章

地方尺度

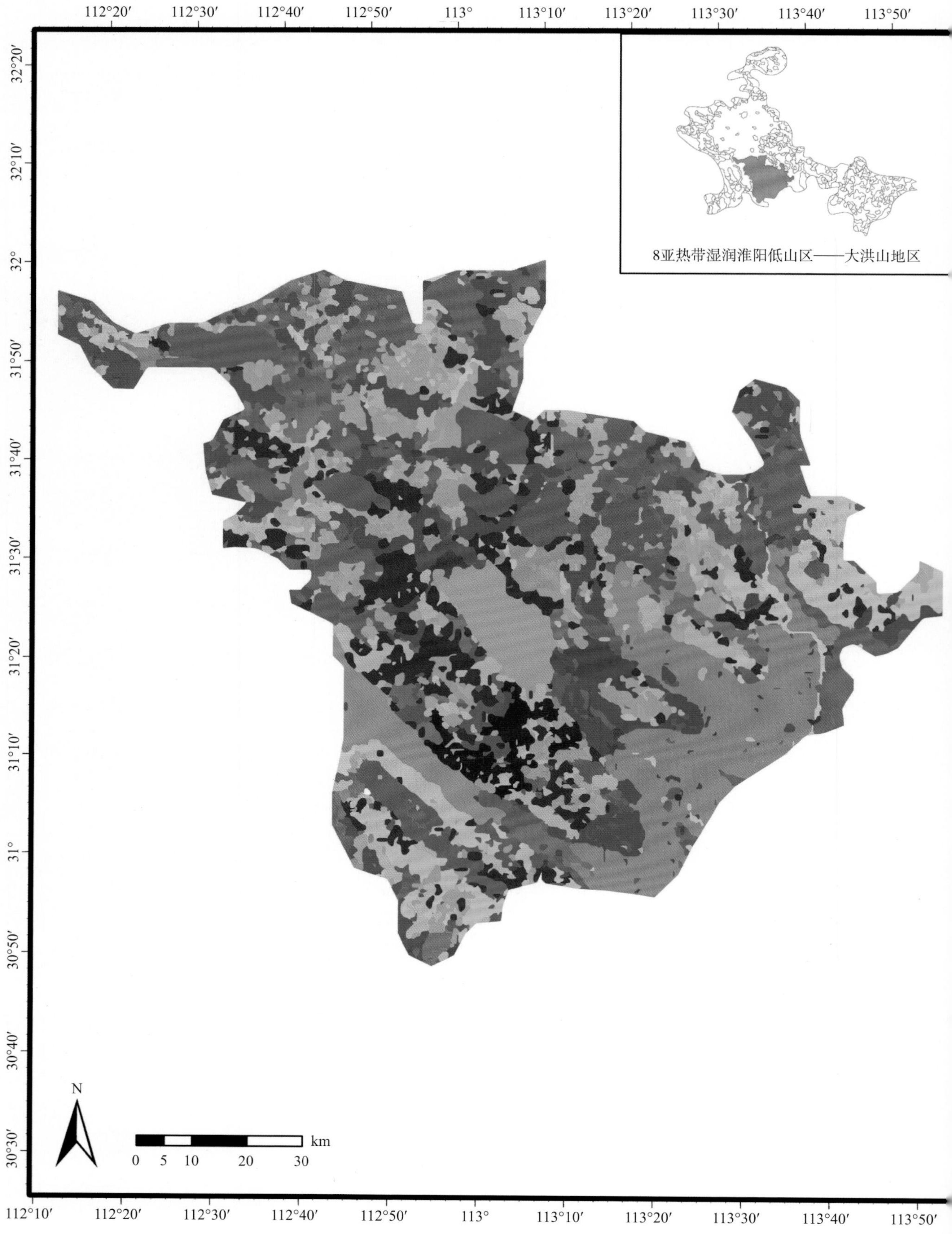
112°20′
112°30′
112°40′
112°50′
113°
113°10′
113°20′
113°30′
113°40′
113°50′
112°10′
32°20′
32°10′
32°
31°50′
31°40′
31°30′
31°20′
31°10′
31°
30°50′
30°40′
30°30′
8亚热带湿润淮阳低山区——大洪山地区
N
km
0
5
10
20
30
图

景观特征小类

1 l4(l3).{u3}(u1u2).a1{a6}.{p0}(p16p2)
平缓山地有林地景观

2 l4(l3l5).(u1u2u4u5).a1{a6}.{p0}(p16)
平缓山地农田灌木疏林景观

3 {l4}(l5l6).{u3}(u4u5u8).a1(a6).(p0p13p16)
平缓山地风景林用材林景观

4 l4(l3l5).{u5}(u2u3u4).a1(a6).{p0p16}(p23)
平缓山地疏林地用材林景观

5 l4(l5).{u3u5}(u4).a1.{p15}(p0p16)
平缓山地有林地疏林地自然保护区林景观

6 l4(l5).{u4}(u3u5).a1(a6).{p16}(p0p18p2)
平缓山地灌木林用材林景观

7 l3(l4).(u1u10u15u2u5).a6{a1}.p0(p16)
起伏平原稻麦棉花农田疏林河渠滩地混合景观

8 l3.{u1}(u2u5).a6.p0(p16)
起伏平原稻麦棉花农田景观

9 l4.(u1u2u3u4u5).a6.{p0p16}
平缓山地稻麦棉花农田灌木疏林地混合景观

10 l3(l4).(u1u16u18u2).a6(a1).p0
起伏平原稻麦棉花农田聚居混合景观

11 l4.{u1}(u2u4u5).a1.p0(p16)
平缓山地水田景观

12 l4(l3).{u5}(u1u2u3).{a1a6}.{p0p22}(p16)
平缓山地疏林果树林稻麦棉花农田混合景观

13 l3(l4).(u1u12u2u4u5).a1(a6).p0(p16)
起伏平原农田水库坑塘灌木疏林混合景观

14 l4.u4.a1.p16(p0)
平缓山地灌木用材林景观

15 l4(l3).u5.a1.p16{p0}
平缓山地疏林地用材林景观

16 l4.u3(u5).a1.p16(p0)
平缓山地用材林景观

17 l4.{u4}(u3u5).a1(a6).p2(p0p16)
平缓山地灌木林水土保持林景观

18 l6.{u4}(u3u5).a1.{p16p2}(p0)
陡山地灌木林用材林水土保持林景观

19 l4(l3l6).{u5}(u3u4).a1(a6).{p0p1}
平缓山地疏林地水源涵养林景观

20 l5.{u3}(u4u5).a1.{p16}(p0p2)
陡山地用材林景观

21 l1.{u1}(u2u5).a6{a1}.p0,t2t5,o1
开敞平坦平原稻田景观(包含新石器时代及东周古文化遗址)

22 l4.{u1}(u2u4u5).a1.p0(p16),t2
平缓山地水田景观(包含新石器时代古文化遗址)

23 l4(l3).u5.a1.p16{p0},t2
平缓山地疏林地用材林景观(包含新石器时代古文化遗址)

24 l4(l3).{u5}(u1u2u3).{a1a6}.{p0p22}(p16),t2t4t7
平缓山地疏林果树林稻麦棉花农田混合景观(包含新石器时代、商、汉古文化遗址)

25 {l4}(l5l6).{u3}(u4u5u8).a1(a6).(p0p13p16),t15t19t20t21,o1
开敞平缓山地风景林用材林景观(包含汉、宋、清古建筑及历史纪念建筑物)

26 l5.{u3}(u4u5).a1.{p16}(p0p2),t15t20t21
陡山地用材林景观(包含宋、明、清石刻及其他)

27 l3(l4).(u1u16u18u2).a6(a1).p0,t4t5
起伏平原稻麦棉花农田聚居混合景观(包含商、周古文化遗址)

28 l3(l4).(u1u16u18u2).a6(a1).p0,t21
起伏平原稻麦棉花农田聚居混合景观(包含清古建筑)

29 l3(l4).(u1u16u18u2).a6(a1).p0,t20
起伏平原稻麦棉花农田聚居混合景观(包含明古建筑)

30 l6.{u4}(u3u5).a1.{p16p2}(p0),t20t21
陡山地灌木林用材林水土保持林景观(包含明、清古文化遗址)

31 l4(l5).{u3u5}(u4).a1.{p15}(p0p16),t22
平缓山地有林地疏林地自然保护区林景观(包含近现代革命遗址及革命纪念建筑物)

32 l4.u4.a1.p16(p0),t22
平缓山地灌木用材林景观(包含近现代革命遗址及革命纪念建筑物)

33 l4.{u4}(u3u5).a1(a6).p2(p0p16),t22
平缓山地灌木林水土保持林景观(包含近现代革命遗址及革命纪念建筑物)

34 l5.{u3}(u4u5).a1.{p16}(p0p2),t22
陡山地用材林景观(包含近现代革命遗址及革命纪念建筑物)

35 {l4}(l5l6).{u3}(u4u5u8).a1(a6).(p0p13p16)，t7t15t21
平缓山地风景林用材林景观(包含汉、宋、清古建筑及历史纪念建筑物)

36 l3.{u1}(u2u5).a6.p0(p16),o1
开敞起伏平原稻麦棉花农田景观

37 l4.(u1u2u3u4u5).a6.{p0p16},o2
封闭平缓山地稻麦棉花农田灌木疏林地混合景观

38 l4.{u1}(u2u4u5).a1.p0(p16),o1
开敞平缓山地水田景观

39 l4(l3).{u5}(u1u2u3).{a1a6}.{p0p22}(p16),o1
开敞平缓山地疏林果树林稻麦棉花农田混合景观

40 l4.u4.a1.p16(p0),o2
封闭平缓山地灌木用材林景观

41 l4.u3(u5).a1.p16(p0),o1
开敞平缓山地用材林景观

42 l4.{u4}(u3u5).a1(a6).p2(p0p16),o2.
封闭平缓山地灌木林水土保持林景观

43 l4(l3l6).{u5}(u3u4).a1(a6).{p0p1},o2
封闭平缓山地疏林地水源涵养林景观

44 l4(l3l6).{u5}(u3u4).a1(a6).{p0p1},o1
开敞平缓山地疏林地水源涵养林景观

地区

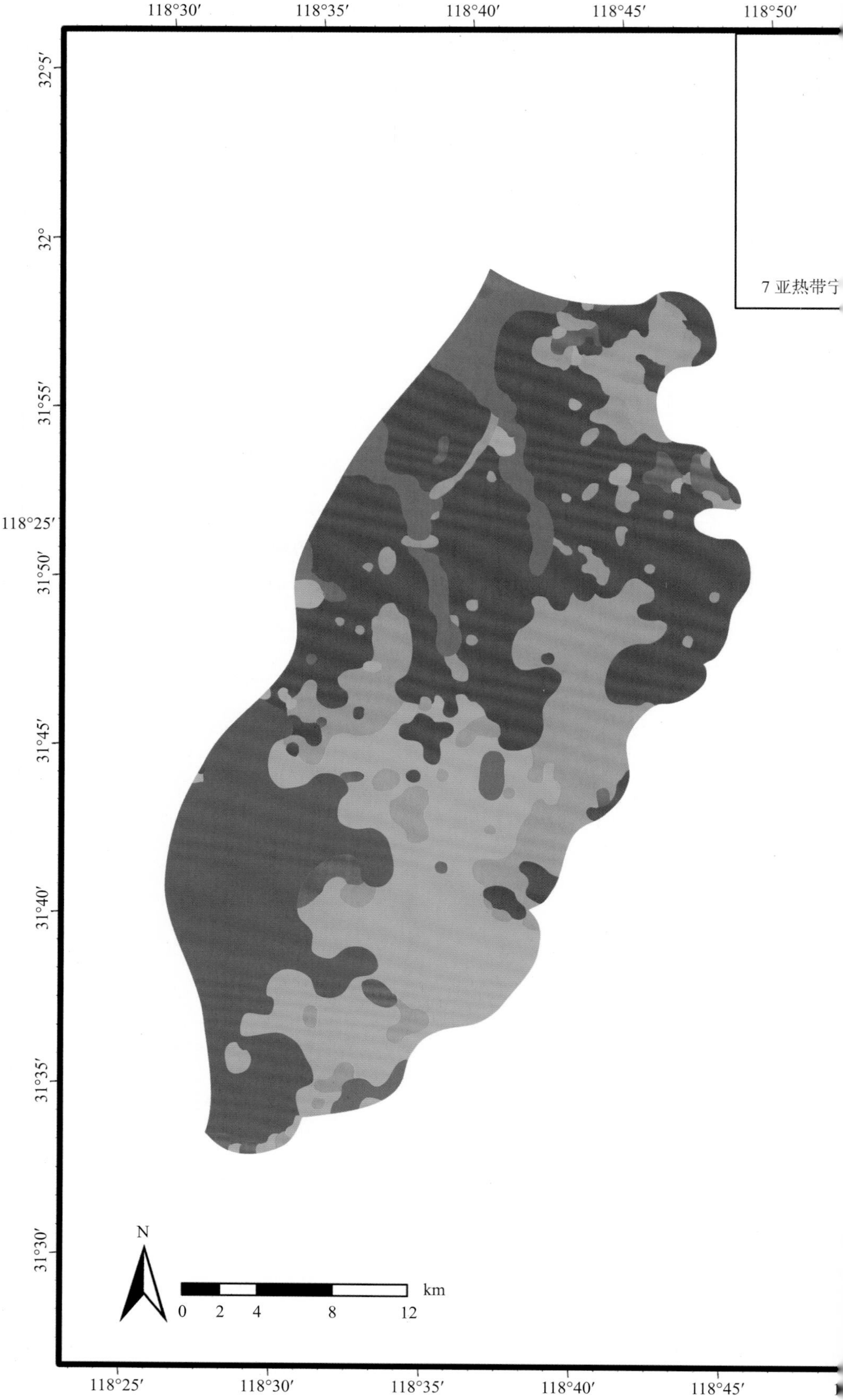
118°30′
118°35′
118°40′
118°45′
118°50′
32°5′
32°
31°55′
118°25′
31°50′
31°45′
31°40′
31°35′
31°30′
7 亚热带宁
N
km
0 2 4 8 12
118°25′
118°30′
118°35′
118°40′
118°45′

图 13-2

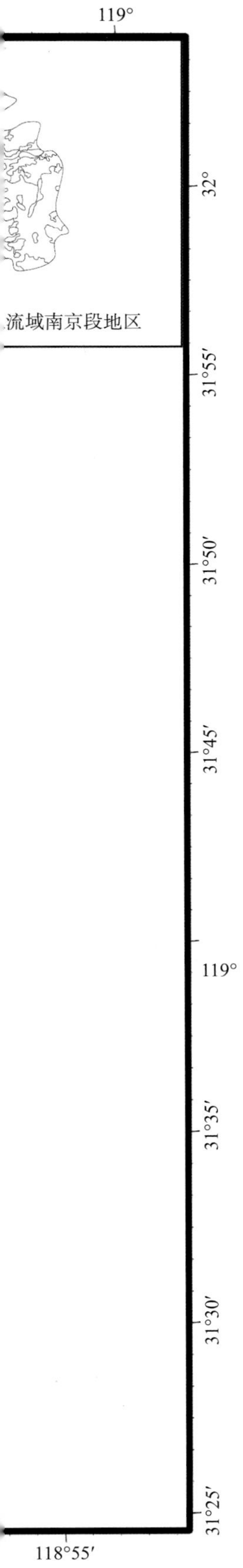

景观特征小类

1 l31(l10).{u3}(u1).{a3}(a1a4).{p26}(p7p13)
平缓丘陵水旱轮作稻田经济林混合景观

2 l31(l41).{u1}(u3u4).{a1a4}.p26{p18}
平缓丘陵稻麦农田经济林混合景观

3 {l31l41}.{u3}(u1u2).{a1a3}.{p26}(p1p2)
平缓丘陵山地稻田经济林混合景观

4 {l22l23}(l31).{u2}(u1u16u17).a3.p26
倾斜起伏台地水旱轮作农田经济林林地混合景观

5 {l10l12}.{u1u16}(u17).a4(a3).p26
冲击倾斜平原稻麦农田经济林聚落混合景观

6 {l8l12}.{u1u16}(u17).a4(a3).p26,t21
冲击倾斜平原稻麦农田经济林聚落混合景观(包含清古建筑)

7 l12(l8){u3}(u1).{a3}(a1a4).{p26}(p7p13),t14
平缓丘陵水旱轮作稻田经济林混合景观(包含五代古墓葬)

京段地区

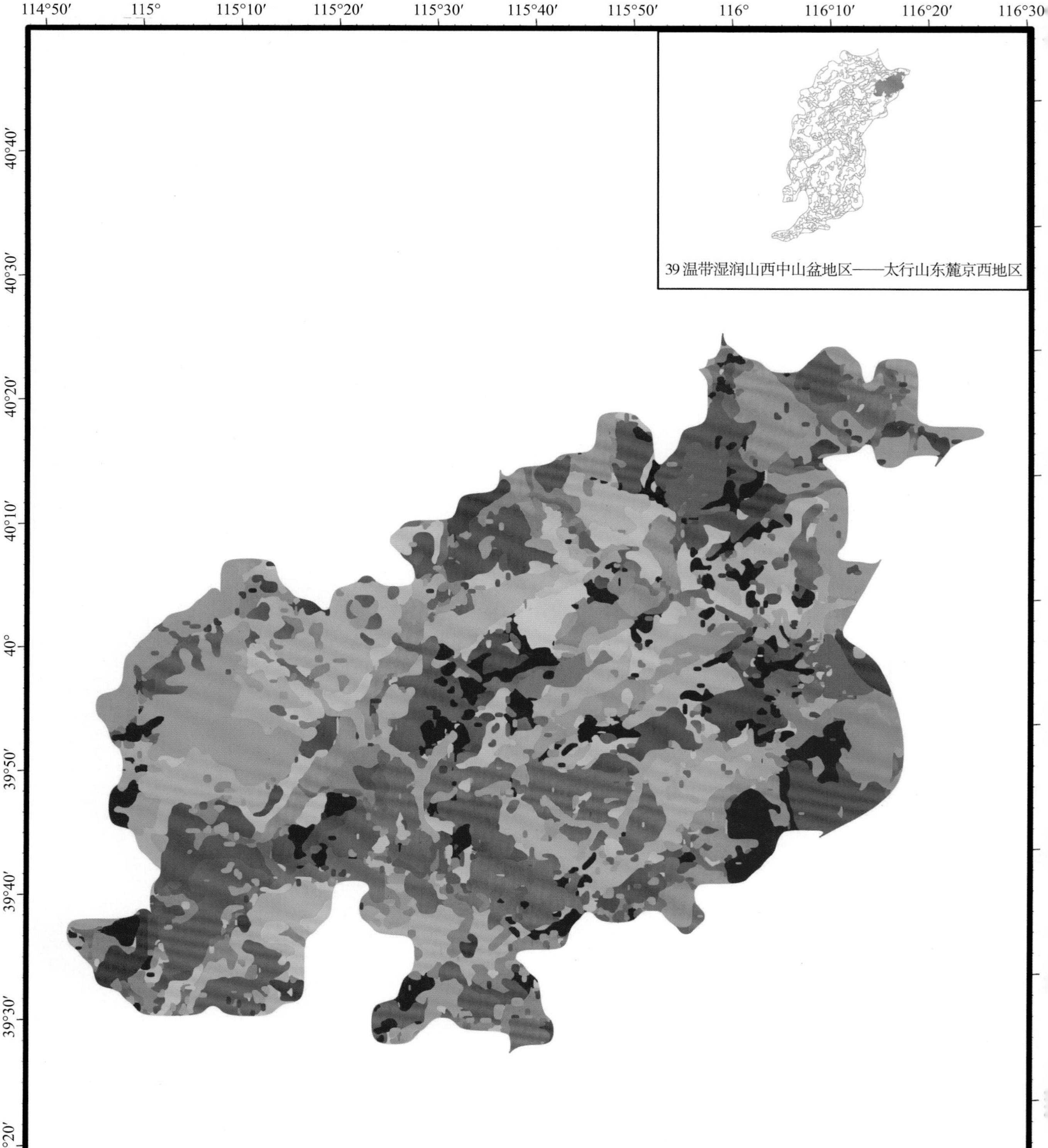
114°50′
115°
115°10′
115°20′
115°30′
115°40′
115°50′
116°
116°10′
116°20′
116°30′
40°40′
40°30′
40°20′
40°10′
40°
39°50′
39°40′
39°30′
39°20′
39°10′
39 温带湿润山西中山盆地区——太行山东麓京西地区
N
km
0 5 10 20 30

图 13-3

景观特征小类

1 l6.u3.a1.p2(p0)
陡山地水土保持林景观

2 {l5l6}.{u3u8}(u4).a1(a11).{p1}(p0p2).
缓陡山地中覆盖度草地水源涵养林混合景观

3 {l5l6}.{u3u5}(u4),{a1a11}.p2(p0)
缓陡山地杂粮农田水土保持林疏林混合景观

4 l5.u3.a1.p2
缓山地水土保持林景观

5 {l5l6}.u3(u4).a1(a11).p15
缓陡山地水源涵养林景观

6 {l5l6}.u4.a1.p2(p0)
缓陡山地灌木林水土保持林景观

7 l8.{u2}(u16).a11(a1a7).p0
冲击平原杂粮旱地农田景观

8 {l18}(l5l6).(u2u3u4u6).{a1a11}.{p0}(p2p21)
河谷平原杂粮农田灌木林林地混合景观

9 l4(l5).(u2u3u4u5).{a1a11}.{p2}(p0p3p13)
平缓山地杂粮农田水土保持林灌木疏林混合景观

10 l6(l5).u7(u3).a1.(p0p2p9p15)
陡山地高覆盖度草地水土保持林自然保护区林国防林混合景观

11 {l5l6}.u3(u4).a1(a11).p13
缓陡山地风景林景观

12 {l6}(l5l22l24).{u2}(u3u8).{a1a11}.{p0}(p2p18p25)
陡山地杂粮旱地农田景观

13 {l18}(l5l6).(u2u3u7u15).{a1a11}.{p0}(p2)
河谷平原高覆盖度草地林地滩地杂粮农田混合景观

14 (l4l5l8l14).(u2u3u4u5u18).{a8a11}(a1).{p0}(p2)
缓山地冲击平原陡丘陵灌木林地小麦高粱杂粮农田混合景观

15 (l0l8l17l18l23).(u2u12u16).{a9a11}(a7).p0
冲击洪积平原河漫滩小麦杂粮农田混合景观

16 {l17}(l13l23).{u2u16}(u17).a11(a9).p0
洪积平原杂粮农田聚居混合景观

17 {l20}(l4l8l17l23).{u16}(u3u5).{a10}(a7a9a11).p0(p12)
洪积台地水稻农田聚居混合景观

18 {l8l19}.{u16}(u2u3u17).a9.p0(p3)
冲击平原台地小麦杂粮农田聚居混合景观

19 l6.u3.a1.p2(p0),t2t4t5
陡山地水土保持林景观(包含新石器时代、商、战国古遗址)

20 l5.u3.a1.p2,t21
缓山地水土保持林景观(包含清古建筑，传统村落)

21 {l5l6}.u4.a1.p2(p0),t21
缓陡山地灌木林水土保持林景观(包含清古建筑)

22 {l5l6}.u4.a1.p2(p0),t5t12t13～t20
缓陡山地灌木林水土保持林景观(包含隋、唐至明古建筑、西周古遗址)

23 l8.{u2}(u16).a11(a1a7).p0,t20
冲击平原杂粮旱地农田景观(包含明古建筑及历史纪念建筑物)

24 l4(l5).(u2u3u4u5).{a1a11}.{p2}(p0p3p13),t22
平缓山地杂粮农田水土保持林灌木疏林混合景观(包含近现代重要史迹及代表性建筑)

25 l6(l5).u7(u3).a1.(p0p2p9p15),t19
陡山地高覆盖度草地水土保持林自然保护区林国防林混合景观(包含元古遗址)

26 (l4l5l8l14).(u2u3u4u5u18).{a8a11}(a1).{p0}(p2),t16～t21
缓山地冲击平原陡丘陵灌木林地小麦高粱杂粮农田混合景观(包含辽至清古建筑)

27 {l17}(l13l23).{u2u16}(u17).a11(a9).p0,t16
洪积平原杂粮农田聚居混合景观(包含辽古建筑)

28 {l20}(l4l8l17l23).{u16}(u3u5).{a10}(a7a9a11).p0(p12),t18
洪积台地水稻农田聚居混合景观(包含金古遗址、古建筑)

29 {l8l19}.{u16}(u2u3u17).a9.p0(p3),t18t12～t21
冲击平原台地小麦杂粮农田聚居混合景观(包含金古墓葬、隋至清古遗址)

30 {l5l6}.{u3u8}(u4).a1(a11).{p1}(p0p2),v1
缓陡山地中覆盖度草地水源涵养林混合景观(包含传统村落)

31 {l5l6}.{u3u5}(u4).{a1a11}.p2(p0),v1
缓陡山地杂粮农田水土保持林疏林混合景观(包含传统村落)

32 l5.u3.a1.p2,v1
缓山地水土保持林景观(包含传统村落)

33 {l5l6}.u4.a1.p2(p0),v1
缓陡山地灌木林水土保持林景观(包含传统村落)

34 {l18}(l5l6).(u2u3u4u6).{a1a11}.{p0}(p2p21),v1
河谷平原杂粮农田灌木林林地混合景观(包含传统村落)

35 l4(l5).(u2u3u4u5).{a1a11}.{p2}(p0p3p13),v1
平缓山地杂粮农田水土保持林灌木疏林混合景观(包含传统村落)

36 {l17}(l13l23).{u2u16}(u17).a11(a9).p0,v1
洪积平原杂粮农田聚居混合景观(包含传统村落)

西地区

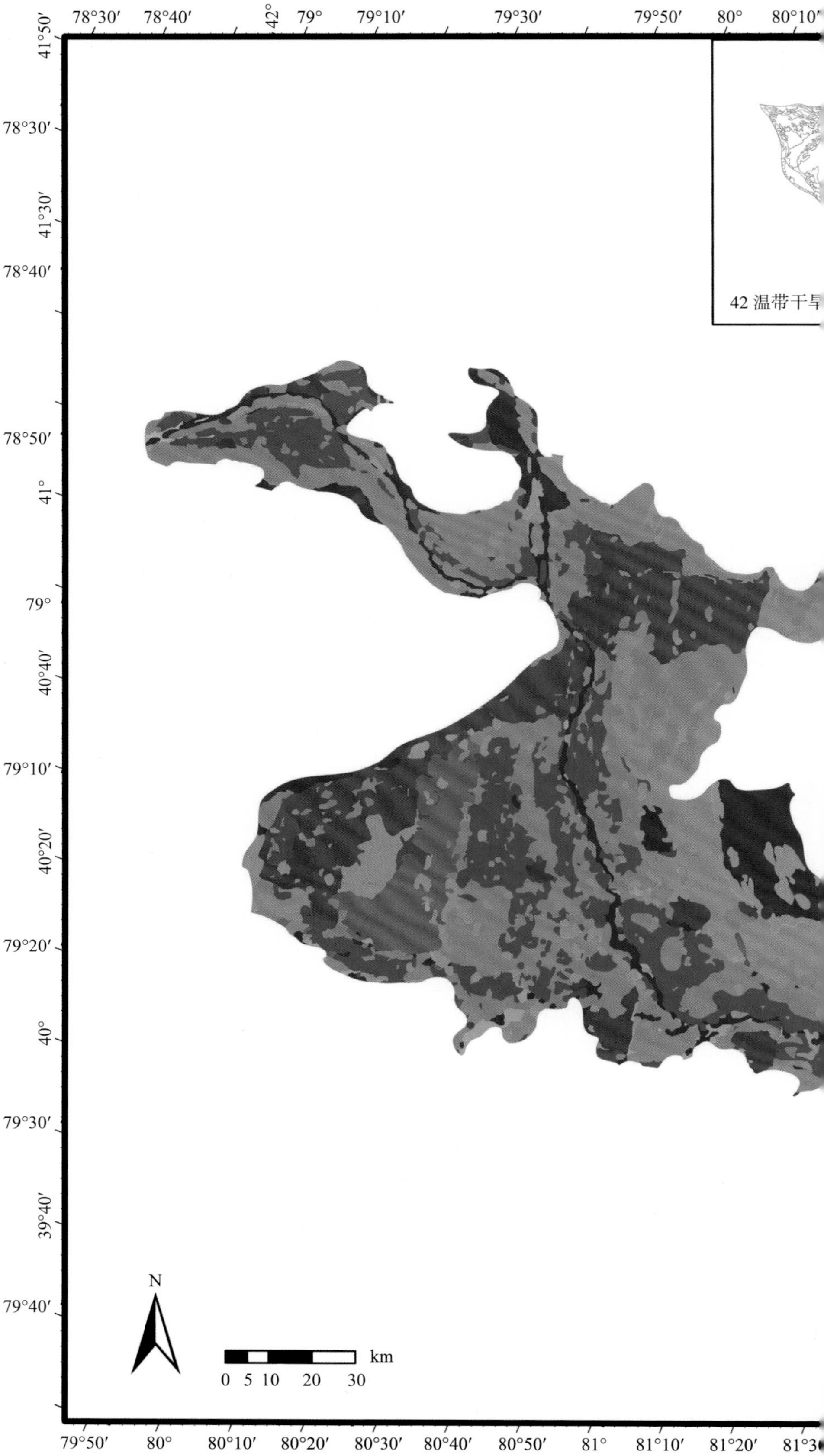
78°30′
78°40′
42°
79°
79°10′
79°30′
79°50′
80°
80°10′
41°50′
41°30′
41°
40°40′
40°20′
40°
39°40′
79°20′
79°30′
79°40′
42 温带干旱
N
km
0 5 10 20 30
79°50′
80°10′
80°20′
80°30′
80°40′
80°50′
81°
81°10′
81°20′

图 13-4

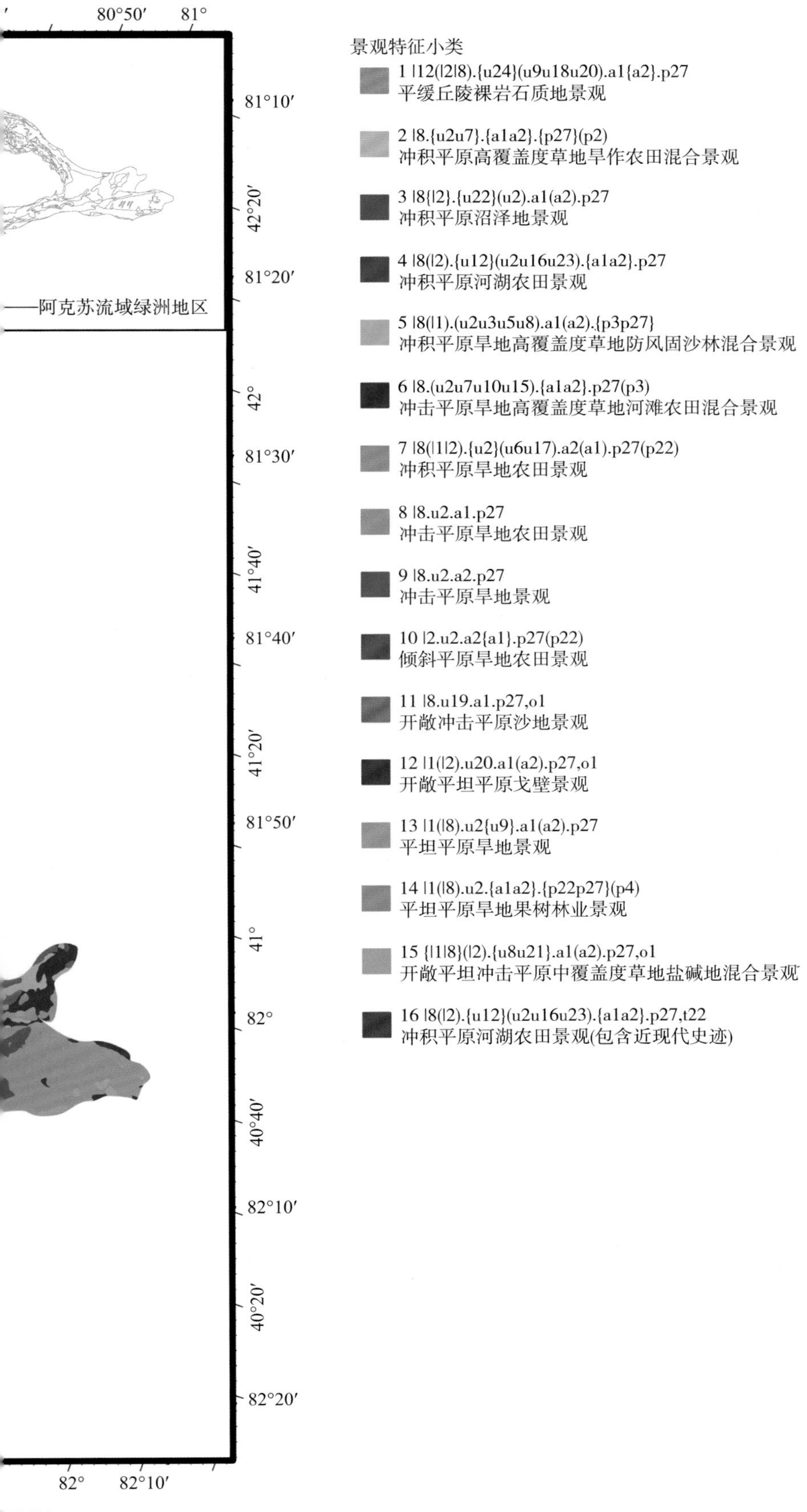
80°50′
81°
81°10′
42°20′
81°20′
——阿克苏流域绿洲地区
42°
81°30′
41°40′
81°40′
41°20′
81°50′
41°
82°
40°40′
82°10′
40°20′
82°20′
82°
82°10′
景观特征小类
1 l12(l2l8).{u24}(u9u18u20).a1{a2}.p27
平缓丘陵裸岩石质地景观
2 l8.{u2u7}.{a1a2}.{p27}(p2)
冲积平原高覆盖度草地旱作农田混合景观
3 l8{l2}.{u22}(u2).a1(a2).p27
冲积平原沼泽地景观
4 l8(l2).{u12}(u2u16u23).{a1a2}.p27
冲积平原河湖农田景观
5 l8(l1).(u2u3u5u8).a1(a2).{p3p27}
冲积平原旱地高覆盖度草地防风固沙林混合景观
6 l8.(u2u7u10u15).{a1a2}.p27(p3)
冲击平原旱地高覆盖度草地河滩农田混合景观
7 l8(l1l2).{u2}(u6u17).a2(a1).p27(p22)
冲积平原旱地农田景观
8 l8.u2.a1.p27
冲击平原旱地农田景观
9 l8.u2.a2.p27
冲击平原旱地景观
10 l2.u2.a2{a1}.p27(p22)
倾斜平原旱地农田景观
11 l8.u19.a1.p27,o1
开敞冲击平原沙地景观
12 l1(l2).u20.a1(a2).p27,o1
开敞平坦平原戈壁景观
13 l1(l8).u2{u9}.a1(a2).p27
平坦平原旱地景观
14 l1(l8).u2.{a1a2}.{p22p27}(p4)
平坦平原旱地果树林业景观
15 {l1l8}(l2).{u8u21}.a1(a2).p27,o1
开敞平坦冲击平原中覆盖度草地盐碱地混合景观
16 l8(l2).{u12}(u2u16u23).{a1a2}.p27,t22
冲积平原河湖农田景观(包含近现代史迹)

绿洲地区

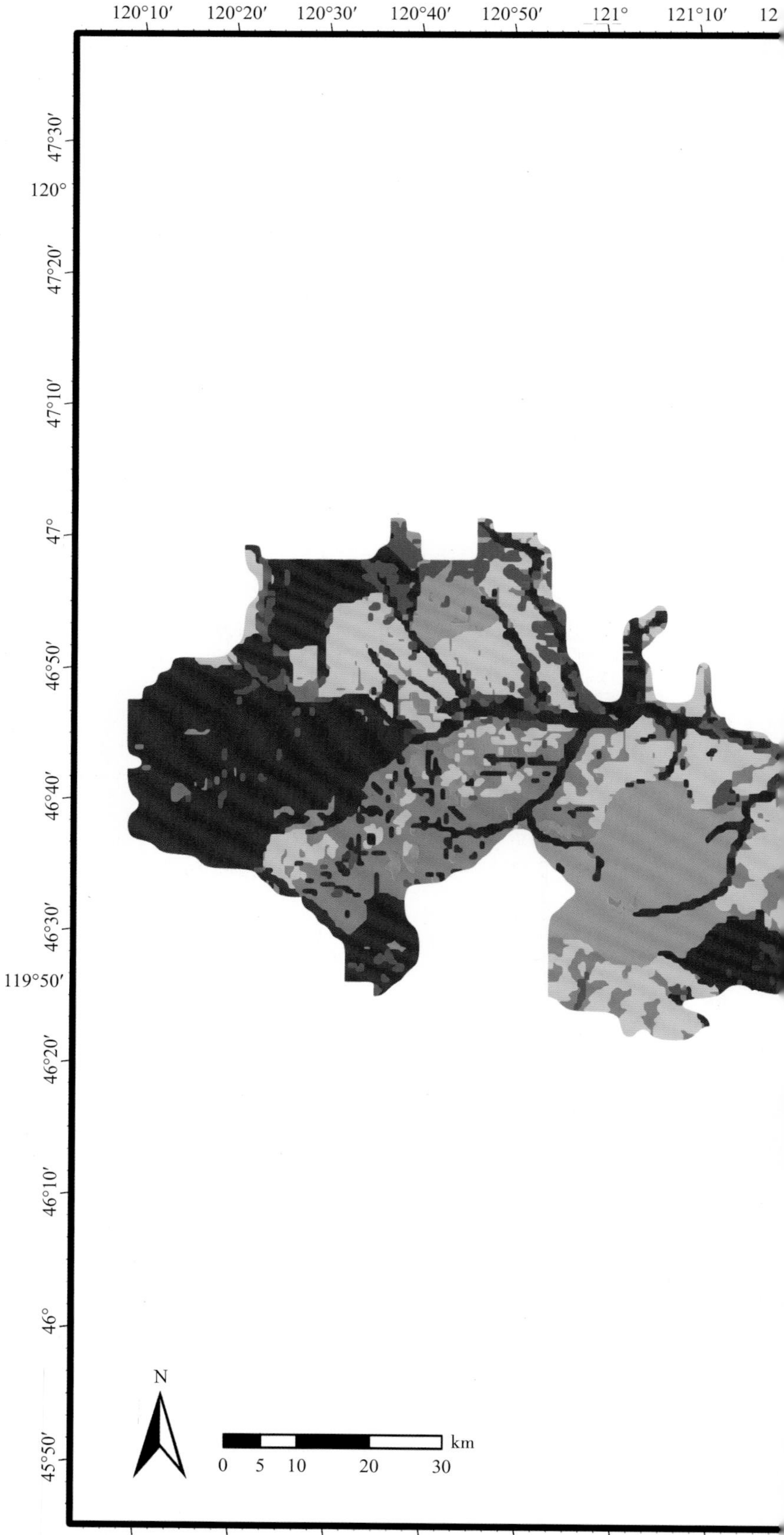
120°10′
120°20′
120°30′
120°40′
120°50′
121°
121°10′
47°30′
120°
47°20′
47°10′
47°
46°50′
46°40′
46°30′
119°50′
46°20′
46°10′
46°
45°50′
N
km
0
5
10
20
30
119°50′
120°
120°10′
120°20′
120°30′
120°40′
120°50′

图 13-5　大兴安

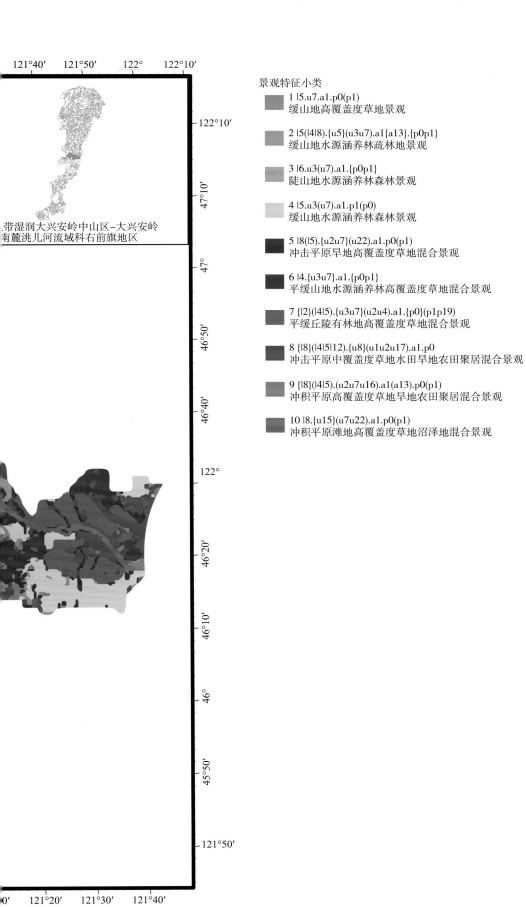

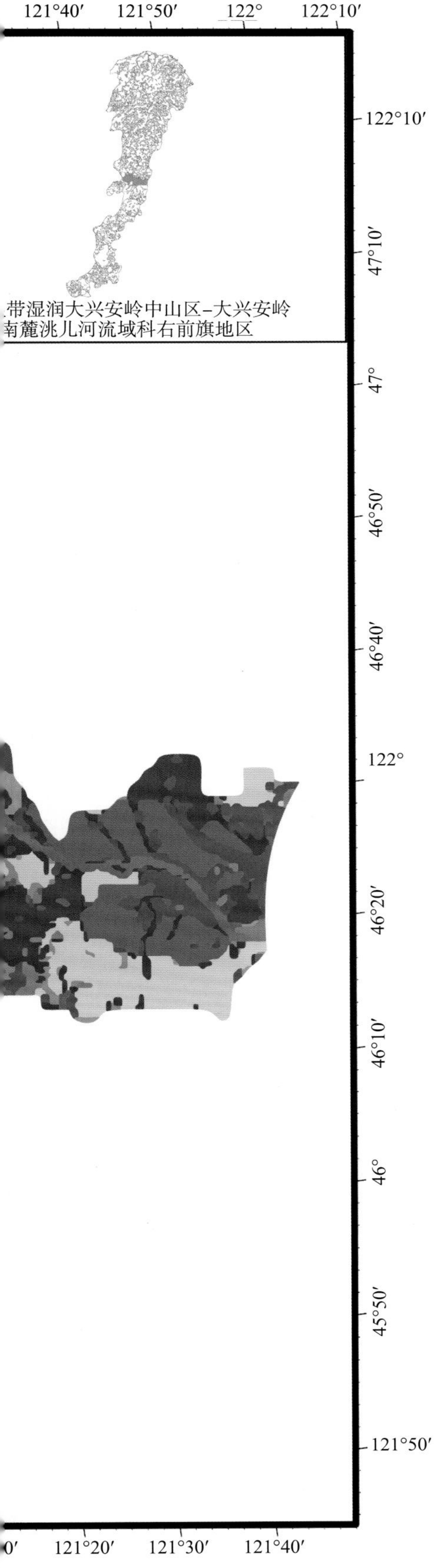

流域科右前旗地区

景观特征小类

1 l5.u7.a1.p0(p1)
缓山地高覆盖度草地景观

2 l5(l4l8).{u5}(u3u7).a1{a13}.{p0p1}
缓山地水源涵养林疏林地景观

3 l6.u3(u7).a1.{p0p1}
陡山地水源涵养林森林景观

4 l5.u3(u7).a1.p1(p0)
缓山地水源涵养林森林景观

5 l8(l5).{u2u7}(u22).a1.p0(p1)
冲击平原旱地高覆盖度草地混合景观

6 l4.{u3u7}.a1.{p0p1}
平缓山地水源涵养林高覆盖度草地混合景观

7 {l2}(l4l5).{u3u7}(u2u4).a1.{p0}(p1p19)
平缓丘陵有林地高覆盖度草地混合景观

8 {l8}(l4l5l12).{u8}(u1u2u17).a1.p0
冲击平原中覆盖度草地水田旱地农田聚居混合景观

9 {l8}(l4l5).(u2u7u16).a1(a13).p0(p1)
冲积平原高覆盖度草地旱地农田聚居混合景观

10 l8.{u15}(u7u22).a1.p0(p1)
冲积平原滩地高覆盖度草地沼泽地混合景观

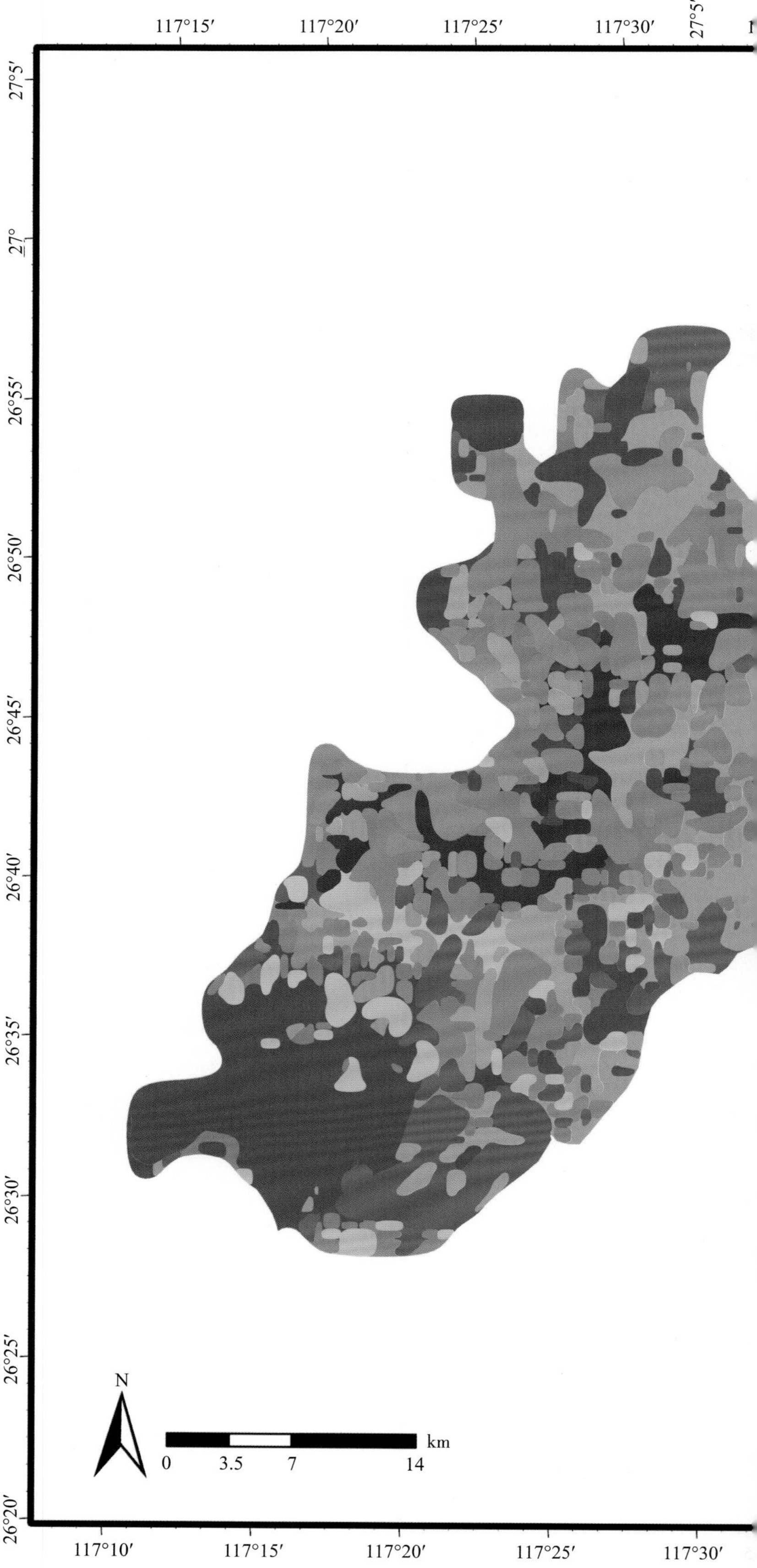
117°15′
117°20′
117°25′
117°30′
27°5′
27°5′
27°
26°55′
26°50′
26°45′
26°40′
26°35′
26°30′
26°25′
26°20′
N
km
0
3.5
7
14
117°10′
117°15′
117°20′
117°25′
117°30′

图 13-

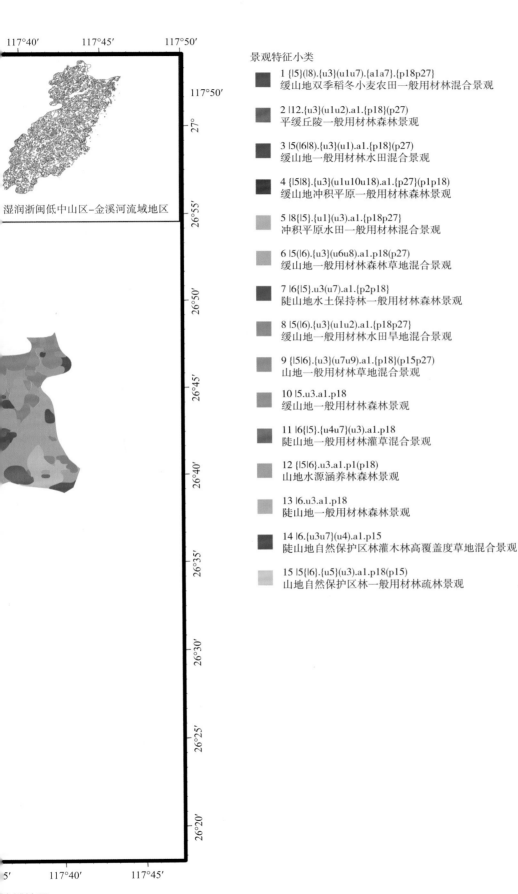

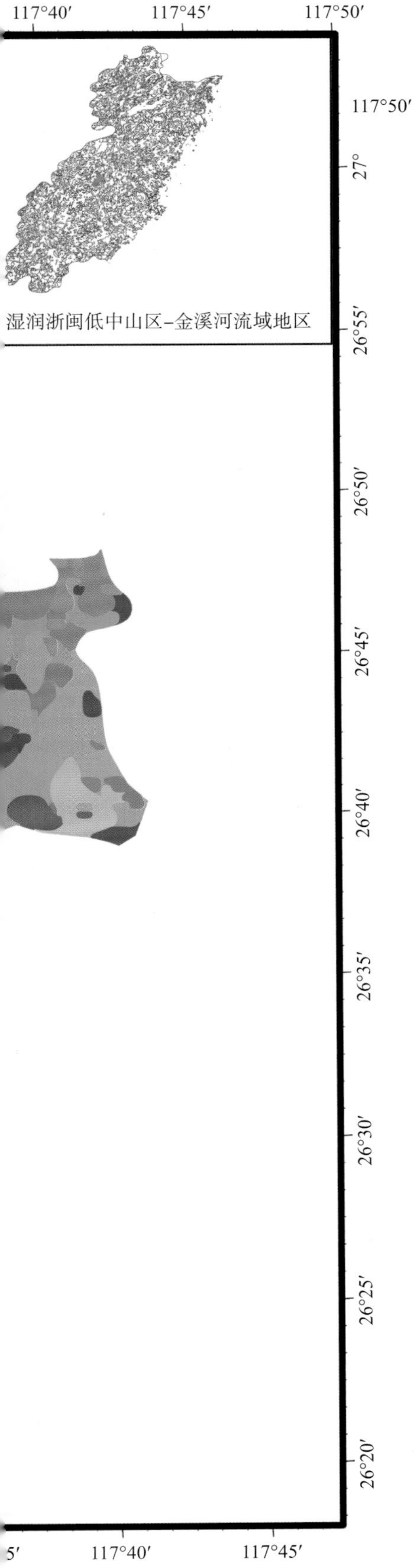

流域地区

景观特征小类

1 {l5}(l8).{u3}(u1u7).{a1a7}.{p18p27}
缓山地双季稻冬小麦农田一般用材林混合景观

2 l12.{u3}(u1u2).a1.{p18}(p27)
平缓丘陵一般用材林森林景观

3 l5(l6l8).{u3}(u1).a1.{p18}(p27)
缓山地一般用材林水田混合景观

4 {l5l8}.{u3}(u1u10u18).a1.{p27}(p1p18)
缓山地冲积平原一般用材林森林景观

5 l8{l5}.{u1}(u3).a1.{p18p27}
冲积平原水田一般用材林混合景观

6 l5(l6).{u3}(u6u8).a1.p18(p27)
缓山地一般用材林森林草地混合景观

7 l6{l5}.u3(u7).a1.{p2p18}
陡山地水土保持林一般用材林森林景观

8 l5(l6).{u3}(u1u2).a1.{p18p27}
缓山地一般用材林水田旱地混合景观

9 {l5l6}.{u3}(u7u9).a1.{p18}(p15p27)
山地一般用材林草地混合景观

10 l5.u3.a1.p18
缓山地一般用材林森林景观

11 l6{l5}.{u4u7}(u3).a1.p18
陡山地一般用材林灌草混合景观

12 {l5l6}.u3.a1.p1(p18)
山地水源涵养林森林景观

13 l6.u3.a1.p18
陡山地一般用材林森林景观

14 l6.{u3u7}(u4).a1.p15
陡山地自然保护区林灌木林高覆盖度草地混合景观

15 l5{l6}.{u5}(u3).a1.p18(p15)
山地自然保护区林一般用材林疏林景观

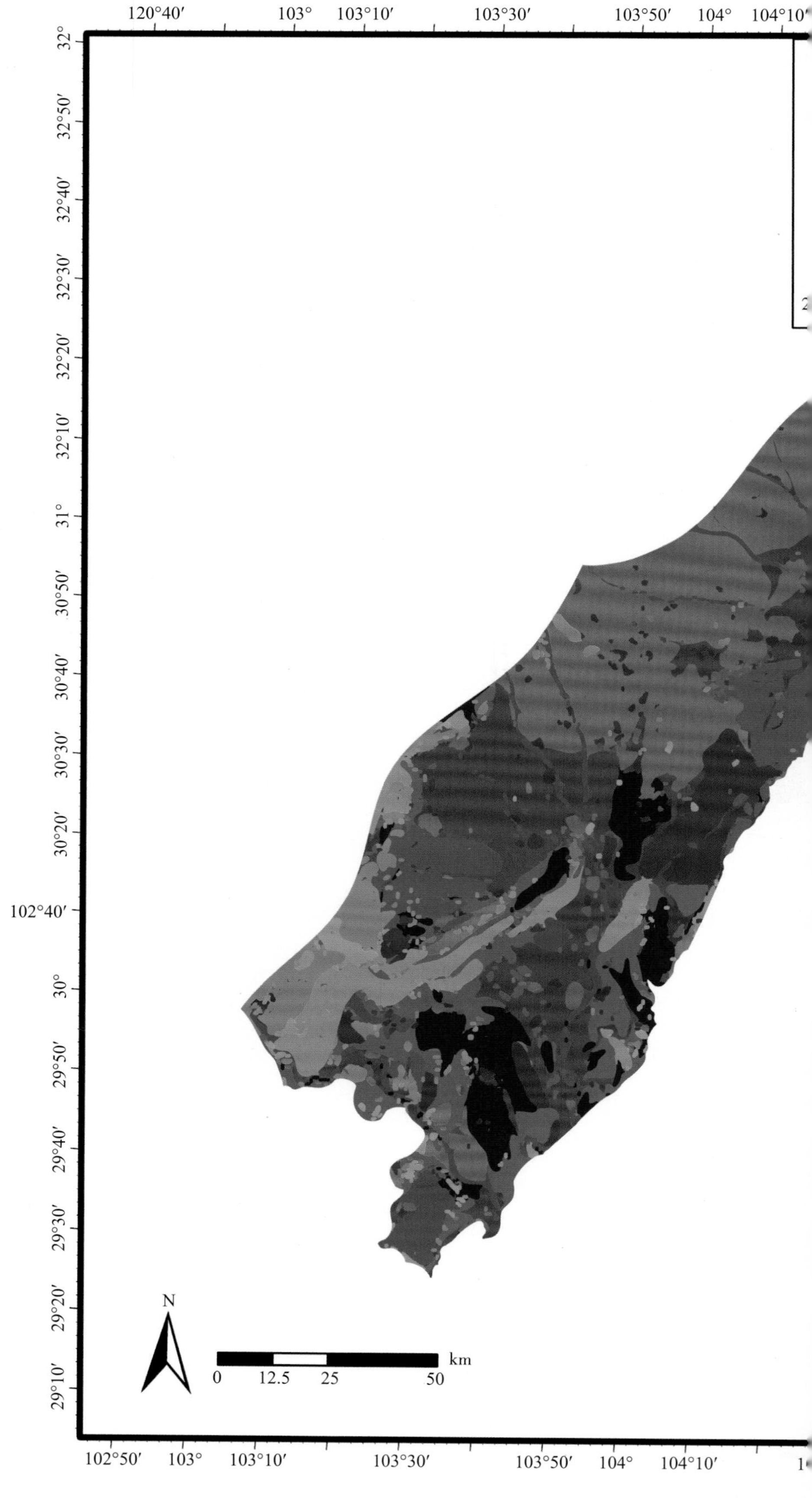
120°40′
103°
103°10′
103°30′
103°50′
104°
104°10′
32°
32°50′
32°40′
32°30′
32°20′
32°10′
31°
30°50′
30°40′
30°30′
30°20′
102°40′
30°
29°50′
29°40′
29°30′
29°20′
29°10′
N
km
0
12.5
25
50
102°50′
103°
103°10′
103°30′
103°50′
104°
104°10′

图 13-7

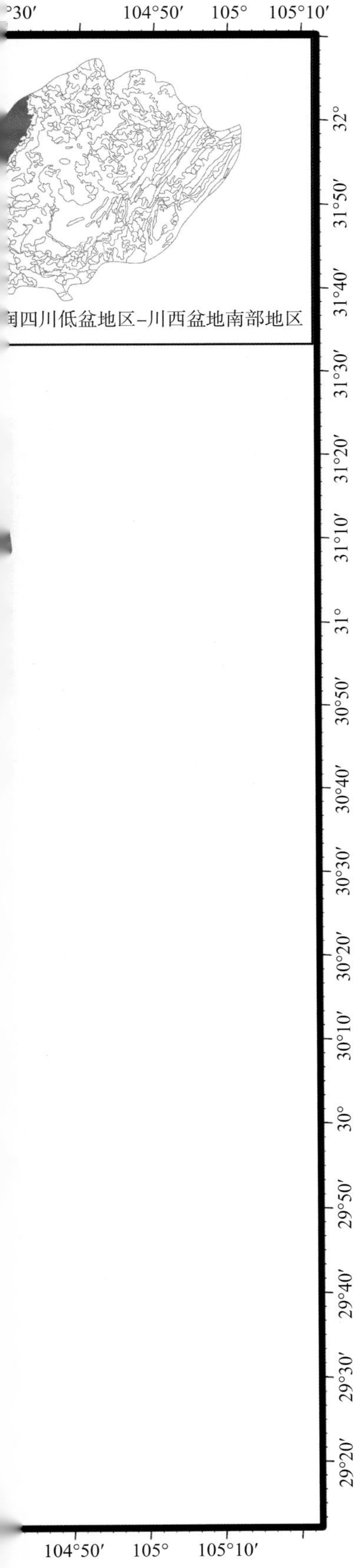

南部地区

景观特征小类

1 l8.u1(u2u16).a5.p0
冲击平原稻田景观

2 l1.u1(u16).a5.p0
平坦平原稻田景观

3 {l12}(l4l8).{u1u2}.a5.{p0}(p16p21)
平缓丘陵水田旱地稻豆农田景观

4 {l4}(l5l12).{u2}(u1u3).a5{a1}.{p0}(p2p16p21)
平缓山地旱地稻豆农田景观

5 {l2l8}.{u1}(u2u10).a5(a1).p0
倾斜冲击平原水田旱地稻豆农田景观

6 l11(l12).{u1u2}.a5{a1}.p0(p18p21)
起伏台地水田旱地稻豆农田景观

7 l10(l8).{u1u16}(u2).a5.p0
倾斜台地聚居稻田混合景观

8 l9.{u1}(u2).a5(a1).p0(p21)
平坦台地稻田景观

9 l8(l1).u16.a5.p0{p0}
冲积平原聚居农田混合景观

10 {l9l12}(l8).{u1u2}(u4u8).a5.{p22}(p0p16)
台地丘陵水田旱地稻豆农田果树林混合景观

11 (l8l11l12l13).(u1u2u5u7).a5(a1).{p0}(p16p22)
平原台地丘陵稻豆农田疏林草地混合景观

12 {l12}(l4l8l11).{u2}(u1u4).a5(a1).{p0}(p13p16p21p22)
平缓丘陵旱地稻豆农田疏林景观

13 {l13}(l5l6l12).{u2}(u3u4).a5(a1).{p16}(p0p18p21)
缓丘陵旱地稻豆农田工业原料用材林混合景观

第 14 章

场所尺度

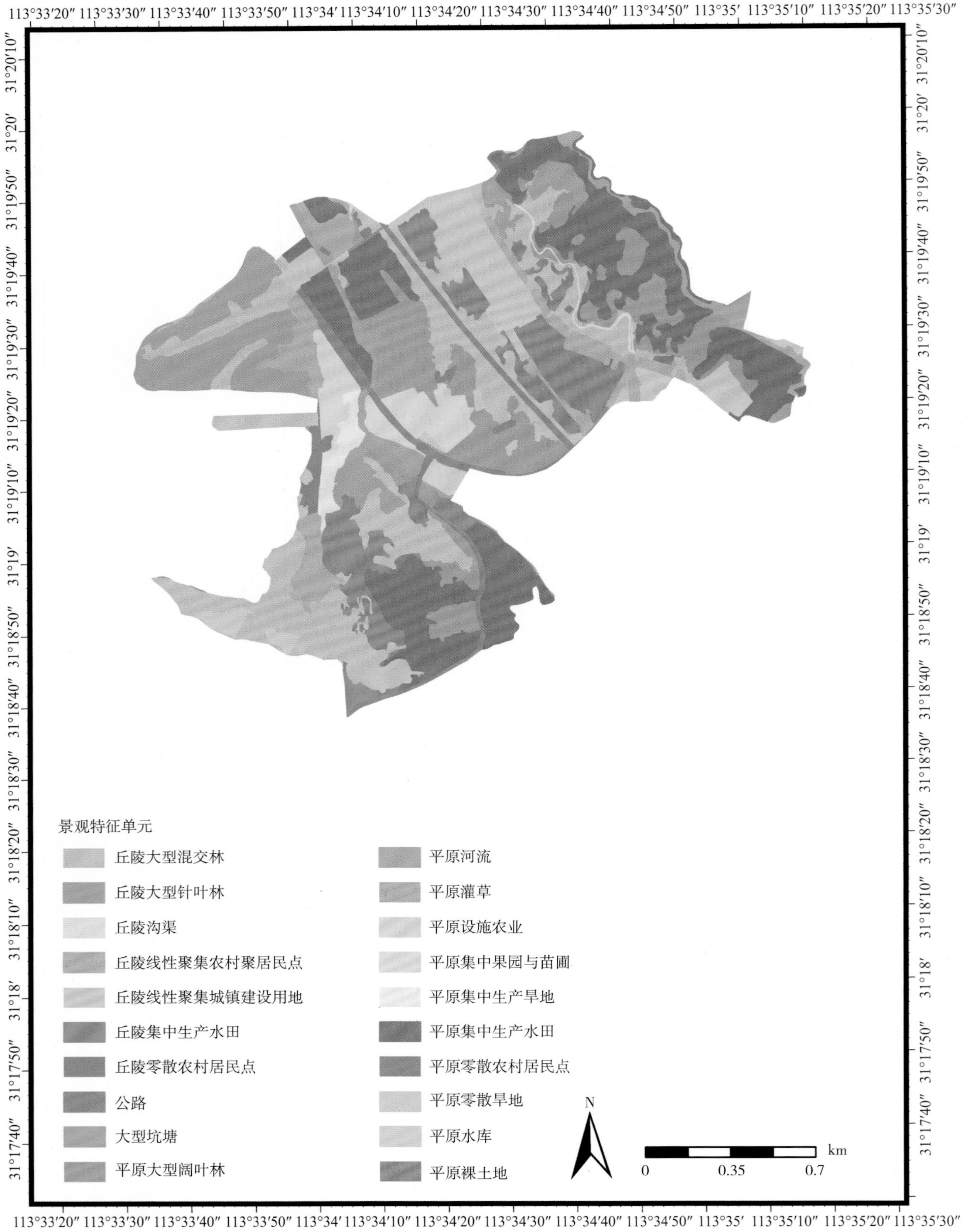

图 14-1　湖北省安陆市碧山村景观特征单元

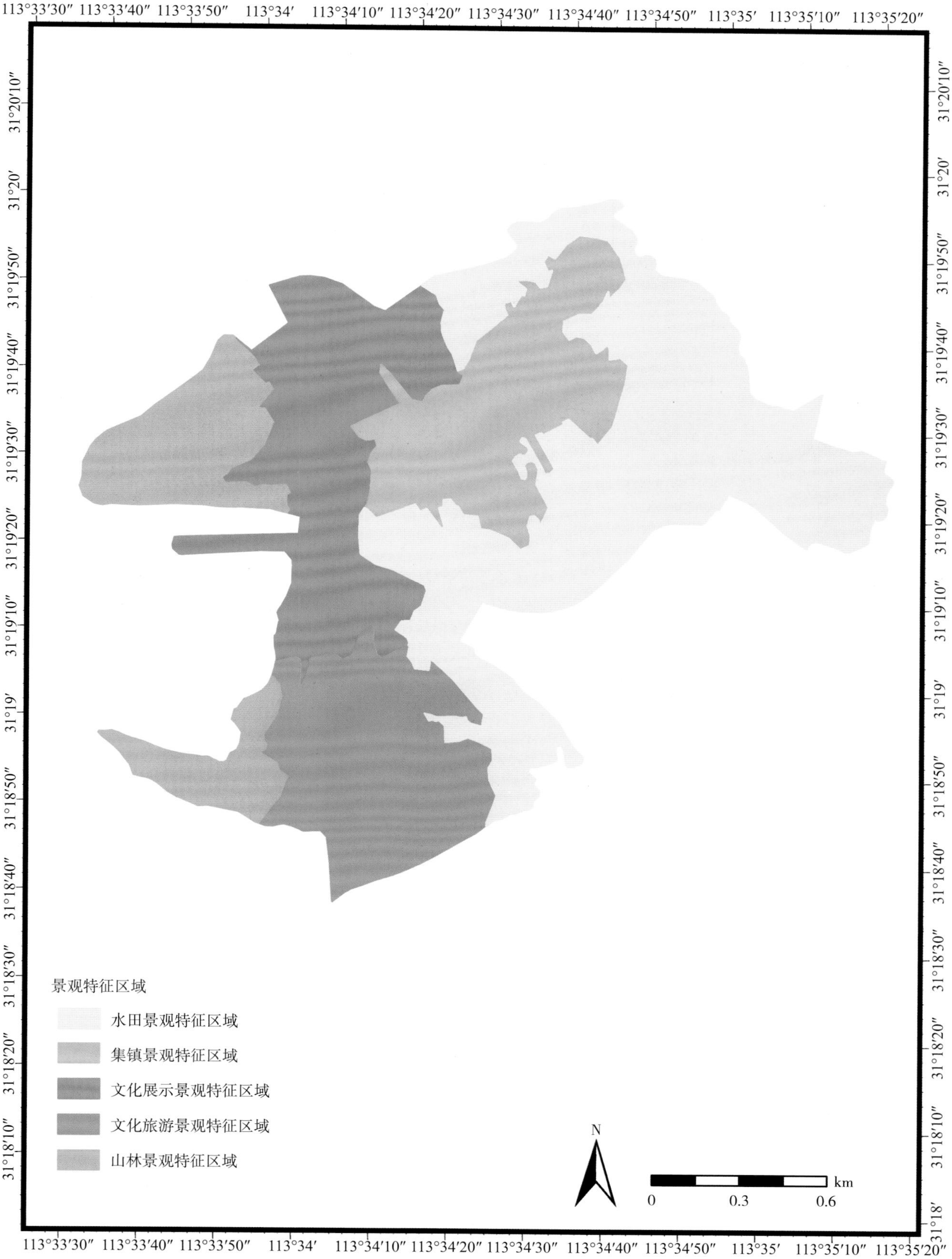

图 14-2 湖北省安陆市碧山村景观特征区域

表 14-1 碧山村景观特征区域命名描述

序号	特征区域	关键词提取	景观单元	关键词描述
1	水田景观特征区域	集中生产水田、面积较大农田，集中进行生产作业，有各类型生产作物的景观，成片农田，高质量农田	平原集中生产水田 平原大型阔叶林 丘陵集中生产水田 平原集中果园与苗圃 丘陵线性聚集城镇建设用地 丘陵大型混交林 丘陵线性聚集农村居民点 裸土地 平原设施农业 平原零散旱地 平原河流 平原灌草 大型坑塘	平原及缓坡丘陵地区集中生产区域，区域中包括高标准农田，集中生产水田，集中生产果园与苗圃，成片设施农业用地等规模化产业化用地。该区域在本村占比较高，为本村主导模式区域
2	山林景观特征区域	林地、山林，白兆山上野生山林 野生林，山上的林地	丘陵大型针叶林 丘陵大型混交林 水库	山地丘陵地区林地，地形起伏较大，以针叶林与混交林为主，郁闭度高，自然度高，山区水库被密林包围
3	文化旅游景观特征区域	居住区周围大片林地、生活居住年代感房屋遗迹，旅游区域文化广场，李白文化村、节日活动	丘陵大型混交林 平原大型阔叶林 丘陵线性聚集城镇建设用地 丘陵集中生产水田 丘陵线性聚集农村居民点 平原集中生产水田	白兆山脚地区居民聚居点，以李白文化为文化基底打造的文旅观赏结合的农村居民点，核心区域为李白文化艺术村，聚落为组团聚集，有民风民俗活动场所，遗迹点，古宅，民风馆等特色文化点
4	文化展示景观特征区域	采摘活动、采风、产业，河流旁，大型采摘园，较为分散的农村聚居点，面向游客	丘陵大型混交林 丘陵大型针叶林 平原集中果园与苗圃 丘陵线性聚集农村居民点 平原集中生产旱地 丘陵零散农村居民点 丘陵线性聚集城镇建设用地 平原灌草 公路 丘陵集中生产水田 平原零散农村居民点	李白文化艺术村与白兆山风景区入口处，地形变化较为明显，有面向游客的浏览区，采摘区，以及部分配套设施，以面向游客为主
5	集镇景观特征区域	居住、艺术工作室，集镇居住，民风民俗活动场所，居民活动区，乡风宣传	丘陵大型混交林 平原集中生产水田 丘陵集中生产水田 丘陵线性聚集城镇建设用地 丘陵线性聚集农村居民点 平原大型阔叶林 丘陵零散农村居民点 丘陵沟渠	集镇聚落区域，本村人口聚集最密集的区域，为居民日常活动场所，有规模单一化的建筑，地形变化不明显。有节日活动与民风民俗活动，乡风文化宣传，艺术家工作室等文化形式

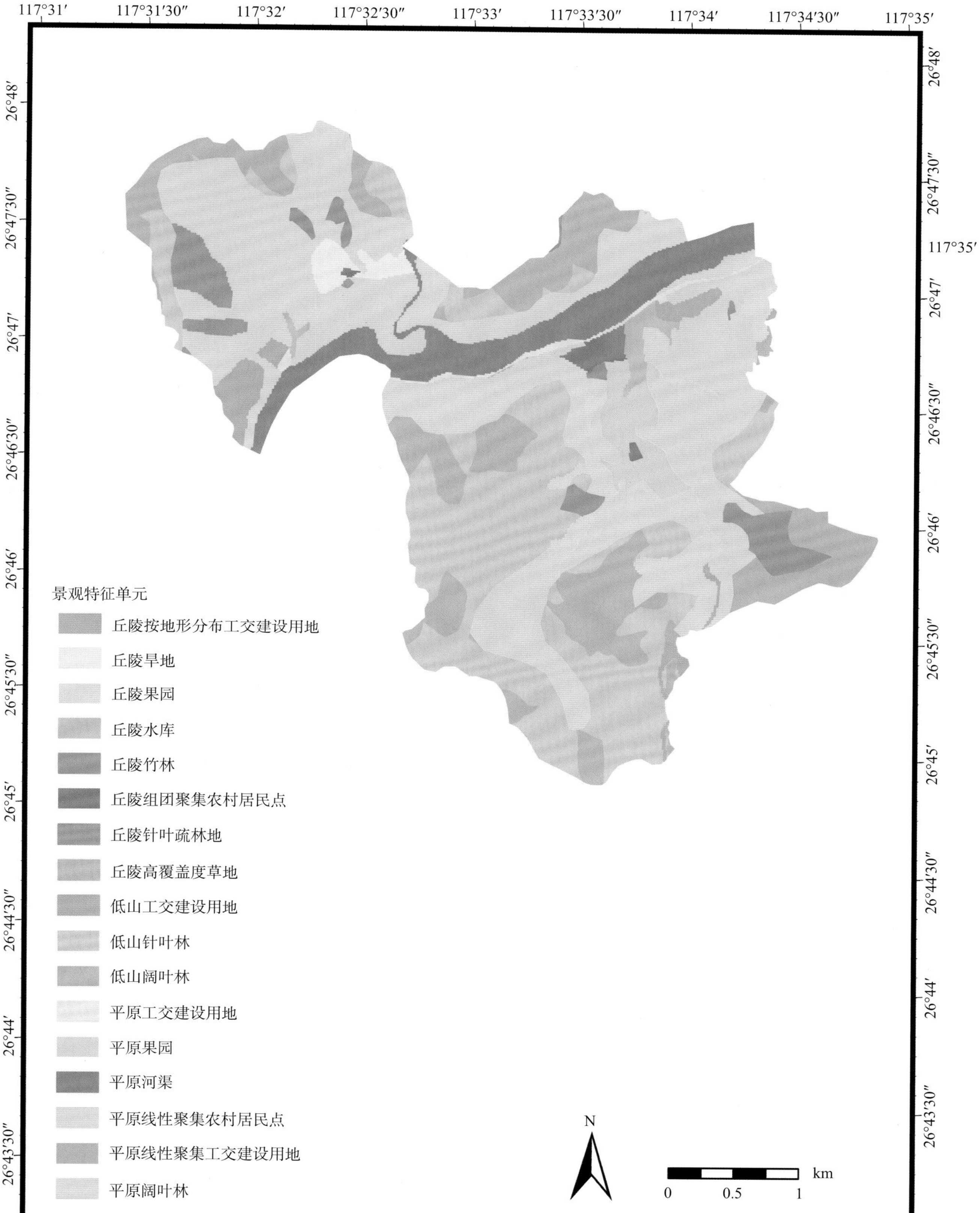
117°31′
117°31′30″
117°32′
117°32′30″
117°33′
117°33′30″
117°34′
117°34′30″
117°35′
26°48′
26°47′30″
26°47′
26°46′30″
26°46′
26°45′30″
26°45′
26°44′30″
26°44′
26°43′30″
景观特征单元
丘陵按地形分布工交建设用地
丘陵旱地
丘陵果园
丘陵水库
丘陵竹林
丘陵组团聚集农村居民点
丘陵针叶疏林地
丘陵高覆盖度草地
低山工交建设用地
低山针叶林
低山阔叶林
平原工交建设用地
平原果园
平原河渠
平原线性聚集农村居民点
平原线性聚集工交建设用地
平原阔叶林
N
0 0.5 1 km

图 14-3 福建省将乐县常口村景观特征单元

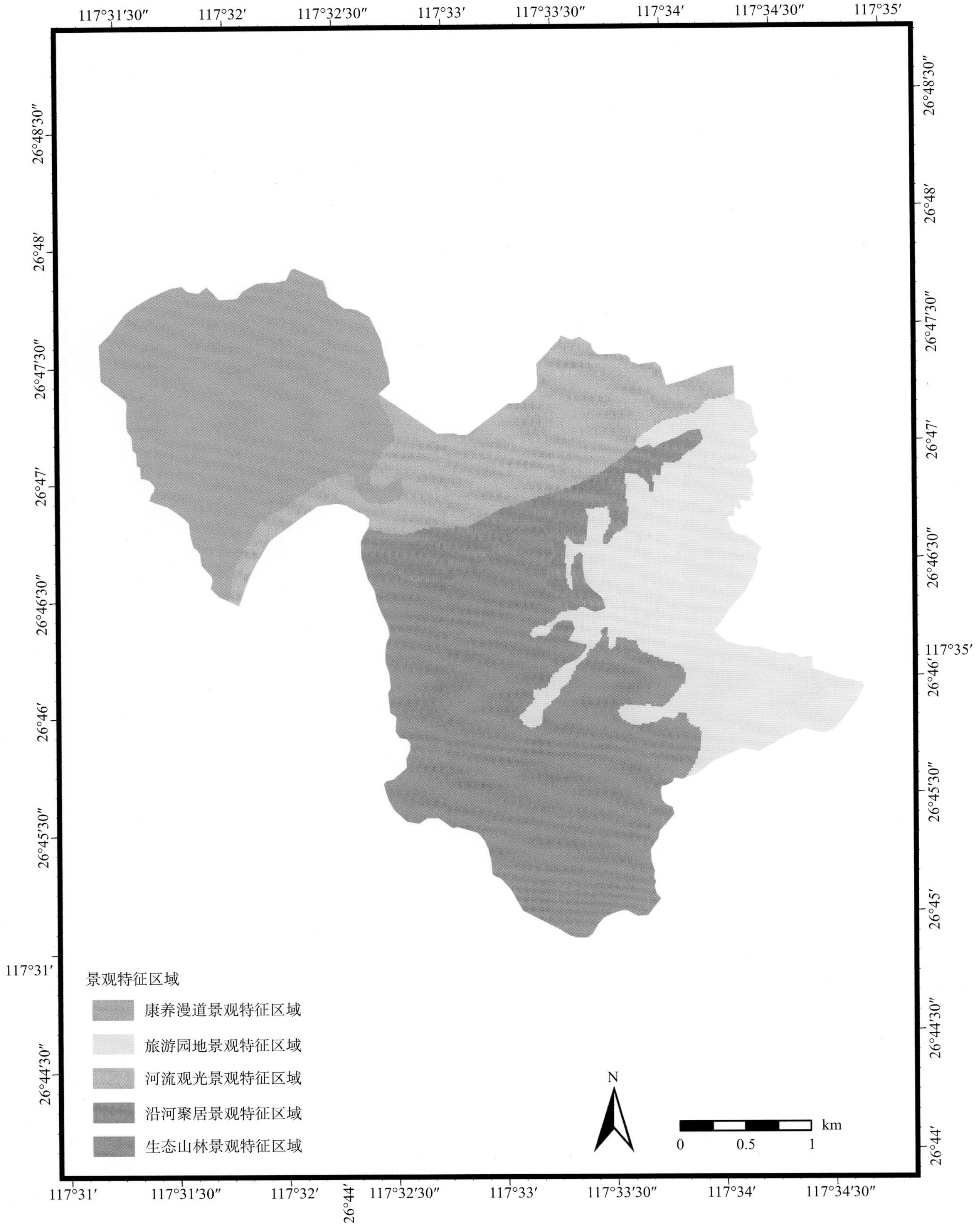

图 14-4　福建省将乐县常口村景观特征区域

表 14-2 福建省将乐县常口村乡村生态景观资源特征分类

序号	景观特征区域	关键词	景观特征单元	景观特征区域描述
1	旅游园地景观特征区域	柑橘类果园、中药材基地、古树名木	平原阔叶林 平原果园 丘陵果园 低山针叶林 丘陵组团聚集农村居民点 丘陵按地形分布工交建设用地	位于常口村东南方向，以集中果园产业为主，内有大面积中药材示范基地，观光与种植并行。具有一定农旅融合发展潜力
2	沿河聚居景观特征区域	沿河聚居点、文化广场、水上栈道	丘陵水库 平原线性聚集工交建设用地 平原线性聚集农村居民点 平原阔叶林	位于常口村中部，为村民日常活动区域，配有文化展示景观与村民活动配套基础设施，村庄基础设施建设较好，自然景观风貌优异。具有一定旅游开发本底基础条件
3	康养漫道景观特征区域	康养漫道	平原阔叶林 平原工交建设用地 丘陵水库 丘陵组团聚集农村居民点 丘陵旱地 低山针叶林 低山阔叶林 丘陵针叶疏林地 丘陵竹林	位于常口村西北部地区，主体区域森林中建设的康养步道，开发强度较低，人为干扰较低，景观管护方向仍为以生态保护为主，辅以一定的低破坏性旅游开发
4	生态山林景观特征区域	原始林地	低山针叶林 平原阔叶林 低山阔叶林	位于常口村西南部，为保存完好的人类干扰程度较少的山地生态山林，具有较强的生态保护价值
5	河流观光景观特征区域	皮划艇、水上威尼斯	平原工交建设用地 平原河渠 平原阔叶林 低山阔叶林 丘陵竹林	位于常口村中部且贯穿本村，以河流步道浏览与皮划艇等水上项目为主体，但人为干扰较大，环境压力高，在景观管护中应注重生态保护

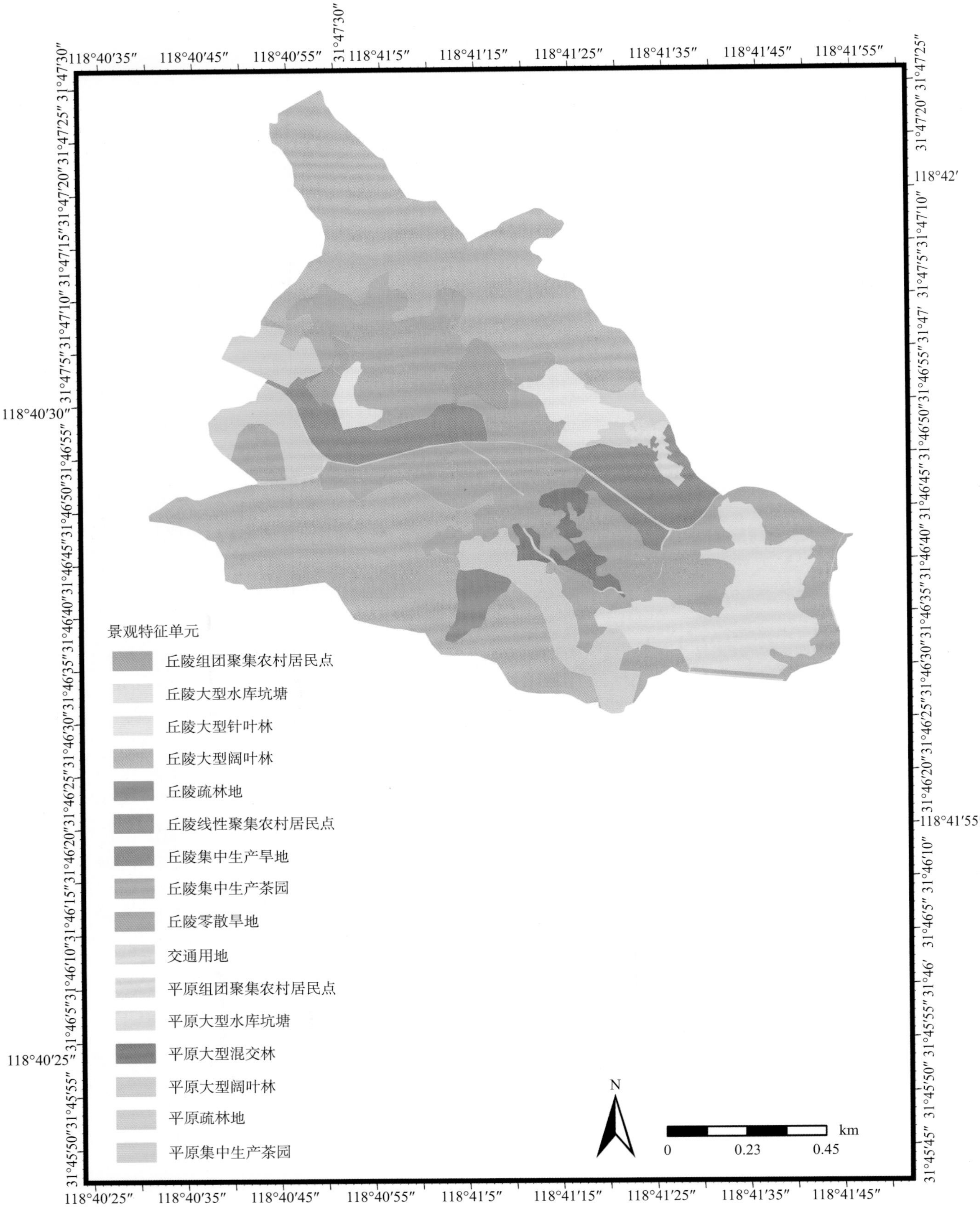

图 14-5　江苏省南京市黄龙岘村景观特征单元

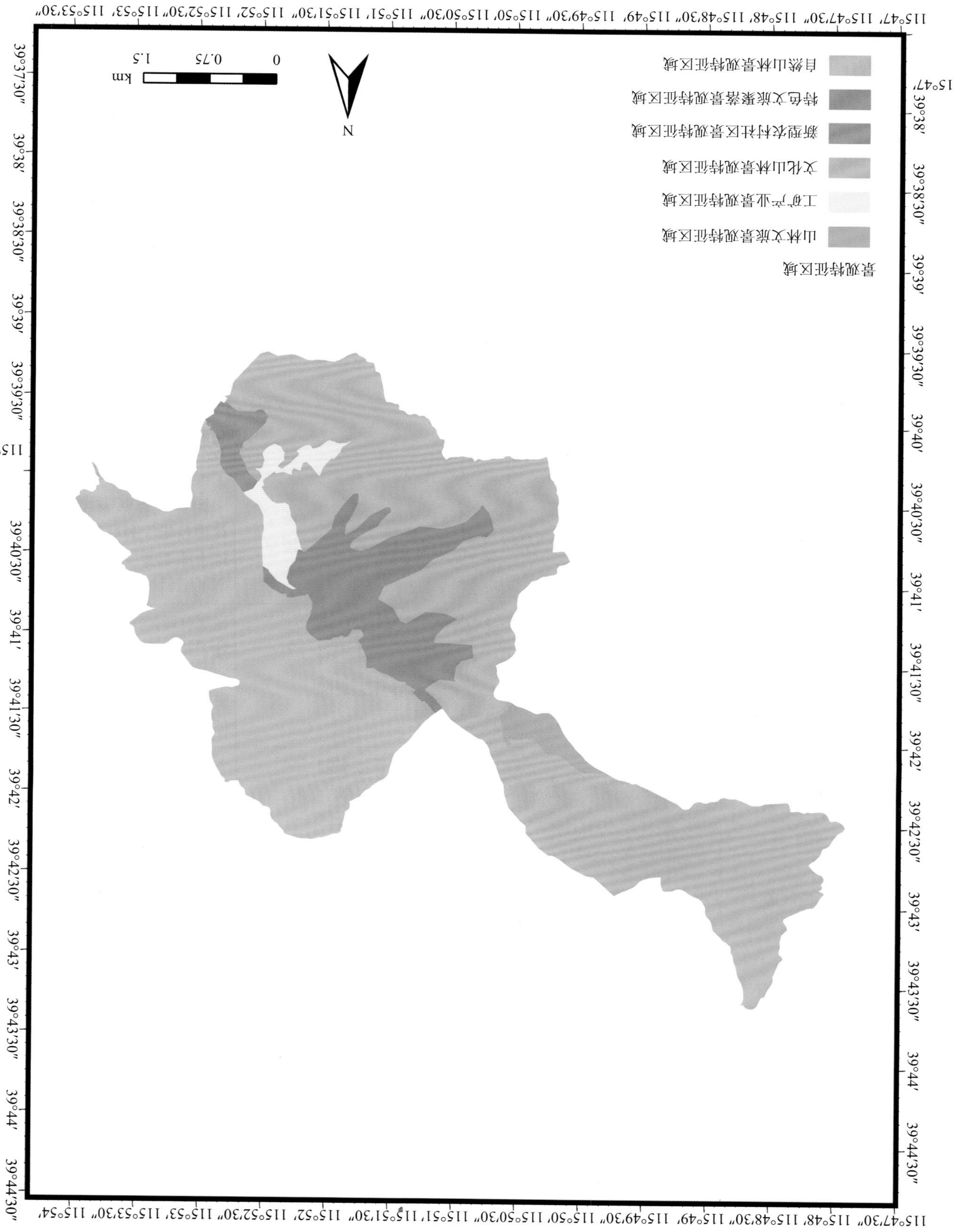

图 14-8 北京市黄山店村景观特征区域

3	特色文旅聚落产业景观特征区域	民宿、网红打卡点、非遗馆、风情街、童话森林、儿童游乐、怪石山、摄影	丘陵线性聚集农村居民点 丘陵集中旱地 平原灌木林地 丘陵阔叶林 丘陵公路	位于黄山店村中心地区，主要由高端民宿组团组成，同时可进行游乐活动，是村庄中最有活力、人群最为聚集的区域。区域内历史建筑得到了较为充分的保护与利用，民宿合院式建筑特色突出且风貌十分统一，与自然环境融合程度较高，景观和谐且丰富
4	山林文旅景观特征区域	坡峰岭、赏红叶、摄影、旅游	丘陵混交林 低山混交林	位于黄山店村西部，区域内植被以自然生高大黄栌为主，是北京著名赏红叶目的地，人为干扰较大，环境压力较高，应在以后的景观管护中注重生态保护
5	文化山林景观特征区域	徒步、户外探险、玉虚宫、红螺三险	低山灌木林 低山阔叶林 中山阔叶林 丘陵阔叶林 丘陵线性聚集农村居民点 丘陵交通用地	由黄山店村西部至东南部连续分布，以山林地为主，地势陡峭，且文化遗址玉虚宫坐落于山顶，独特的自然与文化条件造就了区域内独特的景观，吸引了部分驴友开展徒步探险活动，景观连续性高，具有较高的开发潜力以及较强的生态保护价值
6	自然山林生态景观特征区域	自然山林	平原灌木林 丘陵阔叶林 低山灌木林 低山阔叶林	位于黄山店村北部，区域内为自然林地，人为干扰较小，环境质量水平高，具有较强的生态保护价值

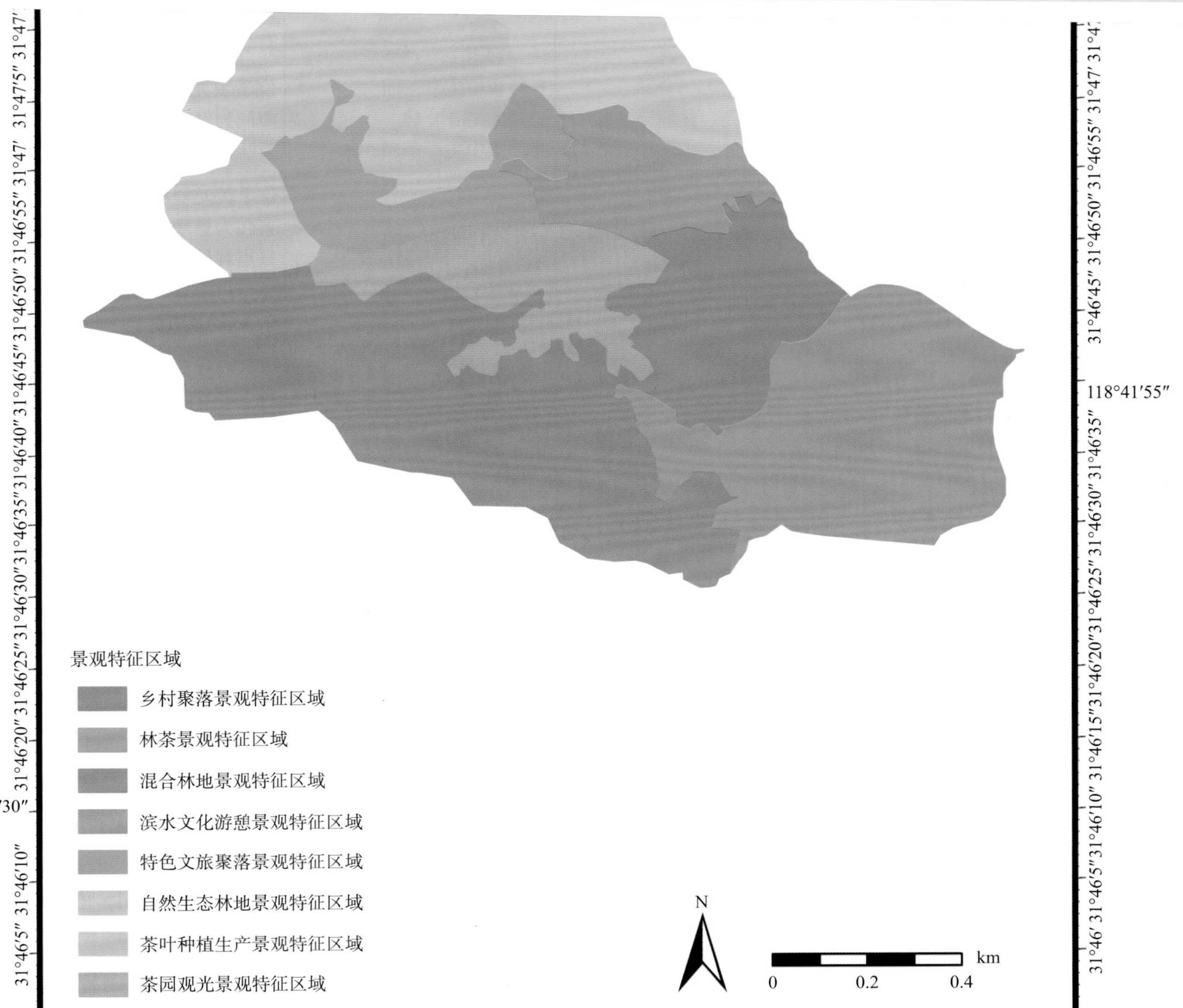

图 14-6　江苏省南京市黄龙岘村景观特征区域